调 谐 天 籁

主　编　商兆堂
副主编　袁　野　李宝东　周学东　王　佳

内容简介

天籁是自然界的声音，如风声、鸟声、流水声等，人类期望的天籁是人类与自然和谐悦耳的音乐，本书以人工影响天气、主要以2014年南京青年奥林匹克运动会开闭幕式时的人工消(减)雨为主线，从人类的社会经济发展史，尤其科学技术发展史的角度，系统介绍了人类是如何调谐人与自然关系的，尤其是如何调谐与复杂多变天气的关系的。本书详细论述了当今时代，人们是如何通过高科技手段努力去实现“呼风唤雨”，本书也对人工影响天气过程中遇到的各种问题进行了探索和思考。本书除适合人工影响天气工作者阅读外，还适合对人工影响天气感兴趣或想了解人工影响天气作业过程的人士阅读。

图书在版编目(CIP)数据

调谐天籁/商兆堂主编．—北京：气象出版社，
2020.6
ISBN 978-7-5029-7202-8

Ⅰ.①调…　Ⅱ.①商…　Ⅲ.①人工影响天气—研究
Ⅳ.①P48

中国版本图书馆CIP数据核字(2020)第074944号

Tiaoxie Tianlai
调谐天籁
商兆堂　**主编**

出版发行：气象出版社
地　　址：北京市海淀区中关村南大街46号　　**邮政编码**：100081
电　　话：010-68407112(总编室)　010-68408042(发行部)
网　　址：http://www.qxcbs.com　　**E-mail**：qxcbs@cma.gov.cn
责任编辑：王元庆　　**终　　审**：吴晓鹏
责任校对：王丽梅　　**责任技编**：赵相宁
封面设计：北京时创
印　　刷：北京中石油彩色印刷有限责任公司
开　　本：787 mm×1092 mm　1/16　　**印　　张**：13.75
字　　数：352千字
版　　次：2020年6月第1版　　**印　　次**：2020年6月第1次印刷
定　　价：58.00元

前　言

2014年8月第二届夏季青年奥林匹克运动会在中国南京举行（书中对“第二届夏季青年奥林匹克运动会”按第二届夏季青年奥林匹克运动会组委会对外的“南京青奥会”统一简称，简称为“南京青奥会”）。为了保障南京青奥会开（闭）幕式在室外露天正常进行，按组委会的要求，江苏省气象局成立南京青奥会气象服务中心人影部（人工影响天气按人工影响天气业务简称习惯，简称为人影。南京青奥会气象服务中心人影部简称为人影部），组织实施开（闭）幕式人影保障服务，保障开（闭）幕式活动在室外露天背景下正常开展。保障工作在江苏省委省政府、南京市委市政府、中国气象局、江苏省气象局领导的关心和支持下，在中国气象局人影中心、江苏、安徽、河北、北京4省（市）人影中心领导和人影专家，南京大学、南京信息工程大学、解放军理工大学等高校的人影专家的精心指导下，及时组织了飞机和地面火箭消（减）雨人影保障服务，保障了开（闭）幕式正常进行。

南京青奥会人影保障工作在人影部全体同志的共同努力下，实现了“安全、有序、高效”的工作目标，圆满完成了保障任务。我作为人影部部长，参与了人影保障南京青奥会开（闭）幕式正常开展的所有工作过程。作为这项工作的代表，荣获了中华人民共和国人力资源和社会保障部、国家体育总局、中国人民解放军总政治部、中国共产党江苏省委员会、江苏省人民政府授予的“南京第二届夏季青年奥林匹克运动会先进个人”。

获得荣誉后，我深深感到，在南京青奥会人影保障服务过程中，参与保障的领导、专家、业务技术人员以“功成不必在我”的精神境界和“功成必定有我”的历史担当，体现了高度政治责任感、忘我工作精神，用实战证明江苏人影队伍是一支拉得出、打得响的队伍。我也深感责任重大，有义务将人影部的工作总结写成书，将当时的情景留下来，把气象保障重大社会经济活动服务，尤其人影保障服务的艰辛告诉社会，让大家了解气象人，了解人影人。

经过反复思考，本人确定了“气象行业是社会经济发展过程中的一个微小分支，人影是气象行业发展过程中的一个微小分支。气象和人影的业务技术发展，是社会经济技术发展历程中的一分子”的编写思路。按此编写思路从多维角度、对人影保障工作进行了多次自我反思，采用新的视野重新审视自己从事了几十年的气象工作和十多年的人影工作，并邀请南京青奥会人影保障专家组的主要成员袁野、李宝东、周学东、王佳等同志共同于

2014—2017年收集整理基本素材，编写提纲，2018—2019年完成书稿。从社会经济发展的历程中，展示气象和人影工作的发展历程，现有技术水平和未来情景。让更多的人了解气象行业和人影业务技术水平、面临的科学技术难题，让更多的人理解气象人的艰辛，气象工作的风险。

文章中有关南京青奥会人影保障工作的资料主要来源于江苏省人影办和江苏省人影中心。在此，向江苏省人影办和人影中心的全体同仁表示感谢，这些成果是他们辛勤劳动的结晶。

由于本人专业水平的限制，这本书仅仅是自己的体会和思考，以及专家和同仁的工作亮点，不足之处望见谅，谨请指导。

商兆堂

2019年6月于南京

目　录

第1章　探究自然　主动作为

1.1　研究自然规律

1.1.1　规律问题简述

1.1.1.1　自然的感知性

自然是指没有受到人的实践活动影响的天然的自然界(郑来春等,2012),即,要排除人为性。我们日常讲的自然界和自然知识都是人对自然界的自我感知,人们是根据自己的感知将自然界描绘成五彩缤纷的样子。事实上,通常讲的自然不是客观上的自然,这种“自然”是脱离不了人的感知烙印的。据此,所有的天气都是人对自然现象的一种感知认识,这种人为的感知认识描述成的天气知识与自然天气一定会有差异性。

1.1.1.2　规律的联系性

“自然规律是自然现象固有的本质的、必然的、稳定的联系。社会规律是通过人们的活动表现出来的社会生活过程诸现象间的本质的、必然的、稳定的联系;自然规律和社会规律按其作用范围的不同,可分为一般规律、特殊规律和个别规律”(《马克思主义基本原理概论》编写组,2010)。这就告诉我们,各种天气现象之间是有相互联系的,虽然我们可以设定标准,对其分类,但无法割断它们之间的复杂联系。据此,人为划分成的各类天气现象,反而形成了准确预报某一天气现象(下雨、刮风……)的障碍。

1.1.1.3　规律的客观性

虽然不同学者关于规律的论述文字有千差万别,但在认可自然规律的客观性方面,似乎各家不约而同地达成了共识。《管子》认为万事万物都有其变化发展的规律,规律是广泛存在的。“变化无穷,各有所归”(鬼谷子),即,虽然事物的发展变化让人眼花缭乱,众说纷争,但都各有各的基本规律和特征。透过现象,一定能看见本质特征。即,自然规律是物质运动固有的、本质的、稳定的联系。它具有不以人的意志为转移的客观性,不能被人改变、创造或消灭,它可离开人的实践活动而发生作用,不直接涉及阶级的利益,但可以被人类利用。即,万事万物的自然规律一定存在。天气作为一种自然现象,它也一定有自己运行的规律存在,我们只要加强对天气气候规律研究,科学应用其规律,就一定能提高天气的监测预报预警水平,为人类社会经济发展做出气象工作者应有的贡献。同时,要加强天气过程的运行规律研究,尤其是云的物理化学过程规律研究,为科学进行人影作业提供理论支持。

1.1.1.4 规律的人为性

"全部人类历史的第一个前提……是……有生命的个人"(中共中央马恩列斯著作编译局,2009)。即,"离开人的生命与生活,生产活动发生的动力和存在的合理性就丧失了根据,就成为无源之水、无本之木"(宋剑,2018)。研究自然规律的一定是人,各种具体的和抽象的自然规律都是由人来定义的,即,我们所知的自然规律定义在客观存在的前提下增加了人为性。人类定义的自然规律与客观存在的自然规律有可能存在着差异是不可避免的,人类定义的自然规律有其局限性是一种正常现象。最典型的是,由于气象观测员的业务技术水平的差异性,形成了事实上不同人观测云等天气现象的人为性差异很大,而形成了观测数据总结出的规律会偏离云的自然演变的真实规律。

1.1.1.5 规律的差异性

人类通过深入研究各种具体的非抽象的规律后提出了主要和次要矛盾的哲学体系,即,规律性一定是事物矛盾的主要方面,是主要特征。同时发现同一事物的主要和次要矛盾在一定的条件下会相互转化(中共中央马恩列斯著作编译局,1995),原来的主要矛盾在一定特定条件下可能不存在了,即原来定义的规律不是规律了。如:"洞悉我国社会主义社会主要矛盾的历史嬗变,可以清晰划分为泾渭分明的三个历史阶段:曲折发展时期(1956—1981 年)、改革开放时期(1981—2016 年)、新时期(2017 年至今)"(黄红生,2018)。中国社会的主要矛盾(即,发展规律)由改革开放之初的"人民日益增长的物质文化需要同落后的社会生产之间的矛盾"转化成了现在新时期的"人民日益增长的美好生活需要和不平衡不充分的发展之间的矛盾"(梁云,2018)。即,对同一事物具体规律的定义印上了时代的特征,不同时期同一事物定义的规律可能会不同。据此,我们给各种研究发现的规律下定义时一定要慎之又慎,尽量避免因研究的局限性或定义规律的技术方法不科学等,而让定义的规律与自然存在的客观规律南辕北辙,让抽象规律失去了具体支撑,变成了空中花园。目前,中国人影作业业务主要在北方省份进行,所以,绝大部分对云的催化技术研究都是针对冷云发生发展规律的冷云催化技术,而南方是以暖云为主。据此,决不能把这种适用北方省份的冷云催化技术规律直接应用于南方省份,而是要专门研究针对南方暖云的发生发展规律的暖云催化技术规律。如果南方采用北方同样的云催化技术实施人影作业,则其作业总体效果会很差。

1.1.2 规律研究进展

1.1.2.1 规律的定性研究

《管子·形势》篇中强调,如果不尊重规律,那么丰盈与安定都只是暂时的,而尊重规律,事情就会自然而然。人们为了了解自然,利用自然,一直探索自然规律,随着人们对自然认识的发展,对自然规律的认识也在发展变化中。春秋战国时期百家争鸣,言论自由,研究自然规律的论著较多。当时对自然规律的研究仍限于对自然现象认识的规律总结。这个时期,人们对春、夏、秋、冬时节的自然规律认识,对天、地、气、人的自然规律的认识,还属于定性阶段。如《管子》认为,从古至今,天、地、春、夏、秋、冬都不曾改变其规律性(牛翔,2015)。这时,规律研究受限于研究的技术手段,对自然规律只能进行定性描述。气象上最典型的是二十四节气的天气划分,每年的 2 月 19 日前后为雨水节气,标志着降水将增多;每年 11 月 22 日或 23 日为小雪，标志着冰雪季节将来临等。

1.1.2.2　规律的技术分类

随着现代科学技术的发展，尤其测量技术的发展，人们对自然规律的认识实现了由抽象到具体，由宏观认识到微观认识的质的变化，这时研究自然规律的方法和手段也发生了质的飞跃，由传统的简单抽象到具体的客观定量数值分析。

依据现代科学理论揭示的自然规律，可以将其主要分成机械决定论和统计学两大类自然规律。

(1)机械决定论规律。即，物质系统在每一时刻的状态都是由系统的初始状态和边界条件单值地决定的。我们常见的这种规律形式是可积的微分方程式表达的动力学规律，它的解值完全取决于初始和边界条件。天气预报的数值模式的理论依据就是这个机械决定论规律。

(2)统计学规律。即，由大量要素组成的系统的整体性特征，而系统中的任一单个要素仍然服从机械决定论的规律。目前，最常见的这种规律是统计物理学方程，它的解取决于初始时刻系统各要素的相应动力学量的统计平均值。这是目前气象领域研究天气气候规律应用最广泛的规律分析技术手段。

(3)随机性规律。随着微观物理学的发展，对量子力学的统计特征分析发现，还有一种我们以前没有认识到的不同于机械决定论规律和统计学规律的内在随机性规律。即，由最前沿的量子科学研究发现了一种新的规律类型，即，内在随机性规律，会不会还有第四种自然规律存在？这还有待随着科学技术的发展去探索发现。机械决定论规律，尤其统计学规律在天气气候研究和日常业务中得到了广泛应用，而内在随机性规律在气象科学研究和业务领域中的应用研究是一个新领域，尚需气象工作者做大量的探索性研究，来推动气象规律研究技术方法的发展。

1.1.2.3　规律的统计分析

通过统计学特征分析、研究自然规律在许多学科作为重要的研究规律的技术手段在应用。但是，由于统计学技术方法自身的不足，在通过数理统计方法研究各类自然规律的过程中，还会出现因研究样本的抽取技术方法或时间片段等的差异，造成研究出的自然规律具有不确定性。现以中国有关城市“火炉”之说为例加以说明。

民国时期，我国有“重庆、武汉和南京”三大火炉之说。新中国成立后，又有了“武汉、南京、重庆、南昌(或长沙)”四大火炉之说。中国气象局国家气候中心根据用30年(1981—2010年)的炎热指数、高温日数、连续高温日数、夏季平均最高气温和最低气温等综合计算的结果，于2013年7月15日宣布“福州、重庆、杭州、海口”为全国四大火炉城市(梁东成，2013)。问题来了，到底哪些城市是中国真正的四大火炉城市呢？南京是中国的火炉城市吗？南京夏季高温日数变化规律到底是什么呢？杨秋明等(2011)利用南京地区1946—2000年的气象观测资料统计分析得出，南京夏季高温日数呈现周期性变化特征，以2年准周期为主，6年辅周期为辅。曾子馨(2018)用1961—2012年南京夏季逐年高温日数统计分析其随年际变化特征，得出南京夏季逐年高温日数随年际变化特征，呈现抛物线形状，抛物线顶为20世纪80年代，即，现阶段随着时间推移，南京高温日数会越来越多，但是在得出结论后的2014年夏季高温日数只有11天，2015年夏季高温日数才9天，远低于常年夏季高温日数平均值，可是2016—2017年夏季高温日数又连续达20天以上。马红云等(2018)利用WRF(Weather Research and Forecasting)模式耦合单层城市冠层模式，研究了南京地区一次高温热浪过程(2013年8月5—10

日），城市扩张使南京地区平均近地面温度增加约 1.7℃，即，随着南京城市化建设进程加快，南京城市夏季将变得更热，高温日数呈现增加的趋势。将南京 1905—2018 年的高温日数进行统计学特征分析发现，100 多年来，南京历史上出现高温日数最多的年份达到了 52 天（1934 年），仅有 1 年没有出现高温日数（1923 年），常年高温日数平均值为 15.3 天。南京常年高温日主要出现在4—9月，集中出现在 7—8 月，占 85.5％，7 月占近 50％（表 1-1）。南京高温日数随年际变化周期性特征明显，变化趋势并不能表明未来高温日数会越来越多，即，南京会越来越热（详细见图 1-1）。问题来了，南京高温变化规律到底是什么呢？这个答案看来，用目前简单的统计特征分析，一时还很难找到。即，大量研究事实表明，通过统计学特征分析得出自然规律的规律研究方法具有一定的人为性。

表 1-1　南京 1905—2018 年高温日数月平均值

月	常年平均天数（d）	占全年百分率（％）
1	0.00	0
2	0.00	0
3	0.00	0
4	0.01	0.06
5	0.28	1.83
6	1.29	8.42
7	7.45	48.63
8	5.64	36.85
9	0.64	4.21
10	0.00	0
11	0.00	0
12	0.00	0
全年	15.32	100

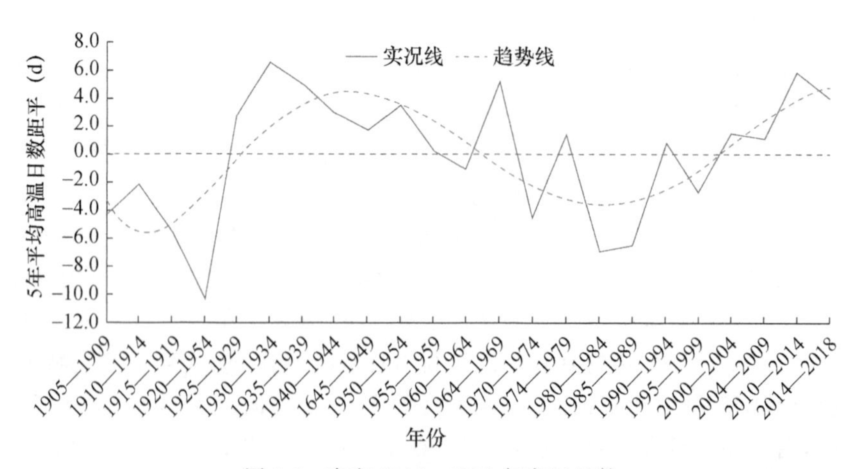

图 1-1　南京 1905—2018 年高温日数

1.1.2.4　规律的数值模拟

随着数理技术的发现，通过数值模拟分析有关学科的自然规律已经成为一种常态，尤其在气象领域。对天气发生发展变化过程的认识由传统的“图论”，即，依据天气图，看图说话发展到了今天的“数论”，即，通过数值模式动态模拟天气的多维立体变化过程。对天气过程的数值模拟分析，对天气系统的演变规律已经有了许多新的认识。通过数值分析发现，大气边界层中臭氧会受到不同尺度的动力学过程的作用，而具有高时空变化性的规律（Lin 等，2010）。用53个样本进行统计分析，发现臭氧混合层高度全年平均混合层高度基本稳定在1.3～1.5 km范围内（林莉文等，2018）。通过星载测雨雷达的探测数据统计分析，可以发现不同降水系统尤其是雷暴天气系统的垂直构特征（Cao 等，2013；Wen 等，2013）。使用2004年1—12月TRMM PR探测资料统计分析得到，青藏高原东南缘川渝地区不同的降水类型对应着不同的反射率垂直廓线形状（仲凌志等，2018）。近年来，研究人员充分利用卫星、雷达、探空、自动气象站、再分析等多元资料综合分析，采用参数化方案和同化技术通过模式模拟了西南涡、高原涡的演变过程，揭示了西南涡、高原涡的水平和垂直结构与基本特征（杨颖璨等，2018）。

1.1.2.5　云规律的定量分析

目前，全世界对人影最重要的对象——云的研究已经从“云是大气中的水蒸气遇冷液化成的小水滴或凝华成的小冰晶，所混合组成的飘浮在空中的可见聚合物”的定性描述到云的物理化学过程的精细化研究，云中化学成分改变引起了江苏沿海酸雨加强（Shang，2011）。目前，全世界已经建立了多种云生成发展的数值模式，云数值模式已经由一维模式发展到了三维模式，并且模式动力框架有静力近似、滞弹性近似和全弹性（张邢，2013）。如暖云微物理过程轴对称非静力对流云模式（Tzivion 等，1994）等。随着对云生成发展规律的客观定理化研究的深入，将推动人类对人影业务发展规律的研究发展，提高人影业务的科学水平。

1.1.3　规律应用现状

1.1.3.1　建立应用共识

人们探索、研究自然界、人类社会的各种规律的终结目标是在生产实践和社会生活中应用这些规律，按规律去发展社会经济，用最小的投入获得最大的收益。如人与自然关系的规律，人们通过无数成功与失败中得出了“和谐相处”的规律，并大量应用于生产实践中。最典型的是中国的都江堰工程建设，通过人与自然和谐的规律应用，数千年来，减轻了无数水患和其他自然灾害（如：地震）对人类和人造水利设施的影响，直到今天仍然被应用。最常见的天气气候规律应用是中国农业生产一直科学应用天气气候规律，合理安排各种种植布局和具体农事活动，让农业生产与天气和谐是中国农业数千年的传统习惯。据此，在进行人影作业时必须考虑天气系统自身的特点，如台风来了，要进行人工消（减）雨作业，怎么可能成功呢？即，人工影响天气程度的有限性是人影工作的基本规律，必须遵循这个共识。

1.1.3.2　重视应用前提

在研究自然规律的过程中发现，同一自然规律在不同时期的表现形式是不同的，其发挥作用受制约的条件不一样。在具体应用某一规律时，必须考虑这个规律发生作用的外部环境而加以调整规律的应用领域。消费力与生产力的关系规律，在原始社会，主要受人类的自然生理需求影响为主；在私有制社会，主要受到物质社会分配方式的影响；在共产主义社会，主要受单一的、纯粹的生产力影响（谭顺等，2018）。同时，还受生产力落后于消费力，生产力超越消费力，生产力与消费力均衡的影响。应用自然规律时必须先弄清所处规律的阶段，才能取得好的效果。最典型的事例是中国20世纪60年代的“赶英超美”计划失败，今天中国没提“赶英超美”计划，在许多方面早已经远远把英国抛在后面，并超过美国。英国现代经济学家凯恩斯提出的“边际消费倾向、资本边际效率递减、流动偏好”三大经济规律，是世界认同的经济发展规律。中国政府参考凯恩斯经济规律原则，充分利用自身制度优势，积极调动社会资源以及出台宏观政策：1998—1999年，国债规模近13225亿元人民币，用于水利水电、农业基础工程、国家级铁路项目、邮电、能源、原材料等领域及行业建设，促进了该时期中国的国民经济快速发展（陈勇生，2018）。中国的先民们根据天气与农业生产在不同时节表现的关系形式不同，即，表现出的具体规律的差异性，制订了二十四节气和应对的农事活动安排，根据节气安排农业生产活动，提高了农业应用天气气候自然规律的科学性。据此，每次要实施人影作业前，必须科学分析天气系统的大背景特征，在大天气系统背景的前提下考虑如何制定具体的人影作业实施方案。

1.1.3.3 扩展应用领域

马克思、恩格斯研究认为，“社会生产必须适应人类需要、生产关系必须适应生产力、上层建筑必须适应经济基础”是人类社会发展的三个基本规律。而以前生产力以国界甚至区域界限来划分，但随着全球一体化和区域一体化发展趋势，产生整体功能大于部分功能之和的效果，多国生产力互相渗透，连为一体，逐步形成国际生产力（郑志国，2016）。所以，在制订政策，调整生产关系必须适应生产力问题已经不是一个国家内的问题，而是一个世界话题，即，自然规律的应用随着时代的步伐而会发生质的改变，应用自然规律的技术方法和范围也不是一成不变的。人类发展到今天，全球化最明显的是经济和环保领域（郑志国，2016），而这两个领域涉及社会经济的各个层面，因此，全球化本身也成了人类社会发展的一个客观规律，这个规律的应用就是跨国合作模式。一些国家联合进行技术研发、产品制造和重大工程建设，取得了积极的合作成果。例如，美国、俄罗斯等国家联合建设国际空间站（超越了价值观、国家治理体系等的鸿沟），德国、法国、西班牙和英国联合研制空中客车民用飞机，由法国、德国和英国参与的欧洲空间局研制阿丽亚娜系列运载火箭，中国提出的“一带一路”倡议，等等，都属于或至少包含生产力层面的跨国合作。各类巨型跨国公司在全球范围内配置资源和销售产品，成为联系各国生产力的纽带。现代和未来生产力应当是人们认识、改造、利用和保护自然的综合能力。由于各国生产力水平差异很大，其功能结构也有所不同，目前各国生产力功能升级还远远没有到位，特别是一些落后国家生产力的各项功能都比较弱，同发达国家的生产力差距有扩大趋势。显然，全球范围内的生产力功能升级将是一个缓慢长期的过程，即，全球化自然规律在相当长的时期内仍然是人类社会经济活动中的最重要自然规律之一。我们必须科学应用这个规律，打造人类命运共同体。天气的最明显特征就是不受国界线分割，所以，加强国际气象科学技术交流，让人类共享气象科学技术成果是一种必然趋势，实现全球化天气预报只是时间问题。我们必须研究天气预报全球化的预报模式、气象全球化的治理模式等技术方案和实施细则，全面推动全球气象事业快速发展，让气象为全人类发展做出新贡献。同理，人影业务也一样，因此，必须加强邻国之间人影协同作业的具体技术方案研究，让人影业务在全球生态文明建设中发挥其应有作用。

1.1.3.4　规避应用风险

日常社会经济活动中机械决定论自然规律相对固定，而统计学自然规律应用时，必须要考虑由于统计样本和统计技术规范的差异，造成研究获得的自然规律的差异性，使用这些研究得到的自然规律时必须考虑使用时的风险。如2016年我国期货总成交量为413781.27万手，期货总成交额为1956339.41亿元，是当年我国GDP总量的2倍还要多(谭长国，2018)。即，期货投资成了我国的一个重要经济活动，许多人通过大量的投资实践统计分析得出了投资的操盘规律，最典型的是美国期货交易行业传奇人物杰西·利弗莫尔(Jesse Lauriston Livermore)，对自己几十年中在股票期货市场上输赢过亿美元的真实经验进行统计分析，得出了“顺应宏观经济大趋势、交易最强(最弱)品种、关注价格在整数关口突破以及情绪管理等因素”的投资操盘规律，并写成了《股票大作手操盘术》，成为全球这方面的重要规律之一被广泛应用于实际操盘，结果是在全球实际操盘中应用的成功率极低，95%甚至更多的投资者以失败而告终，从统计学的角度，95%以上认为是可信的，即，通过大量实践事实证明，从统计学的角度，杰西·利弗莫尔研究总结出的规律是不存在的。事实上，目前，全世界还没有通过实战验证，表明可行的可操作的期货等操盘规律，据此，所有股票期货的操盘规律，在实际操盘中仅仅只能参考一下而异，即，投资有风险是必须应用的自然规律，要想投资就必须研究减轻风险的技术方法。即，研究发现自然规律难，将自然规律的研究结果应用于社会经济活动中，让其产生好的效果更难，是人类一直期望解决的问题，是一个长期的研究课题。气象统计学在业务应用中同样存在着统计总结经验容易，将经验应用于具体业务难的问题。如气象统计学规定20—20时(累计24小时，即1天)的降水量大于等于50 mm为1个暴雨日。天气系统的运行是连续的，不可能按人为划分的时段而分割，预报员从天气学的角度无法区分19—19时降水超过50 mm的与20—20时降水超过50 mm的天气形势有什么区别，形成事实上对暴雨天气发生发展动态过程难以进行科学描述，成为全世界暴雨预报准确率较低的原因之一。人影作业更是如此，常有学者在分析人影作业增雨效果时，提出质疑，是不是人影作业造成了减雨。据此，要充分认识人影作业的风险性，提高防范风险的意识，将不利影响降到最低。

1.1.3.5　开创人影先河

目前，全世界对云中粒子浓度和大小直接影响降水强度的规律进行了广泛的应用，最典型的是人影。美国物理化学家欧文·朗缪尔于1946年用干冰实验证明，人工冰晶——干冰可以影响云中粒子结构，改变降水强度，这项实验成了全世界人影工作的先河。从此，人影逐渐由实验室走向了业务应用。目前，全世界建立了许多云雾物理实验室，进行云物理化学过程研究，建立精细化的云物理化学模型，并积极开展人影试验和业务工作，试图为科学防灾减灾提供新的有效手段。正因为人影是人们刚认识不多的云降水规律的应用，随着对云自身演变规律的深入认识，人们总结的人影作业的规律性还会发展，作业的具体技术还会革新。即，人影作业效果有不确定性风险，人影作业不是万能的，要慎重开展人影作业。

1.2 探索人类能力

1.2.1 人类思维模式

1.2.1.1 起源假说决定思维方式

目前人类对自然界的认识越来越清晰，但对自身的认识仍然极其模糊。自人类出现以来，人类一直探索一个问题，我从何处来，将要到何处去？我是什么？谁创造了我？谁决定了我的运行规律(生命史)？通过对人类起源假说的文献综述，对有关人类出现相关言论，用模糊聚类分析方法分析这些言论后得出：人类起源假说主要有“神造人论、物造人论和转化人论”三种观点。天气是由人类认识和定义的，所以，人类对自身来历的不同言论自然影响着人类对天气的看法和描述。

(1)神造人论

“有二神(阴、阳二神)混生，经天营地……精气为人(清纯的气体变成人)。”(中国《淮南子·精神篇》)。埃及人认为远古时代，埃及有全能的神存在，他通过一次次呼唤，创造出了世间的万事万物，是他造出了“男人和女人”。日本人认为天神创造了伊奘诺尊和伊奘冉尊兄妹两人，便有了大和民族。犹太教《旧约》和基督教《圣经》包含了人类起源的两个版本，第一个版本是上帝用他的话语在6天的时间里就创造了万物，包括人类在内的所有动物。第二个版本是上帝先创造了第一个人类——亚当(男性)，又从亚当身体上抽出一根肋骨创造了第一个女人夏娃，这样人类的两个性世界出现了。即，世界上所有的人类最早是由万能的神造出来的。万物都是神造的，天气自然也不会例外，是雷公创造了电闪雷鸣……

(2)物造人论

“黄帝生阴阳，上骈生耳目，桑林生臂手……”(中国《淮南子·说林篇》)，人由黄帝的神上骈和桑林赋予四肢五官。宇宙之卵漂浮在永恒的空间之中，有相反作用的力(阴和阳)，无数次轮回后，盘古诞生了，他开辟了天和地。盘古死亡后，女娲用黄河中的泥巴制作出了第一个人。日耳曼人认为天神欧丁(ODIN)砍下两棵树，将其造成了男人和女人，并赋予其生命，这就是日耳曼人的原始先祖。毛利人认为“兰奇”和“巴巴”的儿子渴望得到光明，奋力将天和地推开，在阳光下发现，他们由天地而生。即，人是由其他物质改造或衍生出来的。当然，天气也一样，自然是在盘古开出来的天上，自然演化而来的。

(3)转化人论

中国有一种说法，盘古身上的寄生虫变为人类；在澳洲传说人是由蜥蜴变成的；美洲传说人是由山犬、海狸、猿猴等变化而成的；希腊甚至具体到不同民族的人是不同动物转化的，说某某族人是天鹅变化的，某某族人是牛变成的，等等。即，人类是由动物转化而来的神话相当常见，并被现代许多人类社会和科技界学者认同。最典型的是达尔文的进化论，认为环境改变或突变让猿演变成了人，由古人变成了现代人(韩雪枫，2018)。这种由猿演变成了人的认识被作为科学知识用于教学(赵婷婷，2016)，并被作为科普知识广泛传播(详见图1-2)。达尔文进化论提出了动态变化的宇宙观，即，概率规律世界，对人的思维认识产生了重要且深远的影响，并认为：“人的心理能力、语言、智力等同其他动物一样都是在自然选择的进化过程中演化而来”(沈艳萍，2018)。事实上，在科学界到今天仍然存在着巨大争议(韩雪枫，2018)。“无毛、直立行走”作为人类与灵长类动物区别的主要特征也争议多多(Sutou,2012)。目前,国内外大量科学家试图通过解剖学、形态学、分类学、古人类学、分子生物学、基因学等所有的现代科学技术方法,解释或证明人类是由猿演化而来的,并有着共同的祖先和共同的起源地——非洲(高星等,2018)。即,自然界首先创造了一对男女,分离繁殖形成了今天的世界。其实这种观点与上帝先创造亚当和夏娃,他们又繁殖形成了全人类的说法没有本质的区别,只是一个上帝创造人类的科学翻版。但遗憾的是,到目前为止,人类通过考古等所收集的证据并不能完整说明从猿到人的进化链条,即,没有人能确认人类是由猿进化而来的,所谓“猿成人”只是一种假说而已,更具讽刺意义的是现在人类连古人类的起源地都还未能确认。

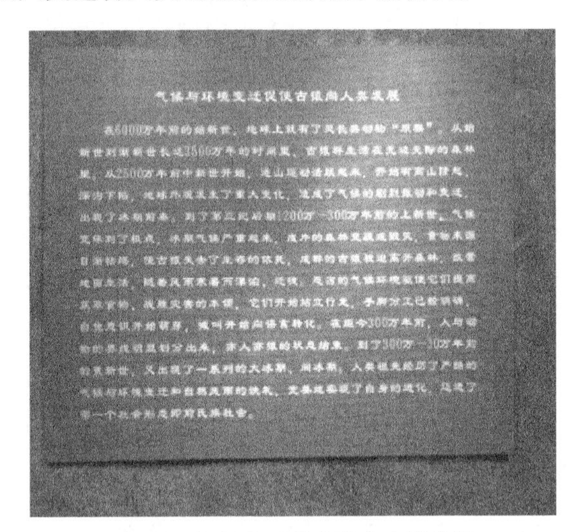

图1-2　气候变迁使古猿向人类发展

(商兆堂2017年11月30日摄于中国北极阁气象博物馆,对应彩图见205页)

1.2.1.2　科学比较决定思维本质

由上述分析可知,人类对世界的认识仅仅是自己所见所闻的感觉反映而已。即,思维是人类所具有的高级认识活动,是一种对新输入信息与脑内储存知识进行一系列复杂的心智操作过程。心智操作过程中的最基本操作是比较。比较是人类的思维定格。所谓比较是人类根据一定标准,在两种或两种以上有某种联系的事物间,辨别其高下、异同的一种基本思维方式。

人类的比较思维定格深入到了“骨髓”:人类的社会、经济、科学等所有实践活动都离不开比较。国家要与国家比较,企业要与企业比较,个人与个人比较;试验样本A一定要与试验样本B比较,试验才有了意义等。好像在这个世界上,如果没有了人类进行的各类比较,世界就没有了存在的现实意义。中国自古就有人与人之间不但比地位还要比财富,所以有不怕穷就怕不均之说。什么都要比较,为了方便比较,人类发明了“度、量、衡”器具,是人类比较这种思维定格的典型表现。

人类对天气的描述自然是比较的结果,“好天”“坏天”……

1.2.1.3　研究实例说明比较应用

“Kuznets(1955)开创了收入不平等问题实证研究的先河”(徐孝新,2018),即,深入系统研究了经济领域的不均问题。甚至,意大利经济学家基尼于20世纪初建立了判断收入分配公平程度的指标，称为基尼系数。目前，基尼系数已经成为国际上通用的用来综合考察居民内部收入分配差异状况分析指标，还直接将其与社会治理联系了起来，并认为大于 0.4 这一数值容易出现社会动荡，危及管理政权。即，开创了比较数值化，并将比较结论用于社会治理科学化管理的研究。

气象科学试验是人类科学试验的一部分，比较自然成了人类气象科学试验中的基本思维定格。如商兆堂等(2007)对盐城市发生大暴雨的天气过程进行比较，得出了按 500 hPa 形势划分，盐城市大暴雨的天气类型为台风型和副高边缘型两大类型。商兆堂等(2010)对 1986—2007 年 12 个太湖蓝藻暴发典型样本比较分析得出，太湖区域气候变化趋势利于太湖蓝藻暴发。吕爱民等(2018)比较 2010—2014 年中国近海 285 次 6 级及以上大风天气样本，得出了引起中国近海大风的天气过程为冷空气型、温带气旋型和热带气旋型 3 种类型。以色列在 1961—1967 年和 1969—1975 年期间开展了两期人工增雨试验，通过比较作业与非作业，得出了增雨 15%和 13%效果的结论(曹学成等，1996)。利用 1960—2015 年新疆阿勒泰地区 7 个气象观测站和中国气象数据共享网提供的 2014—2015 年中国地面时降水 0.1 °×0.1 °降水量格点数据集，比较得出，人工增雪使阿勒泰地区冬季平均降雪量增加了 20.80 mm，人工增雨使阿勒泰地区夏季平均降雨量增加了 16.59 mm，增雨率为 4%(李健丽等，2018)。

1.2.2 人类思维思考

1.2.2.1 思维能力地位

中国古代就有"劳心者治人，劳力者治于人"(《孟子·滕文公章句上》)之说，创造性地论述了体力劳动与脑力劳动的差别，强调了脑力劳动的重要性。即，思维能力是人类重要的能力之一，遇到事情，人们常说的动动脑子，充分说明思维能力对我们处理好事情的重要性。据此认为，思维能力的重要性位居人类各种能力的首位，人类能力定位的核心是思维能力。因此，进行人影作业的核心是设计一个好的人影作业方案，只有设计好了作业方案才会有好的作业效果。

1.2.2.2 思维科学定义

全世界许多学者对人类思维能力问题进行了大量的科学研究，形成了思维科学。思维科学是研究人的意识与大脑、精神与物质、主观与客观的综合性科学(熊炜等，2018)。根据研究思维科学的角度不同，可以将思维科学分为思维科学的基础科学、技术科学和工程技术 3 个层次。又可以将它们分成许多方面，如基础科学主要研究思维活动的基本形式，经常将其分成逻辑思维、形象思维和灵感思维等方面加以研究。据此，灵感思维才是创造个性的重要条件，人影作业方案设计时在遵循人影作业基本规律的基础上，设计者的个人灵感非常重要，只有充分发挥方案设计者的奇思妙想，才能创造出人影作业奇迹。

1.2.2.3 思维实现方式

人类通过思维认识事物的过程，主要通过比较、分类、分析、综合来实现的。比较是人类在大脑中对确定的对象之间异同点的思维过程，分类是根据异同点区分为不同类型的思维过程，分析是指把整体分解为有机组成的诸多部分的思维过程、综合是指把各个组成部分联系起来或结合成整体的过程。而要实现这些的能力是人类的知识、方法、智力、意志、观念、情感、习惯和语言(张倩,2016)。据此,在设计人影保障重大社会经济活动的作业方案时,绝对不能设计一个版本,而是要有多个版本。通过多样性版本的比较、修改、完善,形成一个综合性的保障方案。

通过科学的比较方法能够分离出事物的主要和次要方面,即主要和次要矛盾,只有找出了事物的本质特征,才能将事物分门别类,分类研究其自身的发生发展规律和事物间相互影响的规律。想象是人脑对原有感性形象进行加工改造形成新形象的过程,也可以说是一种特殊的思维。人们在比较的过程中会想象事物间的细节差异之处,然后形成概念,概念是人脑对客观事物的一般特征和本质特征反应。这样,就形成了区分事物的标准,如人与动物区别的标准,马克思认为人与动物的根本区别是人能制造和使用工具。对人影作业的标准化、规范化和形成作业概念模型等是提高人影作业管理水平的重要措施之一。

1.2.2.4　思维发展展望

斯佩里等人对人类左右脑功能分别进行试验研究,证实了人类的思维活动是一种物质运动,近年来,信息论和计算机科学理论引入到思维研究中,为思维研究开辟了新的途径。我国著名科学家钱学森认为思维科学是一门处理意识与大脑、精神与物质、主观与客观的马克思主义哲学。思维科学的研究成果目前已经应用于语言学、模式识别、人工智能、教育学、情报学、管理学、文字学等研究和业务领域中。即,思维科学与其他学科融合发展是未来发展方向。特别是近几年来,人工智能业务发展迅猛,向各个领域渗透,全世界都在大力发展人工智能人影业务体系。中国人影业界要充分认识到智能业务发展的战略机遇期,快速跟上时代步伐。

1.2.3　人类遐想概述

1.2.3.1　活动半径限制想象

人类在先民时期,交通和通信等工具非常落后,生活和工作活动的半径有限,大部分生产生活活动实践不超过百里①范围。人间彼此相互交流想象内容的手段主要为当面和口头交流为主,想象力形成了明显的区域特征和人为因素。活动在不同区域的人类对自然的认识和认同具有明显的差异性,各自想象出的蓝图也千差万别。随着人类前进的步伐,不同人群活动范围的异同越来越大,各自活动中所接触到的事物,自然类别更是千差万别,不同群体间的自我认知和对自然现象的认识差异不可避免地形成。想象和认知差异的日积月累,形成了不同群体对同一自然现象的不同诠释。最典型的是中国人认为自然界是由金、木、水、火、土五个元素组成;而西方从来没有这种认识,也不认可这种认识。目前,世界上大部分学者认为,由于东西方文明发展过程的不同,形成了东方和西方哲学思维观之间差异巨大。主要表现为,以中国为代表的东方哲学呈现的平面(平原)观思维和以希腊为代表的西方哲学的垂直(海岛)观思维,在这两种不同维度的思维指导下,根据不同学者的认识,逐渐形成了许多哲学流派和教派,形成了对自然认识的多元世界,形成了许多哲学派系,直接影响了人与自然关系的定位,影响了人们的想象力和思维发展。许多学者从认识论的角度,又将哲学分成了唯心论和唯物论两个大类。认识论的本质特

① 1里=500m。

征就是人与自然的关系如何定位，是人决定自然，还是人认识与利用自然。不同学者从自己所掌握的知识层面做出自己认可的各种解答。中国的《道德经》的“道生一，一生二，二生三，三生万物”，就是“不停地无中生有、有又还无地周而复始运转变化”。即“道”是宇宙万物的本原，与“物质是标志客观实在的哲学范畴，这种客观实在是人通过感知感觉的，它不依赖于我们的感觉而存在，为我们的感觉所复写、摄影、反映”（列宁）如同一辙。即，东西方人都想象出物质的客观实在性，自然是客观存在的，自然不是人类想象出来的，是按自身的规律运行的。人类遐想定势是具有无穷的想象力，想象力激活创造力，提升应用自然的能力，但人类决不能创造自然。同样，现在很多人干旱一来就想要人工增雨，下雨天气一发生就想要人工消雨，而这种不顾现象的想法是不可能实现的。人没有办法改造天气，人影工作是在自然天气背景下的一种局部短时调节天气行为。

1.2.3.2 传播意念束缚想象

将自己想象和总结的经验教授给别人，这就是“教”的起源，即，“教”本意是“把知识和技能传授给别人”。随着人类社会的发展，传授的东西越来越多，人类想象越来越抽象，逐渐把“教”变成了向别人传授一种思想观念和技能。因传授内容和方式发生了巨大变化，这种差异分成了许多种类，如按职业分成了教师、牧师等。人类总喜欢以自己的知识去想象和解读一番自然，将自己对自然的模糊认识用简单的语言来描绘成明明白白的“事实”蓝图，去云游劝说众生听信自己根据遐想编制出的阔论。为了证明自己哲学观念或想象的无比正确性，通过各种手段引诱别人相信自己所提哲学观念的无比伟大或想象的无比正确，让他人无条件地接收自己的个人观念。为此，发明了无数“教”派，篡改了“教”的原意，让“教”打上了政治色彩。教主们试图通过“教”来给别人洗脑，让别人完全相信自己思维的正确性。正是这种所谓的正统，无比伟大的精神食粮——“教”，残酷地控制了别人的精神世界。所有的教都期望让他人变成自己学说的忠实信徒，造成别人事实上成了没有精神脊梁的行尸走肉，使人类社会思维由多元化的个性思维（无限的想象和创造力）变成了“教”的单元化大众思维（秩序的忠实执行者），人类的想象力受到了严重约束，制约了人类想象力和思维能力的发展。而这正是各类统治者最期望得到的结果。所以，思想大解放反而成了人类促进发展的措施之一，稳定与发展之间如何平衡成了决策者头痛的事。由上分析可见，教与权力强有力地黏贴在了一起，这是古代中国和其他国家统治阶级一直大力支持发展各种教派的原动力。通过各种“教”的活动将信徒们的信仰定格在夸张和神化了的教义中，固化了信徒们的想象力和思维能力，利于维护统治阶级的既得利益，对长期稳定统治权力绝对是一服“良药”。于是总有人无比激情地去创造教父和伟人，让人们生活在他们的光环之中。同样，不同从事人影技术研究的学者，从自己研究的领域出发，对人影理论提出了各种版本的技术方案，虽然版本不同，但目标一致，都强烈期望别人全部用自己的研究成果。如国内有人认为飞机是人影最有效的工具，有人认为火箭是最有效的工具，都期望别人用自己的理论去实战，通过实战验证其科学性。其实，这种“教”性限制了人影技术业务的正确研究发展方向，这对人影业务技术的发展是非常有害的。

1.2.3.3 宣扬神力欲控一切

从洪荒时代起，生活在中国大地的人类在与自然灾害、疾病、死亡等的抗争中，逐渐认识到了自然力量不可违等规律。源于对自然的敬信、灵魂的敬信、祖先的敬信，逐渐形成了求助上天保佑、祖宗保佑的祖先与天神合一的有神思想，为形成教和神论奠定了思想基础。据《史记・封禅书》载“且战且学仙”，“黄帝问道于广成子”，即，中华民族始祖，古部落联盟首领，轩辕黄帝应为中华第一个思考"教"的人，是真正的中国本土教——"道教"的开创者。随着时代的进步，人类对自然的认识不断丰富，对"道教"教意不断完善，到东汉顺帝时，张陵于蜀郡鹤鸣山(今四川大邑县境内)创立了五斗米道，把儒家的敬天与百姓法祖总结汇集并加入其他诸子的思想而成为一个崭新的宗教，名曰"道教"。道者虚无之系，造化之根，神明之本，玄之又玄，无法用任何语言文字来表达。从此，道教在中国以一种宗教形式进行发展传扬。具体来说，道教是一个崇拜诸多神明的多神教，有着特色鲜明的宗教形式，主要宗旨是追求得道成仙、垂法济人、无量度人，早期主要思想《易经》以及老子的《道德经》为主要经典。道教的第一部正式经典是《太平经》，而《太平经》《周易参同契》《老子想尔注》三书是道教信仰和理论形成的标志。道教以道为至高信仰，认为无形无象、玄之又玄、无法言说。道在人和万物中的显现就是德，故万物莫不尊道而贵德，道散则为气，聚则为神。据此，人类在享受教的同时在想象神。因为，控制同类和自然是生物界的一种梦想，人类作为高级动物，这种欲望更强烈，人类必须为神的出现让出想象的空间。人类无比激情地按自己的期望通过想象创造出了太阳神、风神、水神、电神、地神等无数个"神"。正是造个"神"太容易了，人类根据遐想不断造神，结果只要有人类的地方，一定会有"神"存在，形成了神控制世界，万能的上帝主宰世界。所以，神话永远不会破灭，永远有人相信这个世界上一定有神存在，只是你没能开化，没有发现神的存在。如中国人要孙悟空飞上天，人们只需根据自己的想象，在它的脚下加上一片云，他能飞了。西方人要人飞上天，在他身上安个翅膀，造出个人鸟组合的怪物，但人们把它当宝贝，起个非常美丽的名字——天使。人类想象出万能神的结果，使皇帝权力受命于天的笑话成了中国的历史史实，让人与自然和人与人之间的关系变成了神化领袖与普通平民的不可跨越的等级类别关系，人被人为地分成了不同等级。最典型的是封建社会的"君教臣死，不得不死；父教子亡，不得不亡"。这样的直接后果是割裂了人人平等、人与自然平等的属性，人与人不平等成了人类社会发展过程中的常态。人类之间为了控制别人和不被别人控制而奋斗终生，还有几人有时间和精力去关注和研究人与自然的关系，自然在人们的心里只能成为斗争的工具。最典型的实例是蒋介石1938年炸开花园口，自然的黄河水成了战争的工具，决策时至于能淹死多少平民百姓就不在考虑之列了，会导致整个淮河自然生态的破坏更不是考虑的议题。目前，一有重大社会经济活动就想要组织进行人影作业，一有天气过程就要进行人影作业保障空气质量。形成这种现象的主要原因是有一部分人认为只要组织人影作业，就是我已经作为，至于效果或效益与我无关，我站在了忠于岗位的制高点。这种行为对社会经济正常有序发展，人影事业健康发展的危害很大。

1.2.3.4　无穷遐想超越自然

有人甚至宣扬"没有做不到就怕想不到"的狂妄理念，即，人类有无穷的遐想能力，靠无穷的遐想能力，创造了一个又一个世间奇迹，人类好像已经成了地球的主宰。2018年11月26日，贺建奎宣布一对名为露露和娜娜的基因编辑婴儿在中国健康诞生，人类都可以根据自己的想象造人了。你可以想象人类遐想的美景有多神奇，有多变化莫测，有多么的大胆，想象力对人类社会发展的影响有多深远。造"神"容易又神奇，让人的控制欲望通过空洞的想象而得到空前的释放，人很容易就生活于自己的梦幻之中，引发许多人具有了"懒"和"贪"的基本特征，导致人与自然关系分离，人与人之间隔阂，人类似乎超越自然而存在，"人定胜天"的虚无主义成了一些人的共识。总有人认为自己比他人技高一筹，只要动动脑子，就能控制别人和自然，改变自然成了人类的宿命，何乐而不为，自然沦为了一些人利用的工具。人变成了具有神力的"超级人"，尤其人上之人的帝王更是无所不能的人。所有帝王都把追求长生不死作为重要目标:武则天要用大周江山换“青春”;帝王把造墓看作是自己重生的过程,帝王的不死之梦永远不会醒来,最典型的代表作是秦始皇的兵马俑。人类历史上有大量的解梦之说等奇谈和谬论存在,也就不足为怪了,是一种正常的人类欲望,是人类实现遐想的手段。其实,自然的运行与人类的梦幻之间没有任何的必然联系,它一直按照自己的规律在运行,只是人类不想也不敢承认这个事实而已,空洞的遐想是没有现实意义的。同时,所谓英明与论断,只是一种个人想象出的谋略而已,所有战争和经济活动的策略,只是基于信息不对称而想象出的一种手段而已。

在做决策时快速掌握和传递信息要远比想象显得更为重要,所以,目前,世界主要国家都将信息安全作为国家安全的重要内涵(陆健健,2018)。中国古代就已经开始用烽火快速传递敌情,信鸽曾是人类快速传递信息的重要手段之一,可见信息传递的关键不是手段而是准确及时,“在现代战争之中,精准、快速、及时的信息传递,是实现战略布局,开展更加科学作战方式的基础保证”(时玉林等,2018),对决策而言准确把握信息远比想象重要得多。人一定能控制天气按人的意愿运行仅仅是一个空想而已,没有任何现实意义,对人影业务发展百害无益。同时,要真正实施人工影响局部短时天气过程,及时准确掌控适时天气过程动态信息,科学制订具体人影实施方案,根据天气运行现状及时主动调控最最重要,是取得成功的首要条件。人影绝不是凭空想象出来的,也不会按人们的想象运行,是一项科学试验实践活动。

1.2.3.5 人影能力局部影天

(1)人影定义

人类通过对自然大气运行和人影作业后大气运行的比较,认识到自然的天气运动与人影后的天气运动之间的差异性。据此,强调“人影是人类运用现代科学技术,对局部大气实施影响,实施增雨(雪)、防雹、消雨、消雾、防霜等趋利避害目的的活动”(马官起,2016)。

(2)人影能力

人影是人类调控局部大气状态,是人类认识到自身能力的有限性的一种理性行动,能力定位在仅仅调控局部大气状态。人类总期望调控结果是有利的,但是自然天气运动会按人类的意愿发展而变成人控的天气运动吗?目前,认为完全可能的答案的科学性仍受到学术界的争议。Changnon 认为,美国 20 世纪 50—70 年代中期进行的大量人工影响天气试验,因设计时包含了可能引起统计偏差的多重性和催化作业中的人为判断,其结果统计解释不清楚(李大山等,2002)。目前,得到国际学术界公认的仅仅只有以色列Ⅰ和Ⅱ计划的人影效益评估结论 1 例,对全世界几十年人影业务来说,不得不说是一个天大的笑话和讽刺。而这一特殊案例,其相对增雨也仅仅只有 13%～15%。可见,人与自然比,影响天气运动的能力是多么有限,多么的弱小。

1.3 调和自然关系

1.3.1 人与自然关系

1.3.1.1 人与自然关系定位

人类与自然关系的核心是人与自然关系的定位问题,关键是人与自然的关系用什么观念去定位,由谁定位,显然结果是不一样的。曲岩(2018)认为,人与自然之关系经历了原始社会、封建社会、机器大工业生产和现代文明时期的四个阶段，在不同的历史发展阶段，人与自然关系的定位是不一样的。在人类社会经济发展的历史长河中，从人与自然关系定位的角度，人与自然的关系可以划分为“人与自然的原始统一、自然的物象化与人格对自然的支配、人的历史行动而完成自然的复活”三个阶段(夏永红,2017)。人与自然关系的定位不同，同样形成人与天气的关系也不同，决定了人类科学应用气象知识的水平，尤其人影业务技术的水平。

人类对人与自然的关系认识是随着人类掌握的科学技术水平不同而时有改变，主要特点如下：

(1)渔猎文明阶段。人类认为，人是自然中的一分子，与老虎、狮子没有区别，强调人类是自然界的一部分，人类必须平等对待自然万物，所以出现动物崇拜。人类的生产生活对天气气候更是绝对服从，以天气气候决定活动范围和方式。

(2)游牧和耕稼文明阶段。人类已经将部分动物驯化成为人类改造应用自然的辅助工具，最典型的是牛马自然动力的应用，用牛犁地。人类已经能够开发应用部分自然资源，最典型的实例是中国人创造出了水车，用水车的力量去推磨，而不再是人自己或动物。这时，人类主观意识上认为人高于自然物，是可以影响和改造自然界的。人类认为自己已经脱离了自然界，应该是居自然界的统治者地位，同时发现，人类有许多想改变自然的事情能力又做不到。最明显的是经常受到自然灾害，尤其是气象灾害的伤害，想和造水车一样改变现状，又实现不了，对天气认识变得神秘。于是，人类根据自己的想象创造出了能控制天气的“诸神”，中国典型的有“雷公电母”“龙王决定下雨”等。人类期望通过影响神灵来影响天气，于是求雨数千年不衰:期盼自己影响天气的尝试从不间断，导致“打鼓消雹”等。

(3)工业文明阶段。人类创造出了大量具有传统神力的工具，具有了传统神的能力。这时人再也不用造神来填补精神空虚了，无神论在世界上流行开来，人认为自己是自然的主人，终于可以主宰这个星球了。于是，人类非常自信地进行大量探索外空间的科学实验，制造的探测器飞向了火星、登上了月球，并不断向天空延伸。“人定胜天”已经不是一个口号，而是一个行动。人影自然是人定胜天的典型实例，于是人工增雨、消雨……是真能实现的吗？不同的人回答差异巨大。

1.3.1.2 中国人与自然关系现状

中国自古以来，强调人与自然的和谐共生，即人与自然的定位是人是自然的一部分。但是，人与自然的关系与人类的文明程度有着密切的关联，中国处于不同文明时期对自然的态度和开发应用自然的程度不同，与自然关系的内涵和表现形式也明显不一样。

目前，中国人民要实现中华民族伟大复兴的中国梦，就是要实现国家富强、民族振兴、人民幸福。“国家富强、民族振兴、人民幸福”都与生态文明建设相关，“建设生态文明，要以资源环境承载能力为基础，以自然规律为准则，以可持续发展、人与自然和谐为目标，建设生产发展、生活富裕、生态良好的文明社会。……人类归根到底是自然的一部分，在开发自然、利用自然中，人类不能凌驾于自然之上，人类的行为方式必须符合自然规律”(中共中央宣传部,2016)。这就是现阶段中华民族对待人与自然关系的精准定位，行动指南，必须落实到各项具体业务工作中。

由上分析可知，人影工作作为生态文明建设工作中的一个具体工作之一，必须做到“人是自然的一部分，行为方式必须符合自然规律”的要求，绝对不能建立“每次天气过程不放过，每次重大社会经济活动必作业”的人影工作模式，而是要根据具体的天气气候状况，环境承载能力的现状,组织必需的人影作业。

1.3.1.3 人与天气关系认知

人类对天的认识首先是从对天象的感性认识开始的,尤其普通人对天的认识是从与生产生活密切相关的简单的天气现象,如风、雨、雷等开始的,因此,中国系统性的最古老文字——甲骨文中就有天气现象的记载(图 1-3)。在古代,人类由于技术手段的限制,根本无法深入细致地去研究了解天气现象,只能将天气现象与神灵联系起来,于是中国人创造了与天气现象联系的风、电、雷等许多神灵。生产生活中最重要的降水天气现象,自然只能由龙来管理了,让别人管理降水,放心吗?因此,和祭祖一样祭龙王,求风调雨顺一直是中国人的美好愿望。我们与自然天气之间关系的重要平衡点就是风调雨顺,即,风调雨顺是要实现人与自然和谐的重要指标体系,把对天气的期望寄托于上苍对人类的恩赐。由上分析可见,在中国人影界出现“人努力,天帮忙”的口号也就不足为怪了。

图 1-3 中国商代天气现象分类

(商兆堂 2017 年 11 月 30 日摄于中国北极阁气象博物馆,对应彩图见 205 页)

水被认为是生命的源泉,因此,人类一直将调控水资源作为最重要的处理人与自然之间关系的重点工作内容之一,总期望通过一定的科技手段,实施人影工程,改变水资源的时空分布。其实,实施这种人影行动的事实证明,人类已经把期望控制天气的梦想变成了实际行动。问题是自然能按我们的愿望让我们去控制天气吗?我们干扰自然天气变化会引发苍天的报复吗?我们实现梦想的手段有效吗?这些都是我们处理人与自然关系必须面对的问题之一,更是人影业务发展中回避不了的技术性问题。

1.3.2 面临自然难题

1.3.2.1 改造自然勇往直前

“人是自然的产物,当第一个手拿石器的原始人试图站立起来的时候,人与自然分离的过程就开始了”(周文琳,2017)。随着创造工具的能力增强,人类借助工具具有了传统普通神的能力。这时,部分人类开始轻浮起来,藐视自然,随意进行改造自然活动强盛起来。

随着人类的技术发展，虽然人类还懂得按自然规律办事的重要性，但同时又敢于并积极作为，大胆地去实现人工影响局部自然环境，改变局部自然现状，让自然服从于人类的意志去为人类服务。事实上，让自然为人类服务成为人们日常生产生活的不可缺少的一部分。尤其许多人把科学技术作为人类社会进步的标尺，提出了科学技术越发达人类就愈加幸福，发展过程中可以先破坏自然，发达了再恢复，人类的进步与发展最终是为了征服自然。

人类根据自己的需要和设想，在自然界建设了许多巨大的人工工程。最典型实例是中国万里长城，从战国时期开始建设一直持续到今天仍然进行修理，整个建设工期数千年，仅汉朝就修建了 5000 km 以上(汉朝时期西起河西走廊，东至辽东的万里长城)，是历史上一个朝代修建长城长度最长的朝代。中国国家文物局于 2012 年宣布长城总长度达 21196.18 km。在长城的修建过程中对周边自然生态改变明显，并造成了许多社会生态问题。中国民间四大爱情故事之一的孟姜女哭长城，相传是在秦始皇建长城时，青年范喜良和孟姜女新婚三天就被迫出发去修筑长城，饥寒劳累而死，并被埋在长城墙下。孟姜女哭倒了长城，找到了范喜良尸骸，绝望之中投海而亡。但是全人类都把它作为人类的骄傲，列为世界八大奇迹之一，并且是八大奇迹中保存下来的两个之一。这个事例充分说明，人类对改造自然现状，让其服从于自己的意愿，并为自己服务是多么的渴望，多么的梦寐以求，多么的执着，朝代变迁了，但这种追求能持续数千年不变。“人定胜天”“人能控天”和中国帝王服用长生不老药一样，不论药效如何，药的副作用，甚至是致命的毒药都不能抑制这种欲望的增长。所以，全世界，特别是中国的人影业务发展蒸蒸日上，大家研究的是如何去影响天气，至于影响后的副作用几乎无人研究。

1.3.2.2　征服自然报复无情

(1)自然报复已经开始

人是自然的一部分，人永远也不能脱离自然，人类不是自然的征服者，相反，自然拥有惩罚人类的巨大权力(张静等，2017)。无论自然是什么，它都不是让我们的概念和假设圆满完备的存在，它将避开我们的期望和理论模式(王诺，2003)。生态问题不是自然对人类生存产生的限制问题，而是人类因为自身的创造性活动而导致的那部分“人化自然”对人类生存产生的限制问题(王艺儒，2017)。据此，生态问题的本质是人类破坏了自然生态环境，自然环境对人类的无情报复。

(2)生态恶化已成事实

目前，全人类最大的问题出现了，人类的生存环境出了问题，主要表现为发生了变暖为主要特征的全球气候变化，导致灾害性天气趋多增强(商兆堂等，2013)。“植被破坏严重，水土流失日益加剧，土地荒漠化面积扩大，土地肥力下降，湖泊、湿地面积萎缩，水质恶化，江河断流频率增大，生物多样性下降，垃圾围城和雾霾罩城现象加剧”(国家开发银行“中国发展的瓶颈问题、战略性新兴产业与开行对策研究”课题组，2018)，大量的新的生态问题，诱导了自然灾害频发，成了人类追求美好生活的拦路虎。

(3)危机四伏应对艰难

江苏居世界六大城市群之一的长江三角洲城市群，2017 年 GDP 达到 8.59 万亿元(人民币)，人均地区生产总值达 10.7 万元，居中上等发达国家水平。为了解决社会经济发展带来的环境问题，2017 年新增污水处理能力 42.5 万 m^3/d，新增污水收集管网约 1850 km。新增生活垃圾无害化处理能力 6900 t/d、餐厨废弃物无害化处理能力 640 t/d、建筑垃圾资源化利用能力 145 万 t/a，3749 个村庄实施村庄生活污水处理设施建设。环境治理的投入是巨大的，随着社会经济增长是要增加的，同时，处理这些旧的环境问题还会引发新的环境问题，在中国目前最典型的是农村城市化后引发的焚烧秸秆问题。“焚烧秸秆时释放大量的二氧化碳、氮氧化物，造成严重的大气污染，影响了居民生产、生活秩序”(张慧，2018)，农田秸秆焚烧向大气中大量排放碳气溶胶，人为改变了大气中气溶胶的组成比例和浓度，不仅危害人类健康，还直接影响地球辐射平衡和气候变化(蔡竟等，2014)。成都、沈阳机场于1997年春夏因附近大量焚烧秸秆，能见度直线下降导致停航，经济损失达数百万元。由此可见，秸秆焚烧生态事件对中国、甚至世界的社会经济生态的影响是多么的巨大，多么的深远。目前，湖泊暴发蓝藻已经成为世界性难题，澳大利亚达令河系于1991年发生蓝绿藻达1000 km以上；滇池1999年水华覆盖面积达20 km^2，厚度达到几十厘米；巢湖东半湖于2003年8月暴发蓝藻，最厚的地方深度达1 m以上，形成“冻湖”(商兆堂等，2007b)。江苏自古就是鱼米之乡，“太湖美，美就美在太湖水”成为江苏生态品牌，2007年突然暴发的太湖蓝藻成为全世界的热门话题，让人们重新审视中国江苏苏南的经济腾飞模式。“温度偏高，降水量偏少、日照时数偏多的气候变化趋势，造成了太湖蓝藻暴发现象越来越严重”(商兆堂等，2010)，由此可见，随着社会经济的快速发展，人类引起生态环境改变而导致的生态问题有多么的突出。2018年南京市高淳区人影作业后，一柄人工增雨火箭弹的残体落入了螃蟹养殖塘中，养殖户要求气象主管机构负责赔偿，认为人工增雨火箭弹的残体对养殖环境有毒化作用，影响了螃蟹的产量和品质。问题来了，人影作业过程尤其采用的技术手段会对环境造成污染吗？程度有多深？影响什么？是人，还是动植物？这些人影引发的新的环境问题成了气象工作者无法回避的新课题。

1.3.2.3 回避自然灾难伴行

(1)开发与灾害伴行

在人类的进化过程中一直面临“饥荒、瘟疫和战争”这三大问题(Harari，2017)，本质上，这三个问题的核心是人与自然的发展是否协同的问题。一定区域内的人类发展超越自然的承载能力，一定会引起社会生态问题。如人类过度发展农业，大量引用水资源会加重干旱灾害发生的强度和频率，干旱等重大农业灾害发生会引起冬小麦严重减产，影响社会经济发展(Shang等，2016)。中国历次内乱引起朝代更替都与连年灾害引发的农业歉收有关。“饥荒、瘟疫和战争”是人类过度开发利用自然，自然对人类的报复结果。

(2)回避神灵宽慰

人类为了追求自我感觉良好的快乐，减少痛苦，一直试图远离或回避“饥荒、瘟疫和战争”这三个致命问题。其主要措施之一是自作聪明地发明了神灵，期望通过神灵来帮助解决人与自然之间的矛盾。虽然许多人心里是这么想的，但脑海里非常清晰，靠“神”来解决人类发展引发的环境问题是不可能的。所以，世界上出现了人与神和平共处的繁荣景象。科学试验一直与神共舞，教堂与医院并列，传道与普及科学知识并举。这样做的目的到底是为了什么呢？是人类都期盼将自己变成神，控制自然为我所用，又逃避被制裁的宿命。如，“得道成仙”观，人具有神的力量，和神灵一样，可以随意控制风雨，用自己的意愿调控自然，让自然成为人类的工具，喊出了“人定胜天”的豪言壮语。

(3)报复一直无情

自然运行不会因人的意志而转移，仍然按其自身的规律运行，所有人生了就决定一定要死亡，只是时间、方式、地点不同而已。从中外大量文献综述可知，当人类过度破坏自然后，自然的报复将是人类的长远之痛，最典型的是中国的黄河，由于人们过度开发，破坏了自然生态平衡，形成了悬河，每隔300～500年都要发生重大改道，每次改道都是中华民族的磨难。古代流传下来了大量的自然灾害对人类影响的文学作品，描述的恐怖情景，如瞬间天崩地裂，洪水滔天，人吃人等，一点都不亚于现代的灾难电影让人恐慌的程度。自然不时以惨烈的代价对人类加以提醒，修正人与自然的原初联系（李继凯等，2010）。将旱灾、洪涝（滑坡、泥石流）、台风、风雹四种自然灾害影响所造成的影响程度从中国区域分布看，受灾程度相对比较严重的区域主要分布在中西部的生态脆弱区（王晟哲，2016）。这些区域经济相对都不发达，是国家592个扶贫开发工作重点县所在地，充分说明自然对人类社会发展的重要性。所以，中国政府一直高度重视生态修复工作，中国不少学者建议把人影作为生态修复的重要措施手段之一，试图通过人影来改善生态环境，保障社会经济发展。目前，人影的科学技术手段能做到吗？这个问题成了人影工作者不断反问自己的问题。

1.3.2.4　无度索取资源衰竭

“世界人口每年新增约8300万，即使假设生育率继续下降，至少到2050年，世界人口仍将持续增长”（乌拉尔，2017）。20世纪以来，由于社会经济的稳定快速发展，地球上的人口呈现爆发式增长，让地球自然生态环境对人类生存发展的承受能力受到了挑战。如果人类继续不节制的生育，随着生活保健水平提高，生命周期延长，地球上到处都站着饥饿的人群，等着海量的食物来填饱肚皮，地球的自然资源一定会消耗枯竭殆尽。人类的文明史就是一部社会经济发展史，世界各国的历史、文化、风俗、信仰、环境不同，经济发展道路选择也各不相同，但是经济规模的提升一定需要大量的自然资源来支撑是一致的（陈华文，2017）。中国是世界近40年来发展最快的国家，GDP排名从1990年的世界第十一位上升到第二位（隋福民等，2018），成为世界经济发展的第一贡献者，社会经济发展对资源的需求量直线上升，生态隐患也逐步突显出来。经济发展水平随着科技水平的提高而快速提升，结果是对自然资源的需求量呈现几何级数上升，形成了地球有限的自然资源与人类无度索求之间的不可调和矛盾，并且这个矛盾随着人类社会经济的发展不断加深，成了人类面临的巨大自然生态问题。因此，人类发展历史过程中的绝大多数的战争都是为了争夺自然资源，为了资源不惜牺牲生命，即，“人为财死”。有的国家或利益集团为了维持各自集团的利益，为了解决自身发展与资源供应之间的矛盾，采取无度开采自然资源，甚至强采、抢采自然资源，而这种行动加快了自然资源枯竭的进程，形成了全球自然生态环境严重破坏，生态脆弱性增加，自然界对人类的报复正在提档加速，生态环境恶化现象随处可见。人类为了研究解决发展与自然生态的矛盾方法，防止或减轻大自然对人类的报复，生态承载力的研究正在世界上兴起（赵东升等，2019），即，人类必须在生态承载力内科学发展。通过大范围的人工天气影响工程来改变区域气候资源自然分布，事实上是在无度开发自然气候资源，会不会同样遭到自然的无情报复？会不会形成自然气候资源枯竭？这些问题是气象工作者面临的生态难题，必须面对。

1.3.2.5　恢复自然思考行为

社会经济快速发展的今天，在我们庆祝科学技术突飞猛进，战胜自然的一个又一个胜利的时候，全球人类面临的空气污染、水资源质量下降、土壤受到毒化的问题，正在通过生物链传递到世界的每一个角落，包括人的全身，侵蚀着我们的肉体与灵魂，是人类永久的创伤，自然全面报复人类的集结号已经吹响。人类有的所谓谋略只是短时间内的“障眼法”而已。尊重自然，顺其事物发展的自然性是人类的唯一归属。梦想通过人工影响控制天气过程，要风有风、要雨得雨，按意愿控制天气为人类所用是一个伪科学命题。我们目前通过技术能调节一下局部短时天气，问题是我们的技术手段对天气能影响的范围有多大，时间有多长，程度有多深等问题，我们都无法准确回答。更可怕的是 Lorenz 研究认为，预报初始场的微小变化会在非线性系统中按指数形式放大，让预报结果变得与理想结果相距甚远，他将这种现象比拟为“蝴蝶效应（商舜等，2016）”，即“一只南美洲亚马孙河流域热带雨林中的蝴蝶，偶尔扇动几下翅膀，可以在两周以后引起美国得克萨斯州的一场龙卷风。”原因是蝴蝶扇动翅膀的运动，导致其身边的空气系统发生变化，并产生微弱的气流，而微弱气流的产生又会引起四周空气或其他系统产生相应的变化，由此引起一个连锁反应，最终导致其他系统的极大变化。人影这种人为改变局地天气，可能会引发整个大气环流的改变，进而诱导其他区域的重大气象灾害频发，想想，后果有多可怕。结论到底如何，全世界学术界至今只有争论，没有结论。目前，人影事业事实上已经变成了人类人为造成的，又必须面对的自然生态难题之一。用了它真能改善生态环境？用了它真会破坏生态环境？人影作业变成了不用不甘心，用了不放心，让人不省心的工程措施。

1.3.3 调和自然途径

1.3.3.1 调节自然措施

（1）处理关系依据

如何处理人与自然的关系，充分利用自然资源优势为人类服务，又尽量减少或减轻自然界对人类的报复，一直是人类思考的重要问题之一。“人于天调，然后天地之美生”（《管子·五行》），即，世间美好事物出现的必备条件是人类与自然之间的和谐。“人法地，地法天，天法道，道法自然”（《老子》），即，人类必须按自然规律活动。“天地与我并生，而万物与我为一”（《齐物论》）、“致中和，天地位焉，万物育焉”（《礼记·中庸》）等都是强调人类必须与自然和谐相处，与自然和谐相处是中华民族的传统。但是，由于人类的起源地、活动区域的差异，以及人类所处的不同发展阶段，形成了客观上的人与自然关系的不同模式，决定了人类处理与自然关系的不同方式。目前，许多学者认为，人与自然关系经历了“人被动适应自然时期、人能动改造自然时期和人与自然关系困境时期”三个阶段（刘贤，2016）。在“被动适应、能动改造和关系困难”三个不同阶段人与自然关系表现形式是有着本质的差异，人类调和自然的途径也不一样。

（2）适应自然环境

人类认为人是自然的一部分，必须保持自然平衡。人类对自然的获取量以自然能够自己恢复为标准，绝对不容许过量，这就是生态红线，不能“涸泽而渔”。人与自然的关系在整体上维持着和谐的状态，处于动态平衡之中，自然资源保障着人类社会经济健康发展。这时，人类对天气气候采用的策略同样是适应，最典型的是中国北方的房子以半地下或窑洞为主，而南方则是高脚屋为主。详见图 1-4。

（3）寻找开发资源

工业革命带来人类的生产能力有了质的提高，人与自然关系自觉或不自觉地进入了人能动改造自然阶段。在这个阶段，人与自然关系的论述，西方学者占领了主导地位。英国哲学家培根的“知识就是力量”，得到了全世界的认同。牛顿、伽利略等物理学家的研究成果，推动人类能动改造自然事业高歌猛进，自然变成了人类生产过程中的物质资料，人与自然是利用与被利用关系，调和人与自然矛盾的主要途径变成全世界找资源。这时人们对气候资源同样本着开发利用，最典型的是全世界水利工程建设的兴起，开河治水成了人类日常生活的一部分。全

图1-4　古代房型与气候
（商兆堂2017年11月30日摄于中国北极阁气象博物馆，对应彩图见205页）

世界最大的水利工程是中国的南水北调工程，其规划的东、中、西线干线总长度达4350 km，是中国的“水利万里长城”。由此可见，人类改造气候自然资源分布的决心和能力有多强。中国人对天气的影响也从通过熏烟防霜冻变成了开动防霜扇来防霜冻，通过“敲锣打鼓”防冰雹变成了打高炮来防冰雹。由此可见，人影技术开发速度进程加快，调控天气实践应用绝不含糊。调和人与天气气候矛盾的有效途径变成开发人影技术，人工直接调控天气气候资源。

（4）利益瓜分资源

随着人类生产水平的提高，全世界找资源成了一种常态，形成了许多世界性的资源供应产业链条，最典型的是石油资源。人与自然关系由区域或国家之内的关系逐渐演变成了全球之内的关系，人类无度索取自然资源与全球自然资源有限的矛盾日益突出。部分人为了霸占资源，通过资源调配来抢占财富，最典型的是美元石油体系，用金钱代替品德作为评价人的标准，疯狂掠夺自然资源，形成了“金钱拜物教”，造成人与自然关系越来越紧张。在人影领域同样存在这样的问题：中国就有邻县反对上游县人影作业的实例，认为对我不利。即，人与自然关系的调和变成了人与人、利益集团与利益集团之间的社会关系调和。调和自然途径变成了外交、商业协商模式。最典型的是“OPEC”（石油输出国组织简称）协调石油生产国的政策，维持国际石油资源供应的相对稳定，为人类社会经济发展提供石油资源保障。还有很多类似的组织或机构，如“UNFCCC”（《联合国气候变化框架公约》简称《框架公约》），于1992年6月4日在巴西里约热内卢举行的联合国环发大会（地球首脑会议）上通过，号召成员国控制温室气体排放来应对全球气候化问题，即，气候自然资源承载力的应用通过政府间协商解决。

（5）调和资源矛盾

中华民族在从原始社会向现代社会的发展演变过程中一直认为，万物有灵，只有人与自然的和谐，才能促进社会健康稳定发展。“从天而颂之，孰与制天命而用之”“天有其时，地有其财，人有其治”（《荀子》）。即，人类在充分尊重自然规律的同时，千万不要忽视主观能动作用，要积极探索应用自然规律的技术方法，主动科学地去改造自然，充分发挥各种自然资源在社会经济发展中的独特优势，让自然与人类的发展和谐平衡，最典型的事例是对治水患的态度。我们祖先采取了与西方先民梦想造舟逃跑、回避水患这种自然灾害（主要是气象灾害）完全不同的做法，直面影响人类生存发展的重大自然灾害之一的洪水，泰然处之，团结一切可以团结的力量，利用一切可以利用的自然优势。通过变堵道防洪为疏浚河道泄洪，恢复水向低处流的自然状态方式，调节水资源，实现人与自然和谐共处策略，实现气象灾害——洪水与人和谐相处。筑渠引水，变害为利，扩大农业适宜耕作区。让人类从高亢旱地走向了肥沃平原，实现了农业的快速发展，促进了农耕文化的发展，为社会经济快速发展奠定了物质基础。通过治理水患的过程，实现了华夏、东夷、三苗的联盟，实现中华一统，为中华文明的发展、发扬光大奠定了基础条件。

1.3.3.2 和谐自然范式

在中华民族5000多年的发展过程中，人们一直注重人与自然的和谐，多次科学开发利用自然资源，实现了民族振兴，形成了许多世界闻名的人类和谐开发应用自然的实例。

（1）都江堰工程

公元前316年，秦国灭掉巴蜀后，蜀郡太守李冰为了治理岷江水患，多次实地考察岷江，研究如何充分利用自然地势，将治理和利用相结合，实现根治岷江水患。都江堰水利工程设计者充分利用了西北高、东南低的自然地理条件，并按照江河出山口处的特殊地形、水脉、水势；将其设计成无坝引水，自流灌溉，实现了堤防、分水、泄洪、排沙、控流等诸多功能自然平衡运行，各功能因势智能转换，达到了保证人类防洪、灌溉、水运的社会需求目标。根据设计方案，经过约20年的艰难建设，在公元前256年创建成功一套完整的自流灌溉系统，使岷江水患得以彻底根除（邓正龙等，2013），被誉为“世界水利文化的鼻祖”。2000年联合国世界遗产委员会第24届大会上，被确定为世界文化遗产。都江堰工程是中华民族尊重自然，人与自然和谐的典型艺术创作，在其2000多年的自然运行中经历了无数次人世间和自然沧桑，但都因顺其自然而得以获得生存机遇。2008年5月12日的汶川八级特大地震灾害中，附近许多水库、大坝、建筑、房屋等受到不同程度的破坏，但距地震中心仅约50 km的都江堰各主体设施却处之泰然，完好运行，这是大自然给人类尊重自然的最大回报，是世界上独一无二的特大奇迹。

（2）京杭大运河工程

2014年6月22日，中国“大运河”申遗的申请报告在多哈举行的第38届世界遗产大会上正式通过，“大运河”作为文化遗产正式列入世界遗产名录。“大运河”又称“京（北京）杭（杭州）大运河”，是中国人民充分利用自然水系，于公元前486年开始开凿的一条引长江水入淮的运河（称邗沟）（孙景亮，2004）。随着历史前进的车轮，人类采用先进的水利工程建设技术手段，不断充分利用自然河流和湖泊，通过人工开挖不同河流和湖泊之间的连接水道等，从天然河道中补给水源，逐渐将其向南北扩展延伸，形成目前的北起北京，连通天津、河北、山东、江苏，南至杭州，沟通海河、黄河、淮河、长江和钱塘江五大水系，成为世界上最长的一条人工运河。它全长达到了1747 km，有苏伊士运河16倍长。“大运河”促进了中国南北文化和物质交流，为国家的发展做出了重要贡献，今天，又承担起南水北调的全新历史使命，将为保障生态发展做出全新贡献。

（3）物候

中国在历史发展过程中，特别强调科学应用天气气候资源，“中国最早形成的结合天文、气象、物候知识指导农事活动的历法（《逸周书·时训解》）中将1年分为72候，每个节气为3候，每候5天，各有相应的物候现象，利用它来指导农业生产”（商兆堂，2012），通过合理安排农事活动和作物布局来调和人与自然的关系，保障农业生产稳定发展。

1.3.3.3　尊重自然规律

(1)生态协同

在建设生态文明的今天,人类的确需要对人与自然关系的研究理论和技术方法进行一次思维换血行动,转变原有的人与自然关系研究的思维方式和实践方式。建立客观定量化评估不同时期人与自然关系的评价指标体系,以马克思主义的人与自然关系理论为基础,将人与自然关系看作是整个地球生态系统动态运行的一部分来评估人与自然的协调程度,根据不同区域的协调程度不同采取不同的协调策略,创新人与自然协调的生态协同新理念。生态协同(Ecological synergy)是指在统一生态系统背景下,各生态子系统既按自身规律运行,又在环境压缩条件下,协同其他子系统正常运行。即,让人类对自然的无度索取,种群无限扩大,人均消费资源量直线上升的发展模式转化成人类在自然资源承载能力范围内的计划发展模式。通过各类发展规划和计划,调节发展速度,减少自然资源浪费,提高自然资源重复利用率来调和人与自然关系,实现全人类可持续发展目标。

(2)人影措施

人影作业是全球生态系统中的天气系统中的一个子系统,所以,其运行必须遵循天气系统、社会系统……的运行规律。据此,不可能按某个组织或个人的意愿来设计具体天气过程的人影作业技术方案并组织实施,而是必须要以实现在适当的时机,在适当的部位,播撒适当剂量的催化剂,简称为“三适当”为目标设计具体实施技术方案(戴艳萍等,2018),保障人影作业影响与自然天气过程的有机融合。通过人影与自然天气过程的和谐共生,实现人类期望的人影作业最佳效果,绝对不可能实现人们想消雨就消雨,想消霾就消霾……

1.4　调控自然资源

1.4.1　调节资源配置

1.4.1.1　调节资源配置目标

随着人类掌握的科学技术水平提高,改造和应用自然的能力越来越强,这时对自然资源的需求量呈现直线上升,出现了社会经济发展对自然资源无限量的需求与自然资源有限供给的不可调和的矛盾。在社会经济不断快速发展的趋势下,相对于人们的生产生活对资源的需求而言,总有一种或数种资源会表现出相对的稀缺性,资源调节成为调和人类发展与自然资源矛盾的必须手段。资源是特定区域内的人、财、物等各种物质要素的总称。资源配置是指对相对稀缺的资源在各种不同用途上加以比较做出合理的选择。调节资源配置是人类根据社会经济发展对各类资源的实际需求,通过人工调节,实现资源的利用率最佳,保障社会经济稳定发展。据此分析可知,调节资源配置的目标是调节发展与资源限制之间的不平衡,调和人与自然资源之间的矛盾,实现保障社会经济平衡发展。

1.4.1.2　调节资源首要任务

“水在人类的生存发展中占据着重要的、不可替代的地位,它是维持人类生存的生命之源,是不可再生的绝对宝贵资源”(高永华,2017)。全人类生存发展都需要的物质保障就是水资源，人类生存发展直接应用的是淡水资源，而淡水资源主要是通过降雨累积于江河、湖泊、地下浅层水。所以，人类文明主要以逐水而发展为主要特征，社会经济发展由河(湖)文明→江(大河)文明→海文明，说明社会经济的规模发展要有与之相适应的水资源支撑。

大禹治水，是中华民族大规模调节水资源的开始，也奠定了中华文明的基础。中国几千年来治国必先治水，中国的发展史就是一部治水史，中国的文明发展进步一直与治水同步进行，即调节水资源配置一直是中华民族的长期工作，历朝历代从不停止，不管国家社会经济发展出现什么曲折，但治水一直坚持不懈。从都江堰到郑国渠，从白鹤梁到坎儿井，一部光辉灿烂的中华文明史，在一定意义上，就是与水旱灾害持续不断斗争的历史。

由分析可知，人类调节水资源是首要的调节资源配置工作任务，居人类调节资源配置工作的核心地位。

1.4.1.3 调节资源技术方法

人们通常将资源划分为自然资源和社会资源两大类，对不同类型采用不同的管理模式。两者的管理模式虽然不同，但管理效果却是相互影响的。人类的生存发展与地球下垫面的状况紧紧相连，如陆地、海洋、森林、沙漠等不同类型直接决定着人类生存发展方式和质量。所以，按地表状况调节社会资源是人类的一种本能的调节资源配置形式，也是最基本的调节资源方式。

水利工程建设一直是财政支出的大头，通过几十年的建设，中国水利基础设施随处可见，基本实现旱能灌、涝能排，通过工程措施调节水资源配置的能力空前增强。人类在通过工程性措施调节资源配置的同时，通过市场化调节资源成了调节资源的主要手段。生态资源资本化是一个基于生态资源价值的认识、开发、利用、投资、运营的保值增值过程(张文明等，2018)，即，生态资源→生态资产→生态资本。最典型的通过不同时段不同电价、不同用水量不同水价来调节用电量和水量等，让自然资源通过合理调节，发挥最佳效益。

当然，不同历史发展阶段，人工调节水资源的方法和手段各不相同。近年来，根据最新人影技术研究成果，有不少人影专家设想，通过人影来实现水资源调节。中国对人工影响天气在水资源调节中的作用的认识逐步提高，业务建设投入不断增强，进行人工调节作业的次数不断增加。据不完全统计，2012—2018 年中国实施飞机人影作业 6100 余架次，地面人影作业 29 万余次，增雨面积约 500 万 km^2，防雹保护面积达 50 万 km^2，还为南京青年奥林匹克运动会等重大社会活动提供了消(减)雨的保障性人影服务。

由上分析可知，人影作为调节水资源的一种新型科技手段，一定要通过成立专业化、规模化、标准化的作业组织机构。通过市场化调节作业装备、技术、人员的科学配备。实现最佳的作业效果，提高水汽资源的利用率，缓解社会经济发展对水资源需求的压力。

1.4.1.4 中国调节水资源实例

黄河(有的称大河)是中华民族的母亲河，“历朝视黄河治理为重要政事，无不竭尽心力以为之”(周蓓，2017)。从晚清以来为例。

晚清到新中国成立之前，是中国内外交困，社会经济动荡期。就在这样的民族困难阶段，治水的脚步仍然没有因为政权更替、战乱而停止。1882 年(光绪八年)，河道总督梅启照派员测绘黄河图，1898 年(光绪二十四年)，李鸿章奉旨请比利时卢法尔工程师来华考察黄河，参与设计黄河山东黄河段大修方案。1917年，北洋政府请美国水利专家John Freeman从事改善黄河研究。1932年冬，红军利用兴国县农事比较空暇的时机，组织修筑了工程规模较大的河堤51处(高峻，2003)。1933年9月1日“国民政府”成立黄河水利委员会，并于1937年完成黄河孟津至利津一段黄河河道及两岸地形的实测，通过详细测量了1.3万km^2河道，绘制了万分之一图692张。

新中国一成立，立即掀起了治理大江大河的高潮。1951年5月3日，由邵力子为团长率领中央人民政府治淮视察团一行，带着毛泽东主席亲笔题词“一定要把淮河修好”的四面锦旗，到治淮工地慰问干部、民工。1952年10月毛泽东主席视察黄河，1953年2月、1954年冬、1955年6月，毛泽东主席又三次在郑州听取了治理黄河汇报，进行调查研究。由此可见，毛泽东主席对治理黄河水患的重视程度。

由上分析可见，晚清到新中国成立初期的中国动荡年代，不管执政者的政治立场有多大差异，权力争夺多么残酷，但在治理黄河水患的行动上是惊人一致的。这充分说明调节水资源对民族、国家、民生等的重要性。

1.4.2 调控生态布局

1.4.2.1 调节生态布局设想

生态本意是指“栖息地”，即每个生物所居地。不同物种由于自然及人为的选择，形成了自己的所居地。物种以群居为主要特征，即，形成了生物群落。生物群落是指生活在一定的自然区域内，相互之间具有直接或间接关系的各种生物的总和。生物不同群落之间的界限相对明显，如人群落与狮子群落等明显不同，而不同群落之间的这种差异就是原始的生态布局。生态布局是以生态为主线进行的社会经济发展布局。而实施社会经济发展布局的主要措施是制定发展规划和区划，因此，研究生态布局的核心问题，是应用生态学原理研究区划和规划问题。

通过以上分析可知，调节生态布局的设想是通过生态学方法，根据设定的目标，通过一定的科学理论计算，求解出生物群落的合理布局或发展规划，让人类社会经济发展与自然和谐共处。特别是在制定城市发展规模时，首先要考虑城市所居区域的生态承载力(土地资源、气候资源、特别是水资源……)，如，北京因气候资源(水资源等)问题，采取限制人口过快增长措施等。不同的学者对生态布局可能会根据自己的设想，制定出不同的具体实施方案，但是总体目标必须是明确的，就是实现生态动态平衡，保持人与自然和谐相处。

对中国或不同区域的人影学者而言，会根据自己对通过人影作业技术措施来调控资源生态布局的认识不同，提出各自各不相同的人影作业调控水资源生态布局方案。而这些人影作业调控实施方案中，哪些方案是科学可行的，哪些方案还需要修改完善，具体如何实施这些技术方案等许多问题需要我们去探索解决。

1.4.2.2 调节生态布局措施

调节资源配置的首要任务是调节水资源。调节生态布局的首要措施就是调配水资源。中国淡水资源的分布在地理上是不均匀的，主要特征是南方降水充沛，水资源相对丰沛；而北方降水量少，相对水资源稀缺(王恬，2018)。即，中国北方对人影调节水资源的社会需求旺盛，每年全国约80%以上的人影作业都在北方省份进行。据研究(丁竹英等，2018)，“中国大陆除西藏水资源特别丰富外，华南、西南、两湖地区以及浙江、安徽、江西、福建属于水资源相对丰富或脆弱地区；华北、东北、陕甘宁地区以及山东、河南、上海、江苏属于缺水或严重缺水地区。在缺水类型上，所有的严重缺水地区均属于综合性缺水；除黑龙江属于资源性缺水，上海属于过载-工程性缺水外，剩余的缺水省份均属过载-资源性缺水。”。

由上分析表明，中国除经济开发程度相对较低的西藏外，其他省份都是生态性缺水，区域经济发展与水资源生态布局之间不匹配的矛盾日益突出。并且，中国人均水资源量存在着明显的“俱乐部趋同”现象，并有加重的趋势(周迪等，2018)。因此，中国人均水资源量高水平地区和低水平地区区域分布高度固化，导致全国生态性缺水的矛盾更加突出，即调控水资源生态布局显得更为迫切。

为了缓解生态性缺水的矛盾，通过人影作业科学调控水资源生态布局，调节区域间水资源生态布局的平衡，保障社会经济稳定运行和发展显得极为重要。所以，《全国抗旱规划》明确提出：“利用人影开发空中云水资源”(国家发展改革委等，2014)。

1.4.2.3 调节生态布局技术

要实现通过人影调配区域间水资源生态分布，关键是要全面掌握空中云水资源的自然生态分布特征，因此，全国云水资源评估显得极为重要，要及时组织相关评估工作，为科学调控提供依据。

云水资源(Cloud water resources)是空气中的水汽通过降水转化为地表或地下水，形成了能够被人类用于社会经济发展、生态系统和环境等的水资源(张泽中等，2007)。云水资源是云系在降水过程中未降落地面的云水总量(周德平等，2005)；人影增雨作业中的云水资源是指能够通过一定技术被人类开发利用的那部分水物质(蔡淼，2013)。不同的学者，根据自己研究的方向，对云水资源给出了不同的定义。其实，从资源的角度出发，云水资源就是云和水资源。即在进行云水资源评估时必须考虑云和水两部分，进行综合考虑，综合评估结论对社会经济稳定运行和发展才有实际意义。

云水资源评估方案设计时，一定要考虑通过人影调节云和水的双重影响力，而不是单纯的增雨。如一片云层本在这个区域下雨，通过人工干预在上游区域下了，对上游区域是增雨；而对本区域是干扰云的正常物理运动过程，扰乱了大气的运动，会不会造成减雨？美国犹他州用20多年冬季增雪作业观测资料统计分析表明，作业区域下游125英里①内气象观测站的降雪量均有所增加(国家发展改革委等，2014)。大量的试验研究表明，在大范围天气系统过程中进行人影作业，上游的增雨(雪)作业不会“截流”下游水汽，反而对下游区域也会产生增雨(雪)作用。但是，对于小范围孤立的云团，要采取适量催化或放弃作业以不显著影响其在下游地方的降雨效益为目标。据此，云水资源评估时要充分考虑自然态和人工干预态以及区域间的相互影响。

不能简单用自然降水量和可以通过人影技术干预的云资源的水资源量，两者相加作为云水资源总量进行评估。如果用这种简单相加的云水资源总量进行云水资源区划，并计划通过人影实现水资源生态布局调控，这种研究结论的科学性有待商讨，能不能直接应用要打个问号。而是要统一组织区域间人影联合作业，实现上游作业不减少下游降水，共同提高区域整体水汽转化为降水的技术方案，提高科学开发云水资源的水平。

---

① 1英里≈1.609 km。

1.4.3　改善人居环境

1.4.3.1　人居环境描述

人居环境是人类生活、工作、游乐和社会交往等活动的空间场所。显然，人居环境有个人的人居环境和群体的人居环境之分。人居环境的“居”是指住宅，其“环境”是指活动空间，即，人居环境是人所能触及的所有环境空间(于鑫，2018)。即，人居环境是人的精神的内在体验和外在空间，体现着高度的精神和物质的统一。

1.4.3.2　人居环境要求

在城市高楼大厦中上班，空调温度适宜，灯光光线柔和，但许多人时间一长，就感觉心里空荡荡的，极不自在，不舒服。春暖花香的季节，一走进花园，人们立刻心旷神怡。这说明正常人心里舒坦的环境条件不是这种人工调控的温室，而是一种自然态的环境。人居环境的优劣，不仅仅是环境问题，还有人的心理问题。中国长寿集中的村落人居环境多采用自然通风、自然采光等方式，来营造舒适而健康的室内环境(臧慧等，2018)。尤其中国，改善农村居住环境对实施国家乡村振兴战略，解决“三农问题”具有重要的现实意义。最有效的措施是实现城乡一体化改善人居环境政策。随着中国人解决温饱之后对美好生活的向往，人居环境研究在中国重新兴起。其实，人居环境研究在中国古代从未停止，并有自己的理论基础。“天人合一”是中国哲学思想的基础，这就决定了中国的居住设计要“顺之以天理”，强调居住建设要与天地自然统一，追求人与天地自然的和谐统一(吴左宾等，2018)。

1.4.3.3　人居环境核心

建成城市在山水间，住房在花园中，人在花丛中的各种符合当地气候特征的民居建筑，形成山、水、城相依相融的理想人居环境模式。如苏州、扬州的园林建筑、北京的四合院等。吴良镛于1993年第一次提出“人居环境学”(吴良镛等，1994)，人居环境学是一门以人类聚居为研究对象，着重探讨人与环境之间的相互关系的科学。人居环境学于1999年写入国际建筑师协会《北京宪章》，标志着人居科学得到国际学界的认同。随着人居环境学研究的深入，以改善人居环境为目标的人居科学实践在中国正在全面展开。

“人居科学实践就是在地质、气候、资源、技术等要素中进行选择，加以组合集成以形成结构，进一步在物质世界中进行建构使其发挥功能，并在实用过程中提高运行效率”(冉奥博等，2018)。中国古代人居环境简称为“风水”，即，小气候问题。小气候是因下垫面性质不同，人类或生物的活动所造成的小范围内的局地气候。小气候的主要特征是随着环境改变，变化非常敏感，如院中长棵大树，夏天房间明显变凉等。

由上分析可见，人居环境的核心主要问题是人居小气候环境问题。改善人居环境研究的重点要研究宜居的小气候环境指标体系。运用现代科学技术，调节人居环境的小气候环境是改善人居环境的核心内容之一。

1.4.3.4　人居环境问题

随着人类社会经济快速发展，人类集中居住的特征越来越明显，最主要的表现是城市化进程加快，高楼化进程加快。根据联合国的估测，世界发达国家的城市化率在2050年将达到

86%，中国的城市化率将达到72.9%。按2014年11月20日，中国国务院发布《关于调整城市规模划分标准的通知》(国发2014第51号文件)，城市按城区常住人口数量划分成五类七档，其中，大城市指城区常住人口100万～500万，500万以上为超大城市和特大城市。如果按照200万作为世界大城市标准，则中国大城市数量约占全球大城市总数的四分之一。中国形成了事实上的许多城市群，如江苏的沿江城市群，由将农村与城市的传统模式——“农村包围城市”转成了新型的“城市包围农村”模式。

至今为止，全球高度200 m及以上的高层建筑总数达1478座，相较于2010年增长141%。2018年，中国共建成88座高度200 m以上的摩天大楼，占全球总数的61.5%，中国连续四年成为拥有当年建成最高建筑的国家。2018年深圳高楼总数183座，是2008年的4.2倍；重庆高楼总数139座，是2008年4倍，即以10年4倍的速度增加。这些数据充分说明，中国社会经济快速发展的同时，城市化和高楼化进程正在加快。

城市化和高楼化对人居气候环境和人居局地小气候形成了许多不确定问题。随着中国城镇化建设进程的加快，城市热岛效应逐渐成为城市发展的显著问题之一(岳晓蕾等，2018)。城市热岛效应(Urban heat island)是指“城市化导致的城市下垫面反照率改变、铺装地面和道路的下渗能力减弱和人为活动的热量排放而导致城区温度明显高于郊区温度的现象”(王琮淙等，2018)。城市热岛效应对居住环境、人类健康等有重大影响(张雷等，2015)。其实，高大建筑具有明显的遮阳作用，还会在城市局部形成低温区，尤其中午最明显，即，中午甚至出现“城市冷岛”效应(程志刚等，2018)。即，城市化和高楼化造成的不单纯是城市热岛效应，还有“干岛”“湿岛”“浑浊岛”和“雨岛”等效应。

城市化和高楼化的结果造成了城市中汽车的集中运行存放，形成了事实上的“汽车城市”(即，城市中随处有汽车，汽车占领了我们生活的城市)。汽车已经成了影响城市人的宜居环境的重要对象之一，交通排放(汽车尾气、轮胎摩擦、扬尘等)是城市$PM_{2.5}$(指大气中空气动力学当量直径小于或等于2.5 μm的颗粒物，也称为细颗粒物)的重要排放源之一，汽车在道路上排热是城市热岛的主要成因之一(王琮淙等，2018)。

城市化和高楼化还引发了许多其他新的人居环境问题。人口高度集中，利于疾病扩散；交通拥堵，不利于消防等。研究城市“5岛”成因，科学调控城市“5岛”成了热门话题。有研究认为(杨敏等，2018)，在北京的工厂密集、大型购物中心、住宅区分布较广的区域的热岛效应有递减的趋势，可能是绿化、节能等措施引起的。城市绿地能有效地缓解城市热岛效应，减轻城市热岛效应的影响程度。据估算，城市植被覆盖度增加10%，就可减少地表平均温度0.9～1.3 ℃(岳晓蕾等，2018)。

1.4.3.5 调节人居环境

随着社会经济发展引起了人居环境的小气候环境改变，人们又试图通过人为措施降低这种小气候的不利影响，让人类有一个适宜居住的小气候环境。为了改善城市人居环境，人们采取了强制性拆除污染工厂，控制汽车数量和运行时间，增加绿地面积等。这些措施表面上是改善了人居环境，同时又恶化了人居环境。如限制汽车，人们出行不方便了；搬出工厂，工人失去了可靠经济来源等。增加了绿地面积，建设了通风廊道，可城市土地的利用率降低，维护成本上升等等，说明普通工程措施只是缓解了人居环境的某项或数项指标，并不能真正改善人居环境。为此，不少学者认为，可以通过人影来调节城市、农村的局地小气候，改善人居环境，并积极组织了大量试验。

“《全国生态保护与建设规划(2013—2020年)》要求强化生态建设的气象保障，开展生态服务型人影能力建设”(国家发展改革委等,2014);《重庆市大气污染防治条例》《重庆市空气重污染天气应急预案》等都将人影列为空气污染应急响应的措施之一(国家人影协调会议办公室等,2018);《江苏省重污染天气应急预案》中红色预警响应措施规定“必要时,气象部门根据天气条件组织人工增雨作业,缓解重污染天气状况”。由此可见,人影作业是改善人居环境的重要措施之一。中国三江源自然保护区人工增雨工程实施后,扎陵湖、鄂陵湖面积分别增大 32.69 km^2 和 64.36 km^2;高覆盖度草地面积每年增加 1822.30 km^2;低覆盖度草地每年减少 1820.50 km^2,中等覆盖度草地呈稳定趋势,三江源生态环境得到改善(国家发展改革委等,2014)。

2013 年夏季江苏全省气温异常偏高,7 月下旬到 8 月上旬接连出现持续性、大范围高温天气,形成酷热难挡,热浪滚滚,城市用电量直线上升。江苏省气象局于 7 月 30 日、8 月 6 日两次启动重大气象灾害Ⅲ级应急响应,并于 8 月 7 日提升为Ⅱ级响应;江苏省人影办制作并下发三期人影业务指导产品,组织南京、镇江、常州、无锡、苏州、南通、徐州、淮安、宿迁 9 个市开展人工增雨作业 46 次,作业影响面积 8090 km^2,累计增水量 4315 m^3。8 月 4 日苏州市气象局先后两次开展火箭人工增雨,太湖地区普降中到大雨,温度下降 11 ℃。通过组织人影作业,增加了降水,通过降水降低了高温等影响,明显改善了人居环境,受到了社会各部门的认可。详见图 1-5。

江苏省防汛防旱指挥部办公室

证　明

2013年7~8月,江苏气温异常偏高,接连出现持续性、大范围高温天气,尤其淮河以南高温日数创 1961 年以来同期最高。江苏省气象局于7月30日、8月6日2次启动重大气象灾害Ⅲ级应急响应,并于8月7日提升为Ⅱ级响应。在此期间,江苏省人工影响天气中心加强应急值守,主动及时开展空中云水资源监测与分析,综合释用国家人影中心作业潜势预报产品,发布人影业务指导产品4期,科学指导市县气象部门开展增雨抗旱作业。7~8月,共组织南京、镇江、常州、无锡、苏州、南通、徐州、淮安、宿迁等9个市共开展人工增雨作业46次,累计作业影响面积约8090平方公里,增加降水约 4315 万立方米,对高温及由其产生的干旱起到了一定的缓解作用。

特此证明。

2013年9月11日

图 1-5　江苏省防汛防旱指挥部增雨降温效果证明

2018年12月，江苏省人影办按照省生态环境厅通知和省大气污染防治联席会议办公室文件要求，通过人工增雨改善大气环境，第1批次为2018年12月15日，苏州、无锡、常州、南通、淮安参与作业，共计作业7次。第2批次为2018年12月22日，无锡、常州、淮安、宿迁参与作业，共计作业6次。第3批次为2018年12月25日，苏州、无锡、南通、宿迁、连云港参与作业，共计作业6次。3个批次累计作业影响面积为122.40 km^2，相对增雨量为13.77%～28.67%，累计增水量为49.45万t，明显改善了空气质量，保障了人居环境的优良。

通过人影改善人居环境这种低成本高效率的事情办成的前提是天气条件允许，一旦天气条件不具备，只能望眼欲穿，望天兴叹。2017年7月12—28日，江苏出现1961年以来少见的大范围长时间持续高温，绝大部分国家气象观测站观测到的极端最高气温37.2～40.9 ℃。由于城市热岛效应，许多城区气温高于40 ℃，如7月22日，南京谷里公塘社区最高气温43.8 ℃，无锡广瑞路街道43.0 ℃，苏州姑苏娄门街道42.5℃。全省受灾人口约1252496人，死亡31人。农作物受灾面积6283.1 hm^2，其中成灾面积1734.2 hm^2。淮安市仅洪泽区老子山镇就有736户2415 hm^2池塘，出现死蟹319402 kg，死鱼78810 kg，直接经济损失2026.55万元；还引起其所辖的东双沟和城区变压器等供电设备烧坏，直接经济损失23.8万元。江苏电网的电力负荷也屡次刷新历史最高纪录。可非常遗憾的是没有适宜组织大规模人影作业来调节人居环境的天气条件，人影业务技术人员只能眼看着悲剧发生，望天无语，与2013年真是冰火两重天！

由上分析可见，通过人影实现改善人居环境的设想很科学，实现的技术受限太多，想在短期内通过人影技术发展来突破“三适当”，即，将定性的作业条件限制等，通过定量技术措施来控制作业条件等，实现的可能性极小。据此，从防灾减灾要注重防御的角度看，人影改善人居环境只能作为人们改善人居环境的备用选项之一，作为一种科学试验组织实施，而不能作为改善人居环境的应急响应必然措施。

第2章　观测自然　积累经验

2.1　观测基本模式

2.1.1　观测体系发展

2.1.1.1　观测体系产生

人类在进化过程中拥有了高级主体程序以及由此而来的灵魂(精神),这主要源于主体程序对语言概念(事物符号)随意加工。所以,人类学者认为,能否形成丰富的概念语言是能否成为人的标志。人类祖先通过语言交流,促使智慧快速发展,使大脑进化得越来越发达,想象力越来越丰富。抽象思维能力不断增强,最终形成了人类及人类社会。

随着抽象思维能力的增强,人们会仰望星空,遐想连篇,一心想知道天上的状态。时刻在问,天上有人吗?有人的话,他住哪时里?住的房子与我们有区别吗?时刻想怎么上天去看看"天宫",于是就产生了天体观测体系。人们不只关心天,更关心地、关心人。有人喜爱山川,山川是谁造的?如何变化呢?等等,于是就产生了对地观测体系。有人喜欢人文,为什么世界上有不同肤色的人,为什么讲不同语言,等等,于是就产生了社会观测体系。有人喜欢花草、树木、动物等,思考动物和我们人区别联系等,于是就产生了生物观测体系。由上分析可知,是人们的好奇心自然催生了观测体系。

2.1.1.2　观测体系发展

中国自古以来,非常重视天体观测体系建设,商朝就有了"世室、重屋、明堂、四单"等官方观天场所。目前,人类对太空观测正在由近地球向地球系、太阳系、深太空发展。观测对象已经由简单的星体观测向星体的生化环境观测转变,如月球土壤成分观测等。对地球的"大气、地壳、地幔、地核、内地核"5层(图2-1)的具体观测对象正在由观测宏观对象(如云体)向观测微观对象(如水的化学成分)方向发展。据此,随着观测技术的快速发展,由于社会经济发展的客观需要,整个人类观测体系正在向宏观和微观相结合的方向发展。这种变化直接导致观测对象数量呈现几何级数增长,观测专业性要求越来越高,数据处理技术成本直线上升。因此,建立综合观测体系,减轻观测成本,提高预测效率是观测体系发展的主体目标。

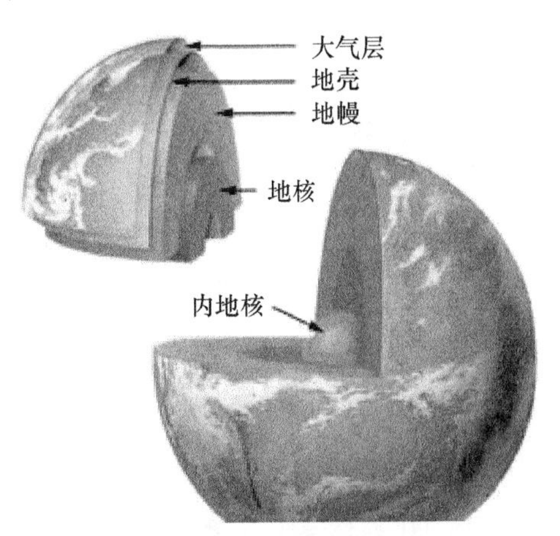

图2-1　地球垂直分层

由上分析可知,观测体系与人类前进的步伐

同步，所以，随着人类科学技术的进步，观测体系也不断完善发展。观测（Observation）是人类对事物的观察和测量，观察（See and analysis）是人类有目的、有计划的看、听等感知活动。测量（Measurement）是按照某种规律，用数据来描述观察到的现象，即对事物做出量化描述。体系（System）是指若干有关事物或某些意识相互联系的系统而构成的一个有特定功能的有机整体。据此，观测体系（Observation system）是人类对某项事物进行观测的有机整体。测量主要涉及“测量对象、计量单位、测量方法、测量精度”四方面。据此，观测体系沿着“观测对象不断扩展、计量单位不断细化、测量方法不断更新、测量精度不断提高”四个方面全面推进。

人类在社会经济发展过程中创建的体系是一种树型结构，由根向上不断分枝，无穷的枝连着数不尽的叶。即，人类创建了无数的体系，而对每一体系人们都想研究了解它，都要进行观测，也创建了无数的树型结构观测体系。采用不同的观测体系，获取的社会经济发展数据也会有差异性。因此，必须分析、观测体系发展的共性问题。通过对观测体系的业务过程的整理，可以发现“设计针对具体观测对象的观测指标体系→建立指标体系观测规范→组织具体观测并积累资料”是观测体系发展过程中的共同特征。因此，要保障观测体系的观测质量，必须建立观测对象描述的科学指标体系，绝对不能盲人摸象，要建立标准的观测规范。只有观测对象清楚，观测标准规范，观测结果才可信。

观测体系的发展是伴随着人类掌握的探测技术和数据处理技术的发展而进步。定量探测技术出现之前，人类只能根据经验办事，建立以经验为核心的观测体系。随着技术发展，具体观测手段可能改变了，但其建立的观测体系或观测技术思路有时还是可用的。中国战国时期医学家扁鹊创建了“望（观气色）、闻（听声息）、问（询问症状）、切（摸脉象）”的疾病四诊观测体系，显然，这种观测体系中的观测技术在现代早就被高科技的观测手段所代替，但建立观测体系的技术思路是通用的。现代不但有人继续把它用于医学，还有人把这种建立观测体系的思路应用于教育中。在电子商务教学中运用中医“望、闻、问、切”四诊法能有效提升教师的教学能力，从而推进教学质量的提高（廖芝等，2018）；运用中医“望闻问切”四诊法指导大学生社会实践的策略，收到了良好的效果（姚小东等，2015）。

目前，人影业务观测体系是依托基本气象业务观测网络体系，在需要组织人影作业保障的重点区，如增雨（雪）、防雹、试验示范基地等区域内增加布设云雷达、火箭探空、雨（雾）滴谱仪、微波辐射计等人影观测体系的专用探测设备构建形成具有自身专业特色的观测体系。气象观测体系的发展方向是由单一的气象观测系统向一体化的综合观测体系转变（秦大河等，2005）。因此，人影观测体系的发展方向是随着气象综合探测体系建立，人影观测体系必须有机融入整个气象观测体系，形成一个整体。

2.1.1.3 观测体系差异

由于不同人类群体所处的自然和社会环境不同，逐渐自然进化形成了黄种人、白种人和黑种人 3 种人类种群。3 种人群文化和思维方式不同，关注社会经济、自然现象……的数量和程度不同。虽然，全人类都出于对自身、自然、世间诸物等的好奇心，总想知道是什么，什么样，为什么这样等。为了满足好奇心，人类一直在对世间万事万物进行动态观测和思考，从不停止。但事实上，由于不同人类种群思考的主体和关注的事物品种和数量也不相同，形成了观测体系与人类种群、文化、区域等的联系。即不同“种群、文化、区域”的人们建立的观测同一事物的观测体系会差异巨大，最典型的人体观测体系中中医和西医的差异。

中医和西医各自建立的人体观测体系，从观测体系建立理论基础，到具体观测技术，观测结果分析与应用都差异巨大。

同样，各行各业都建立自己专业的观测体系，并且每个行业的观测体系都是由整体观测体系向更细化的子专业观测体系发展。这样对同一观测对象不可避免地会被2个或n个具体观测体系所涵盖，如降水量，气象部门观测，环保部门观测，水利部门观测……形成了事实的多次观测。不同观测标准观测，自然结果必然差异，形成了观测结果的无效性（无权威性）。

人影专业性很强，也建立了具有自己专业特长的专门观测体系，但人影作业是在大的天气环流背景下进行的，所以，其观测内容与气象综合观测内容有交集是正常现象。为了减少差异，必须将其纳入整个气象观测体系一同设计、一同建设、一同管理。

2.1.1.4　观测体系质量

“中国气象观测质量管理体系的设计，按照ISO 9001国际质量管理体系标准中以用户需求为导向，以过程方法为抓手的理念，结合各方面要求，借助第三方专业机构力量，确定了业务过程、支撑过程、管理过程三个一级过程，最终构建起持续改进、自我完善、科学卓越的中国气象观测质量管理体系”（于新文，2018）。观测体系建设过程中很重要的一项工作是观测质量管理体系建设，它是保障观测体系稳定运行的基础性工作。

人影观测体系中需要许多专业观测设备支撑，如对云的观测，无论是卫星还是飞机上都要加装云物理观测设备。观测设备在不同的气候带，北半球和南半球，中国的北方和南方，都会因环境气候差异而对观测结果带来系统性误差，这就要求应用针对不同气候类型的专业观测设备。而对同一观测对象的观测体系建设采用不同类型的观测设备，对建立规范化、标准化、集约化的观测体系带来挑战。人影观测体系建设中的观测设备设计时必须考虑气候类型对其观测性能的可能影响，采用虚拟仿真试验技术等，研发适宜不同气候类型的人影观测设备对建立人影综合观测体系是非常重要的。同时，人影作业具有阶段性的基本工作特征，专业观测体系中的人员设备经常会处于相对闲置状态，不利于发挥整体观测体系的效益。这就要求人影观测体系的专业人员研究开发通用气象设备的人影监测产品，如新一代天气雷达人影监测产品。开发人影专业观测设备监测的通用天气监测产品，如雨（雾）滴谱仪、微波辐射计等的降水或雾天气预报数值产品等。目前，随着观测自动化，数据收集网络化，数据处理多元化和智能化（同一卫星观测资料可以反演成不同监测对象的监测数据产品），观测体系正在向多专业融合，多种探测技术综合，大数据产品开发方向发展。为了保障人影观测质量，人影观测体系建设必须脱离专业化，向行业化，社会化方向发展。这就要求我们重新思考和定位人影观测体系的设计、建设和运行管理。

2.1.1.5　具体体系简述

从事社会管理人员，根据自己管理的事项，研究建立具体观测体系的技术方法。如生态文明观测评体系研究（宋锡辉等，2014）。从事教育的人，进行人文素质观测体系的构建研究（万峥等，2017）。从事天基观测研究的人员，建立了卫星观测体系，并不断研究改进这个体系中的具体某一项的观测子体系的观测技术等（杨虹等，2016）。集水区生态效益观测体系的设计（周刚，1994），城市地下水动态长期观测体系设计与建设（刘景荣，2006）。

构建以“网络中心、信息主导、体系支撑”为主要特征的新型海洋环境观测系统（于宇等，2017）。在新型海洋环境观测系统下，建立水下观测体系（王芳，2015）。

“气象观测数据是气象预报预测、防灾减灾及服务生态文明建设等工作的基础数据支撑，为其提供最根本的供给”（于新文，2018），中国气象局按照“创新、协调、绿色、开放、共享”的发展理念，按照“手段、过程、产品、管理”四综合要求，正在积极组织建设“布局科学、技术先进、功能完善、质量稳健、效益显著、管理高效”的综合气象观测体系（中国气象局，2017）。农业气象综合观测体系建设的主要内容包括“对农作物生产环境当中的物理要素进行有效的观测与记载（主要是气象与土壤等相关要素）、对生物要素的观测（主要是农作物等相关生物的发育特征以及产量结构）”（杨宇，2017）。

2.1.2 观测技术发展

人类要认识事物必须对事物观测，而为了观测事物必须对事物进行分类，针对具体事物类别的观测要求制定观测标准，按观测标准选择或制造观测设备，根据观测标准和观测设备性能设计观测规范，按规范组织观测并记录和整理数据。“分类、标准、设备、规范、观测”这 5 个观测关键技术是协同发展的，同时又各自按自己的规律发展。人类很早就对植物进行了详细分类，但并没有制造针对所有植物的观测设备，更没有对所有植物进行跟踪观测，只是根据人类需要选择性地进行了观测冬小麦等的详细观测，记录其生长发育全过程并对观测资料进行整理，而且将整理结果写成了海量的论文和书本等。所以，人影观测也没有必要将与人影有关的天气分类的所有相关项目都进行观测，而是世界各地的人影业务或科研工作者，根据自己具体工作或科研的需要组织对部分分类项目的详细观测。如人影防雹试验，应当重点加强对流云的相关物理化学过程的相关参数观测等。

2.1.2.1 分类

分类(Classify)是指按照种类、等级或性质将事物分别归类。分类的目的将整体无规律的事物，通过细化划分变成有规律的群体组成，各学科的具体分类技术研究是各学科的基础性重点研究内容之一。高洁英(2017)从强性与弱性、直接与间接、积极与消极三个维度将法庭不礼貌话语划分成了“挑战、诋毁、侮辱、负面断言、沉默、打断、否认、指责、反问、讽刺、提醒、指示”12 个分类，即，分类工作第一步要做的是制定一个恰当的分类标准，而这个标准就是各子类的主要特征。同时，分类还要注意总体样本数量和分类后各子类样本的数量、样本数据的质量对分类得出结论的影响，“理论上，只有当数据样本满足一定的平稳性要求，才能从该样本中提取出规律性的结论”（吴忠群等，2017）。为了分类更加科学，划分类的指标已经由单一指标体系向综合指标体系转变。杨传明(2018)用工业万元产值能源消耗、水资源消耗、SO_2 排放、COD 排放等构建中国工业生态类型划分；朱海涛等(2017)用气压、相对湿度、最高气温、最低气温、日照时数和风速 5 个气象要素构建闷热天气指数模型，通过模型计算数值结果来划分正常天气还是河蟹养殖闷热类型，并根据模型计算数值的数量级将河蟹养殖闷热类型又划分为“轻度、中度、重度”3 个子类。由于不同学者研究的视角不同，不同学者会对同一研究对象提出不同的分类技术方法，形成分类不同，尤其是跨学科的研究更为明显。湿地景观分类研究，既要考虑湿地的分类标准又要考虑景观的分类标准，世界上不同学者提出了多个分类标准（贾铭宇等，2018），形成了对许多湿地景观分类的二义性。目前，分类科学发展正在向“分类依据多元化、分类方法多样化、分类指标标准化、分类结果实用化”方面发展（向雪琴等，2018）。在进行人工影响天气分类技术研究的过程中，要充分考虑其共性作为分类依据，尽量将非共性的区域或领域的特征作为划分子类的标准指标进行研究，这样既保证了共性又不扼杀个性，以保证人影科学领域分类的科学性和通用性。

2.1.2.2 标准

标准(Standard)是在一定范围内协商一致制定,并由公认机构批准,共同使用的和重复使用的一种规范性文件。有国际标准、国家标准、行业标准、企业标准等。目前,标准制订权的争夺已经成为世界上行业内相互竞争的工具,推行自己的标准比推销自己的产品变得更重要,最典型的是全世界龙头企业对5G标准“赤膊上阵拼搏"。制订标准的目标是为了实现规范化和标准化发展,其核心是保证质量(段玉林等,2018;朱新鹏,2014),是实施品牌战略的重要措施之一。同一事项,不同的管理或生产者从不同的角度会制定出不同内容的标准,如:中国国家质量监督检验检疫总局和国标准化管理委员会发布了《高标准农田建设通则》(GB/T 30600—2014),农业部颁布了《农田建设规划编制规程》(NY/T 2247—2012)和《高标准农田建设标准》(NY/T 2248—2012),国土资源部颁布了《高标准基本农田建设标准》(TD/T 1003—2012)(石彦琴等,2015)。《高标准农田建设标准》和《高标准基本农田建设标准》的名称都高度接近,让一般执行者在使用过程中非常容易搞错,标准的制定首先要考虑的是规范性和权威性,同一类别标准应该由一个部门制定(石彦琴等,2015)。人影的关键业务过程都要拟订全国通用的作业规范,如人影作业点防雷技术规范(QX/T 226—2013)等。同时又考虑到各地的差异性,允许出台一些地方标准和规范。江苏省根据人影作业工具是火箭,所有作业都是机动车载,有机动性强的特点,出台了有别于全国的人影作业标准化作业点建设标准。

2.1.2.3 设备

设备(Equipment)是指社会经济活动过程使用的物品,按不同用途分为通用或专用设备、固定设备和辅助设备等。设备既是产品,同时又是工具,如量具(卡尺等)。所以,它是许多行业的生产工具,其质量直接影响其行业,甚至是整个社会的产品质量。设备的设计、生产、管理核心是保证质量,让其发挥其应有的技术性能。加强人影各类设备的日常管理和维护,对人影设备在作业时发挥其性能是极其重要的(王治邦等,2007)。中国气象局专门聘任了中国气象局人影安全检查员,并制定了安全检查员工作制度。定期或不定期开展安全隐患排查检查,其中,设备检查是检查工作的重点内容之一,对保障人影工作的安全起到了保障作用。设备质量直接决定生产安全,而生产安全是决定效益的核心力量,所以,保证各类人影设备质量是人影工作的首要工作。

2.1.2.4 规范

规范(Specification)明文规定或约定俗成的标准。它们可以由组织正式规定,也可以是非正式形成。如道德规范、技术规范等。与标准的最大区别是规范的强制性没有标准强。规范可能与活动有关(如程序文件、过程规范和试验规范)或与产品有关(如产品规范、性能规范和图样)。规范对一项工作重要的作用是规范行为,影响决策、组织与行动。和标准一样,各行各业为了树立行业形象,规范行业各类行为制定了海量的针对各类具体工作的规范。人影为了科学发展,积极组织安全作业,制定了各类规范,仅人影安全方面就有高炮安全管理、火箭作业系统安全管理、地面碘化银烟炉安全管理等各类管理规范十多种(马官起,2016)。要特别强调的是许多规范只是一种约定,所以区域性或部门性特征非常明显,许多只是针对具体部门的某一项工作的。如:“江苏省人工影响天气省级专用仓库管理规范”,它主要针对江苏专有的“句容、涟水、东海”三个抑燃抑爆库的日常管理工作而制定的。

2.1.2.5 观测

观测是根据自己的能力对事物进行观察或测定。观测首先要有进行观测的技能，其次要有进行测量的技术，这是做好观测的基础性工作。各行各业都在大量培养专业观测技术人员，大力发展专业观测（有的称为探测或监测）技术。土地管理系统中的动态监测子系统主要是利用遥感技术提供全面、准确、动态更新的土地基础数据（刘舫，2018）。改进观测技术可以促进事业发展。所以，气象工作者一直在研究改进观测技术，核心是要大力发展专业观测设备（邓朝晖，2018）。目前，所有观测正在向遥测方向发展，各种遥测技术在行业或专业观测领域的应用技术是研究的重点领域。如卫星遥感数据在人影领域的应用等。

2.1.3 观测流程规范

随着科学技术进步，人类观测事物的名目呈现几何级数增长，观测收集的想记录保存下来的信息数量一直与人类保存信息的能力进行比赛，就如同矛与盾的各自技术发展一样进行着永无止境的斗争。不管人类观测兴趣点随时间和空间如何改变，观测工具如何改进，人类对事物观测记录过程的基本模式是固定，按观测事件的发生发展时间顺序主要划分为确定观测对象→制定观测标准→选择观测工具→详细观测记录→整理观测数据→分析得出观测结论等这个流程运行。

不同的观测，因其专业要求不同，观测流程略有差异。有的是直接观测记录，有的是先调整观测设备再观测记录。动槽水银气压表的观测方法是先调整水银槽内水银面，使之与象牙针尖恰恰相接，再调整游尺，调整符合观测规范要求后进行读数记录。而气温表则直接读数记录就行。对人影的各类观测设备要根据其性能和观测数据的精度要求制订具体的观测业务流程。通过规范观测流程来保障观测数据“代表性、准确性和比较性”，让观测数据在业务和科研中发挥其应有的价值。

2.2 观测对象确立

2.2.1 重点观测对象

2.2.1.1 环境要素

自古以来，人类一直做着不死之梦，明知做不到，还是把健康长寿作为远大理想。人类在3000多年前，就阐述了人类健康长寿与自然环境的关系（李维民等，2005）。运用地球化学方法研究发现，长寿区域环境中的某些地理环境元素含量明显不同于非长寿区（蒋瑜等，2018）。环境对人类生存发展的重要性是人类的长期意识。正是基于这种认识，1972年联合国人类环境会议上提出“人类环境是以人类为中心为主体的外部世界即人类赖以生存和发展的天然和人工改造过的各种自然因素的综合体。”即，需要将天然和人工改造过的各种自然因素确定为人类环境的总体研究对象，建立相关的环境指标体系。同样，人影研究绝不是简单的人影作业前的天气条件研究，还应当而且必须包含人工影响后的天气过程变化动态研究。因此，需要研究建立人影作业后对天气过程影响的综合技术指标体系。

2.2.1.2　重大灾害

对人类而言，共同生活于地球，地球是全人类的共同家园，人类的进化繁衍一直在地球表面进行，与人类息息相关的环境核心指标是地球和人类生存环境相关的各类指标体系。“人类文明的发展史是一部人与环境的关系史，人与环境的相互作用反映了人类文明的兴起与衰落，文明的产生与发展与一定的自然环境及其作用机制密切相关，环境可以催生文明，但也可以毁灭文明”(吕晨辰，2013)。因此，研究制订能够客观定量化评估环境状态的环境指标体系对人类健康发展是极其重要的。人类通过长期观测积累的资料分析发现，地球是太阳系中的一颗行星，它也在不断变化中，尤其地球表面一直在变化，火山在海洋中生成了岛，而地震推平了人类的居住地等。地球表面的现状和变化与人类的生命延续和生活质量都密切相关，地表的任何异动，可能对人类而言都是致命的伤害，有人将此类现象称为自然灾害。自然灾害和人为伤害指标体系是人类关注的核心环境指标体系，并将其细化和量化为具体的各种大环境背景下的环境子指标。所谓自然灾害是指大自然造成的对人类社会的异常性破坏活动，主要类型有地震、火山、风灾、水灾、火灾、旱灾、雹灾、雪灾、泥石流、瘟疫等(张静等，2017)。而这些自然灾害中的风灾、水灾、旱灾、雹灾、雪灾等就是气象灾害。地震、火山、泥石流、瘟疫等都与气象相关，尤其泥石流大部分是强降水引起的气象次生灾害。自然灾害的主体是气象灾害或与之有关联性的灾害。当发生重大自然灾害时，对人类造成的伤害是巨大的，让人类永远难以忘却。1920 年，中国华北大旱灾，大约有 50 多万人饿死；1925 年，中国的四川、湖北、江西等地，旱灾大约引起了 100 多万人死亡；我国历史上屡次发生的农民起义，无论其范围的大小，或时间的长短，无一不以灾荒年为背景，这已经成了历史的公例(夏明方，2017)。2016 年 1—8 月份，中国各类自然灾害直接造成 1.37 亿人受灾，1074 人死亡，270 人失踪，624 万人次紧急转移安置，直接经济损失 2983 亿元(赵映慧等，2017)。中国从 1949 年以来，政府长期坚持主导开展综合防灾减灾工作的成效十分明显，出现了因灾死亡人口和直接经济损失占 GDP 比重“双下降”的趋势(胡鞍钢，2017)。据统计分析，2004—2013 年中国每年平均受灾人口为 40649.8 万人次，相当有 1/3 的人每年要受到 1 次自然灾害的影响(王晟哲，2016)；每年自然灾害造成的直接经济损失达 3291 亿元，间接损失就更大了。人类建立了主要环境灾害的环境指标体系分类标准，主要环境灾害的指标体系。虽然，人类防灾减灾的能力在不断提升，但还没有达到能够抗御自然灾害的程度，这时防御显得尤为重要。2009 年联合国大会将每年的 10 月 13 日定为国际减轻自然灾害日，简称“国际减灾日”。而自然灾害预防的关键是对其发生发展过程建立相关的环境指标体系，以方便进行动态监测，为科学防御提供参考信息。人类重点是建立地表和大气这两大类相关的环境指标体系，为科学防灾提供技术支持。随着社会经济发展，地表和大气的各类环境指标体系在不断丰富，不断完善，确定具体环境指标体系的技术方法也在不断创新，环境指标体系的科学性也在不断提高。20 世纪 60 年代以观测动物的异常作为预报天气的依据，建立了动物与环境相关的指标体系；而现在直接用新一代天气雷达观测空气运行、观测天气变化等，建立了降水的大气环境运行状况指标体系。所谓人为伤害就是因人类的人为因素引起了环境改变而对人类造成了伤害，最典型的是以变暖为主要特征的全球气候变化，大气环境污染等。这类问题的出现，增加了环境指标体系的数量，要研究的环境指标越来越多，这就要求建立综合环境业务指标体系(如：气象、环保、地震等一体化的环境业务指标体系)，提升建立环境指标体系的现代化水平。同样，人影综合环境指标体系应该只是天气环境指标体系中的一个分子系统，应当与天气环境指标体系一同设计、一同监测、一同管理、一同应用。

2.2.1.3 区域指标

人类对地表环境主要关心的是不同区域地表之间的差异性，即差别化或个性化，其主要环境指标为具有区域特征的地貌和在其中活动的生物存量等。如湖泊的演变及其生物多样性、山林面积和区域变化、林间动植物等。要建立人影作业后，不同区域环境监测指标体系，为科学研究人影作业效果提供依据。

2.2.1.4 天气现象

人类期望充分利用天气条件，科学安排生产生活活动，大气环境指标体系重点为天气现象。如风、雨、雷、电、大雾、云彩等具体的环境指标。人影工作关注的重点是云的演变过程，要设计与之相关的具体环境指标体系，如云的厚度、云底和云顶高度、云的移动速度、云的面积等。

2.2.2 气象观测要素

2.2.2.1 常规气象要素

生活在自然环境中的人类，天天与天气相伴生存，于是，大气如何动，怎么动，有什么现象就成了人类关注的焦点。人类通过原始观测不断积累经验，逐步分析求证发现，空中的大气是产生变化莫测天气的基础。于是为了理性理解大气，通过掌握大气变化特征来预测天气变化，一直将对大气中的现象和大气的运行规律作为重要监测对象，不断进行观测收集积累研究素材。对观测结果反复研究分析，探索如何将天气变化这一复杂过程进行简化，找出具有代表性的共性元素。随着人类自身的进步，科学技术水平提高，研究手段的改进，研究发现，虽然天气是变化莫测的，但是可以将其划分成数种天气现象或天气指标，方便观测记录和研究，方便对天气的预测和日常应用。因此，中国在商代就将天气现象划分为“风、云、雨、雪、霾、虹、蒙、雨夹雪”10 种进行观测记录，通过不断完善发展，逐步形成了气象要素的概念。气象要素（Meteorological element）是表明大气物理状态、物理现象的各项要素，以及对大气物理过程和物理状态有显著影响的物理量。代表大气物理状态、物理现象的主要气象要素有：气温、气压、风（风向、风速）、湿度（空气相对湿度、空气绝对湿度）、降水、云（云状、云量、云高）、以及其他各种天气现象。其中，气温、气压、风向、风速、空气相对湿度和降水称为常规气象 6 要素。除主要气象要素外，还有蒸发、能见度、辐射、日照等气象要素；以及通过观测的主要气象要素计算出与大气状态相关的气象指数，如：相当温度、位温和露点等等。常规气象 6 要素的定义介绍如下，其他气象要素的定义略。

图 2-2 风向划分

（1）气压（Air pressure）是指大气的压力，它是在任何表面的单位面积上，空气分子运动所产生的压力。

（2）气温（Temperature）是指大气的温度，表示大气冷热程度的量，它是空气分子运动的平均动能。

（3）风（Wind）是指空气相对于地面的运动，气象要素风是空气的水平运动，用风向和风速两个特征量来表明。风向（Wind direction）是指风吹来的方向（图 2-2），风速（Wind speed）是指空气相对于地球某一固定地点的运动速率。

(4)大气湿度(简称湿度)(Humidity)是表示空气中水汽含量或潮湿的程度。大气相对湿度(简称相对湿度)(Relative humidity)是空气中实际所含水蒸气密度和同温度下饱和水蒸气密度的百分比值。

(5)降水(Precipitation)是指空气中的水汽冷凝并降落到地表的现象。

2.2.2.2 专业气象要素

最早研究大气的各种现象及其演变规律和科学应用的人们,根据气象要素的特征,将大气科学分成了气象学和气候学。随着科学技术发展,气象学的分类越来越细,形成了今天大气科学的分支学科,主要包括:大气探测、天气学、动力气象学、大气物理学、大气化学、人影、应用气象学等和气候学。而这些学科的细化,引导气象要素的不断细化和丰富。大气化学中的酸雨、臭氧等,应用气象中的积温、水温、地温、草温等,这些气象要素明显具有了特定专业的特征,即气象要素正在由传统的常规气象要素向专业气象要素转变。由传统的常规气象要素向专业气象要素转变要求我们必须研究建立专业气象要素体系的技术,让专业气象要素在大气科学领域发挥更大的作用。气候是大气物理特征的长期平均状态,通常由气象要素的某一时期的平均值和离差值表征。气候要素就是气象要素的统计特征值,可以不是平均值,如极值、距平、均方差等。气候要素是能表征气候特征及其变化的统计量,如气候倾向率,相对气候变化速率(Shang 等,2016)等。有些学者为了将气候要素与气象要素区别,将气候要素称其为气候因子。同时,随着气候学自身的发展,尤其气候资源概念的出现,引发了许多新的气候要素,如气候容量(姜海如等,2018)等,进一步丰富了气象要素的内容。

2.2.3 人影观测重点

人影的关键因素是云和降水,所以,重点是建立云的特征气象要素和降水的特征气象要素。

云的主要气象要素有云的分类、云量、云高、云厚、云含水量、冰(雪)晶浓度、云移动速度、云垂直速度、0℃层高度、云顶温度等等。

观测降水的主要气象要素有降水量、雨滴谱。其次还有常用催化剂“盐粉、干冰、碘化银、液氮”的播撒量及其影响效果等。

对人影具有特殊意义的云含水量、云垂直速度、冰(雪)晶浓度、雨滴谱等气象要素介绍如下,其他气象要素,如:云的分类等在观测标准部分等其他章节介绍,这节略。

(1)云含水量(Water content of cloud)是指每立方米云体内液态和固态水的含量(张蔷等,2011)。单位是 g/m^3。

(2)云垂直速度(有的称垂直气流和下沉气流)(Cloud vertical velocity)是云块沿垂直方向移动的速度,单位为:m/s;向上为正,向下为负。在实验中,在积雨云形成阶段,云顶高度为12000 m,飞机高度为 10700 m,测得垂直气流 12 m/s;在积雨云消散阶段,云顶高度已经低于12000 m,飞机高度为 8500 m,测得下沉气流 17 m/s(张蔷等,2011)。

(3)冰(雪)晶浓度(Ice(snow)crystal concentration)是云块中每升容积含冰(雪)晶个数,单位:个/L。1992 年 7 月 28 日 18 时 57 分飞机在北京西北方向 5000 m 高度的云层中,测得冰晶 131 个/L,雪晶 0.4 个/L(张蔷等,2011)。

(4)雨滴谱(Raindrop spectrum)是指单位体积内各种大小雨滴的数量随其直径的分布,又称雨滴尺度分布。单位是指单位体积内包含的雨滴个数(个/m^3)。最大雨滴直径称为谱宽,一般为 2～3 mm,很少超过 6 mm。雨滴谱是雨滴生成、下落、增长、破碎、蒸发等过程的综合结果。人影作业后,云块中的雨滴谱中直径 1 mm 以下的浓度减小,大于 1 mm 的雨滴数浓度增加,谱宽有明显增宽,最大值可达 4 mm(林文等,2016)。由此,可见雨滴谱要素对人影业务的重要性。

2.3 观测标准制定

2.3.1 云的观测标准

2.3.1.1 云的观测依据

人们对天气现象中关注较多的是云,尤其云的多姿多变,引发了许多诗人的雅兴,如"兴云感阴气,疾足如见机"(唐·刘禹锡《观云篇》)、"彩云惊岁晚,缭绕孤山头"(唐·李邕《咏云》)、"尽日看云首不回,无心都大似无才"(唐·杜牧《云》)等。据此,人类对云的认识具有诗人的情怀,主要以其多姿多变的形态作为分类的基础指标体系,建立起云观测的相关技术标准或规范。这些标准或规范通常以文字加图片(标准云图集)的形式表现出来,直观形象,便于业务一线人员掌握。而人影的作业条件中对不同云状的技术措施是有差异的,所以,现场指挥人员中必须有熟悉云状分类和演变规律的技术人员。

2.3.1.2 云的观测分类

云(Cloud)是大气中水汽凝结(液化)成的水滴、过冷水滴、冰晶或者它们混合组成的飘浮在空中的可见聚合物。云观测的内容主要包括,其外观特征和内部的理化特征,为了方便观测记录,人们对其进行了分类。云的分类最早是由法国博物学家让·巴普蒂斯特·拉马克(Jean Lamarck)于 1801 年提出的。1929 年,国际气象组织以英国科学家路克·何华特(Luke Howard)于 1803 年制定的分类法为基础,按云的形状、组成、形成原因等把云分为 3 族(高云族、中云族、低云族)10 属(卷云、卷积云、卷层云、高积云、高层云、雨层云)29 种。目前,除英美等国外,世界气象组织与其他各国一般采用国际单位制。另一种分法则将积雨云从低云族中分出,称为直展云族。具体见表 2-1。目前,人影作业主要在积状云和层状云中进行(张蔷等,2011),据此,要重点研究建立观测这两类云的雷达等现代观测设备自动观测的标准规范体系技术,实现智能化观测,为人影科学作业提供技术支持。

表 2-1 云的分类表

族	属	种	主要特征
高云	卷云(Ci,*Cirrus*)	毛卷云(Ci fil)	纤细云丝,呈现羽毛或马尾状等
		密卷云(Ci dens)	成片,片中透光差,边缘卷云特征较明显
		钩卷云(Ci unc)	呈逗点状,云丝有向上的小簇或小钩
		伪卷云(Ci not)	大而密,有的似砧状,边缘卷云特征明显
	卷积云(Cc,*Cirrocumulus*)		鳞片或球状细小云块,成行或成群,像水波
	卷层云(Cs,*Cirrostratus*)	薄幕卷层云(Cs nebu)	日月轮廓可见,有晕,均匀超薄
		毛卷层云(Cs fil)	白色丝缕,厚薄不均匀的卷层云

续表

族	属	种	主要特征
中云	高积云(Ac,*Altocumulus*)	透光高积云(Ac tra)	云块颜色从洁白到深灰,排列相当规则,云缝中可见青天或较明亮
		蔽光高积云(Ac op)	云层厚,个体密集,几乎不透光,但云块个体依然可以分辨得出
		荚状高积云(Ac lent)	成椭圆形或豆荚状分散在天空,个体分明,不断地变化
		积云性高积云(Ac cug)	积雨云或浓积云延展而成,初生时像蔽光高积云
		絮状高积云(Ac flo)	个体似棉絮团,没有底边,多呈白色
		堡状高积云(Ac cast)	远看有共同的水平底边,顶部凸起像城堡
	高层云(As,*Altostratus*)	透光高层云(As tra)	薄而均,似一层毛玻璃,日月轮廓模糊,地物无影
		蔽光高层云(As op)	厚度变化大,厚部看不见日月,薄处见纤缕结构
低云	雨层云(Ns,*Nimbostratus*)	雨层云(Ns)	布满全天,呈暗灰色,遮蔽日月,底部常伴有碎雨云
		碎雨云(Fn)	低且孤立分离,形状多变,也可逐渐并合,移动特快
	层积云(Sc,*Stratocumulus*)	透光层积云(Sc tra)	厚度变化大,大部分云块边缘较明亮
		蔽光层积云(Sc op)	条形云轴或团块组成,无缝隙,云底见起伏
		积云性层积云(Sc cug)	积云或积雨云扩展或云顶下塌形成的层积云
		堡状层积云(Sc cast)	垂直发展积云块,有一个共同的底边,远处看去好像城堡
		荚状层积云(Sc lent)	似豆荚、梭子状的云条,个体离散
	层云(St,*Stratus*)	层云(St)	低而均匀,呈灰或灰白色,像雾,不接地
		碎层云(Fs)	碎片状并多变,灰或灰白色
直展云族	积云(Cu,*Cumulus*)	淡积云(Cu hum)	扁平不高,太阳下白色,中部有淡影
		碎积云(Fc)	破碎积云块(片),体小多变
		浓积云(Cu cong)	高大,顶折叠弯曲,太阳照射边缘白而明亮
	积雨云(Cb,*Cumulonimbus*)	秃积雨云(Cb calv)	浓积云发展到鬃积雨云过渡期,顶部花椰菜般轮廓模糊,现白色毛丝般冰晶结构
		鬃积雨云(Cb cap)	积雨云发展的成熟阶段,云顶有明显的白色毛丝般的冰晶结构,多呈马鬃状或砧状

2.3.1.3　云的观测内容

目前,常规气象观测中主要观测云状、云量和云高。特殊用途(如:人影作业需求等)还要观测云中物理量、云速等专项内容。目前,云状主要靠人工眼睛进行目测,人工观测云状的标准是与标准云图中各类云的标准图片进行比较,按最相似的原则,记录具体云分类中云状的名称,云状具体分类标准详见表 2-1。云量是将天空分成 10 份,估算云层覆盖天空的份数,占 1 份,记录 1,以此类推。云高人工观测时是观测员根据自己对这类云高的观测经验,估算天空云底距离地面的高度,单位为千米(km),这种数据人为性很大。现在,有机器测量云高,用机器实测量得云的高度。由于云高,尤其 0 ℃层高度直接决定了人影飞机或火箭作业的高度,最好采用雷达等自动化设备观测的云高作为人影作业云高的数据。

2.3.1.4　云观测新技术

随着图像观测技术的发展，尤其脸谱识别技术的发展，云观测手段正在快速改进，正处于由人工目测判别观测形式在向遥测数据特征分析的客观定量化方向发展。这种客观定量化的云观测新技术，让云的分类及其具体观测内容和标准都也发生了质的改变。如：卫星观测云时将云分成了“锋面云系、涡旋云系、地面反气旋云系、急流云系”等等，并建立了其相应的卫星观测标准。测量云量、云相态、云滴有效粒子半径等相关云的具体定量参数（卢乃锰等，2017）。同时，对同一云层参数采用不同的观测手段，因不同设备之间的设备性能差异和设备本身观测标准的差异，会引起对云参数的观测结果的偏差。如：目前，有激光云高仪、红外测温仪、云雷达、探空仪等多种地基云高观测设备（陆雅君等，2012）。这些不同类型设备，不同天气类型下，各自观测到的云高数据之间差异明显（周伶俐等，2018）。据此，我们需要研究开发符合业务需求的云的新的分类标准技术，对云从按形态分类向从理化特性分类转变，建立起云特性的客观和定量化观测标准体系，为实现云观测的智能化和遥测化提供技术支撑，为人影业务实现智能化提供客观和定量化的云参数支持。

2.3.2　能见度的观测标准

2.3.2.1　能见度的观测内容

自古以来，人类一直期望自己能够无所不知，而要无所不知关键是看得见，听得到。为了实现这种梦想，在技术有限的古代，中国商朝就有了“千里眼神”，想看多远就能看得见多远。随着技术发展，人类逐渐有了传统“神”的能力，普通望远镜和天文望远镜出现了，人类终于能够看得更远了，这时人们发现，能看得远还受制于天气条件。通过研究发现，影响能见度的主要是“雾、轻雾、雪暴、吹雪、沙尘暴、扬沙、浮尘、烟幕、霾”9种天气现象（Shang等，2012），这些天气统称为视障天气。其实，这些视障天气是正常天气条件下，影响人们能看得见多远的气象要素。人们现代的生产生活不可能因天气条件而停止，更不可能都是在理想天气状态下进行。汽车和火车不可能因为降水而停开，而交通安全非常重要的保障是能看得见，降水变成了影响能看得见的重要气象要素之一。飞机升降在水平方向要看得见，垂直方向也要看得见。看得见的问题已经由几个气象要素影响向多要素影响转变，由平面问题变成了立体问题，看得见的观测标准体系研究必须从几个要素、平面指标体系向多要素和立体指标体系转变。而人影作业最关心的是云层的垂直结构变化，垂直能见度观测是人影需要关注的重要内容之一。

2.3.2.2　能见度的观测技术

能见度（Visibility），即气象观测技术人员正常视力情况下，眼睛可以看得见的距离，是指物体能被人们正常视力看到的最大距离，也指物体在一定距离时被正常视力看到的清晰程度。人类向不同的方向或在不同环境中看，能看见的距离是明显不一样的。如，白天和黑夜，水平与垂直，水中与水下等，能看得见的距离一定差异很大。气象观测规范明确规定，气象上的能见度是指有效水平能见度，即指四周视野中二分之一以上的范围能看到的目标物的最大水平距离。因此，这种“能见度”是代表标准气象观测站附近的四周视野中二分之一以上范围内的空气平均状态（张仁宗等，2017）。这种气象专业观测技术人员观测获得的能见度数据代表了一个平面，具有代表性。其他特殊行业或部门为了满足自己部门对看得见的特殊需要，必须建立适合自己行业特点的能见度观测标准体系和观测规范，组织专业性能见度观测。民航部门将气象能见度总共分为主导能见度、最小能见度、气象光学视程、飞行能见度、倾斜能见度、垂直能见度、跑道视程 7 类能见度观测对象，分别观测记录（樊新华，2017）。

水中人类眼睛难以直接观测，一般以从大气向水中观测能向下看得见作为能见度。即用水体透明度代表能见度。水体透明度是指人们正常视力在正常的天气条件下可以看清楚的水体深度（商兆堂，2008）；用水下浊度来描述正常水体中水质清澈程度（Kontturi 等，2009）。

人工观测标准，白天能见度是指视力正常（对比感阈为 0.05）的人，在当时天气条件下，能够从天空背景中看到和辨认的目标物（黑色、大小适度）的最大水平距离，夜间能见度是指假定总体照明增加到正常白天水平的能见度，记录单位为千米（km），取一位小数。

器测观测标准用气象光学视程表示，指白炽灯发出色温为 2700 K 的平行光束的光通量，在大气中削弱至初始值 5%所通过的路径长度。

航空学中能见度观测标准，以暗色作为背景，1000 烛光（candelas）能够被识别的最远距离。

根据观测的能见度数值，即看得见的距离，对能见度进行分级，不同的研究和应用需要，划分的级数和每级的分级标准都会有差异（李放等，1996；孟燕军等，2001）。根据社会经济日常应用的需求，将能见度划分成 12 个等级（详细见表 2-2）。这个分级标准相对比较合理，按这个分级研究每一个级别的细化观测标准显得极为重要。

表 2-2　能见度分级表

级数	能见度（V）（km）	定性描述	可能相伴的天气
1	$V<0.05$	极低能见度	浓（大）雾、沙尘、暴雨（雪）
2	$0.05\leqslant V<0.2$	比较低能见度	浓（大）雾、沙尘、暴雨（雪）
3	$0.2\leqslant V<0.5$	低能见度	浓（大）雾、沙尘、暴雨（雪）
4	$0.5\leqslant V<1$	较低能见度	阴雨（雪）、雾（霾）、扬沙（浮尘）
5	$1\leqslant V<2$	偏低中能见度	晴天，轻度雾（霾）、扬沙（浮尘）
6	$2\leqslant V<5$	中能见度	晴天
7	$5\leqslant V<10$	中能见度	晴天
8	$10\leqslant V<20$	偏高中能见度	晴天
9	$20\leqslant V<30$	高能见度	晴朗天气
10	$30\leqslant V<40$	极高能见度	晴空万里
11	$40\leqslant V<50$	极高能见度	晴空万里
12	$V\geqslant 50$	极高能见度	晴空万里

2.3.3　天的观测标准

2.3.3.1　天的观测范围

"常言天，齐究何也？昊曰：无题，未知天也，空空旷旷亦天"（《简易道德经》）。天是人头顶上方的无边苍穹，指地面向上的人类生存范围（地球）以外的空间，与地相对应，逐渐理解为天空、太空、宇宙空间。据此，天是指天空。离开地面多高（远）算天空（即天）呢？气象学者根据地球大气的垂直基本特性，采用不同的方法将天空分成若干层，最常用的分层方法如下。

(1)按温度垂直变化特征将大气分为对流层、平流层、中间层、热层和外层(又称外逸层或逃逸层)5层。具体见图2-3。对流层是接近地面、是对流运动最显著的大气区域，对流层上面的边界称对流层顶，在赤道地区高度约17～18 km，在极地约8 km。

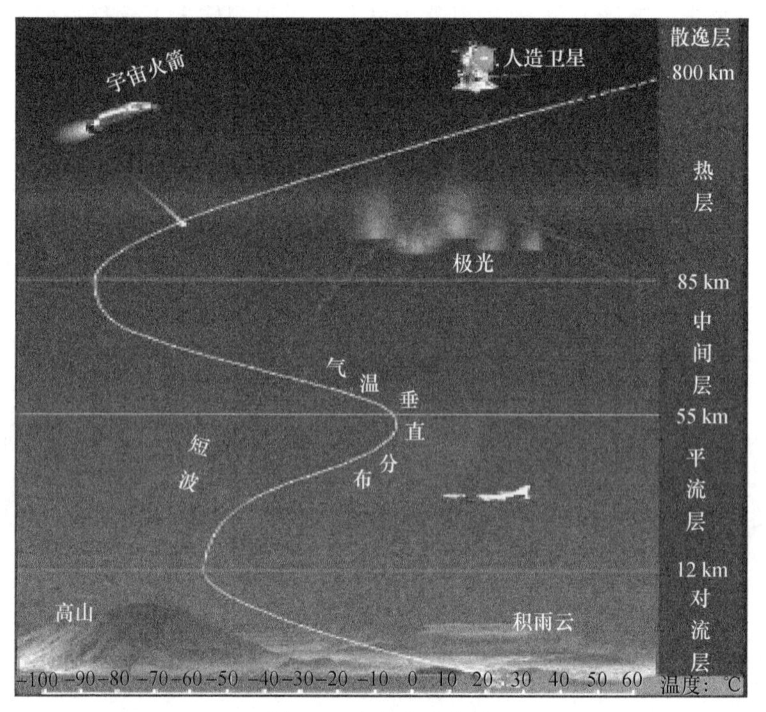

图2-3　大气垂直分层

(2)按大气成分垂直变化特征将大气分为均匀层和非均匀层。均匀层是指大气各成分的体积百分比保持不变，高度约80 km，其平均分子量为28.966 g/mol，为一常数。均匀层之上为非均匀层。

(3)按大气的电离特征，可分为电离层和中性层。

由上分析可知，对人类社会经济发展影响最直接的是对流层。对流层具有温度随高度增加而递减的基本特征，据理论计算和实测，温度下降速度为0.65 ℃/100 m。对流层集中了大约75%大气质量和90%的水汽，并伴有对流运动，引发大气中水的相态动态变化，形成了复杂的天气现象。由表2-2可知，人们正常视力观测到20 km属偏高中能见度，即，是可以看得清楚的，人们仰望天空，能看清对流层的状况。人们看天，观测天气现象本质上就是观看对流层的动态变化景象。对流层事实上成了气象学家和天文学家研究兴趣的分界线，气象学家的视角主要在对流层，而天文学家兴趣点则远离对流层。从事大气科学研究的气候学家对对流层的细化研究发现，对人类及其生存发展的生态环境影响更直接的是对流层中高度在100 m以内，最直接的是人能接近的垂直距离，即2 m以下。将对流层中100 m以内这个环境定义为小气候环境，即事实上将大气中的对流层又分成了小气候层和常规气候层。由上分析可见，与人类最直接关联的天，显然是小气候层，人类的生产生活主要集中在这一层，小气候层又最容易按照人类需要的方向变更。人影工作者是不可能会放弃这种机会的，小气候层人影的“神器”——高山烟炉应运而生，并得到了大量的应用。同时，人们观测天气现象的活动也主要在小气候层。因此，小气候层的变化直接影响了天气现象的观测质量，有浓雾时气象观测人员根本无法看清天空有没有云层等，天气现象的观测也是由近及远，从小气候层开始一直延伸到太空。所以，从不同高度的观测平台观测的天气现象数据质量有明显差异。为了保证观测的天气现象数据的“三性”，中国自古以来都是筑台观象，讲究观测环境的重要性。现在各级政府已立法保护气象观测环境。

2.3.3.2　天气现象的观测内容

天气现象(Weather phenomenon)是发生在大气中、地面上的一些物理现象。中国气象部门将要进行观测的物理现象分为降水现象、地面凝结现象、视程障碍现象、雷电现象和其他现象等 5 类计 34 种(中国气象局，2003)。即，规定了中国气象部门观测台站必须观测的 34 个天气现象及其具体观测和分级标准。人们日常最关心的是刮风和下雨，对刮风和下雨天气现象观测标准简约介绍如下，其他天气现象观测标准介绍略，感兴趣的可以查阅中国气象局《地面气象观测规范》等相关文献。

中国气象局《地面气象观测规范》将下雨定义成滴状的液态降水，下降时清晰可见，强度变化较缓慢，落在水面上会激起波纹和水花，落在地面上可留下湿斑。降水强度用降水量来衡量，降水量用单位时间下降到单位面积上的积水深度作为观测标准，具体见表 2-3。

表 2-3　降水量分级表

降水等级	12 小时内降水量(单位:mm)	24 小时内降水量(单位:mm)
小雨	0.1～4.9	0.1～9.9
中雨	5.0～14.9	10.0～24.9
大雨	15.0～29.9	25.0～49.9
暴雨	30.0～69.9	50.0～99.9
大暴雨	70.0～139.9	100.0～249.9
特大暴雨	≥140.0	≥250.0
小雪	<1.0	<2.5
中雪	1.0～3.0	2.5～5.0
大雪	3.0～6.0	5.0～10.0
暴雪	≥6.0	≥10.0

备注:上表中降雪量融化后折合为降水量

中国气象局《地面气象观测规范》将风定义成空气的水平运行，刮风用风向和风速来表达其状态。风向为风吹来的方向，风来自北方叫作北风，风来自南方叫作南风等，陆地上一般用 16 个方位表示，海上用 36 个方位表示，高空则用角度表示风向，是把圆周分成 360 °，北风(N)是 0 °(即 360 °)，东风(E)是 90 °，南风(S)是 180 °，西风(W)是 270 °，其余的风向都可以由此计算出来，具体见图 2-3。风力按风速大小来划分等级，具体见表 2-4。

表 2-4　风力分级表

风级	名称	风速(m/s)	陆地物象	海面波浪	浪高(m)	最高(m)
0	无风	0.0～0.2	烟直上	平静	0.0	0.0
1	软风	0.3～1.5	烟示风向	微波峰无飞沫	0.1	0.1

续表

风级	名称	风速(m/s)	陆地物象	海面波浪	浪高(m)	最高(m)
2	轻风	1.6～3.3	感觉有风	小波峰未破碎	0.2	0.3
3	微风	3.4～5.4	旌旗展开	小波峰顶破裂	0.6	1.0
4	和风	5.5～7.9	吹起尘土	小浪白沫波峰	1.0	1.5
5	清风	8.0～10.7	小树摇摆	中浪折沫峰群	2.0	2.5
6	强风	10.8～13.8	电线有声	大浪白沫离峰	3.0	4.0
7	劲风	13.9～17.1	步行困难	破峰白沫成条	4.0	5.5
8	大风	17.2～20.7	折毁树枝	浪长高有浪花	5.5	7.5
9	烈风	20.8～24.4	小损房屋	浪峰倒卷	7.0	10.0
10	狂风	24.5～28.4	拔起树木	海浪翻滚咆哮	9.0	12.5
11	暴风	28.5～32.6	损毁重大	波峰全呈飞沫	11.5	16.0
12	飓风	32.7～36.9	摧毁极大	海浪滔天	14.0	—
13	飓风	37.0～41.4				
14	飓风	41.5～46.1				
15	飓风	46.2～50.9				
16	飓风	51.0～56.0				
17	飓风	56.1～61.2				
17 以上	飓风	≥61.3				

人影就是人为干扰天气系统的发生发展过程，人影作业会不可避免地引起天气现象改变。所以，科学组织对比观测人影作业前后天气现象的变化，对客观和定量化评估人影作业的效果具有重要的现实意义。更重要的是人影作业后的这种天气现象不处理直接作为普通气象观测记录记载在气象观测记录序列中，会不会成为干扰正常观测记录数据序列的干扰信息源呢？让观测记录的统计特征偏离正常的气候特征呢？如何进行数据处理，如何通过数据订正消除人工影响呢？这方面的相关研究全世界还处于空白。

2.4 观测器具应用

2.4.1 人体测量工具

2.4.1.1 人体测量起源

人类对事物的认识是通过观测，而要研究事物，尤其分析事物的规律，则必须对事物分类，找出其特征量。对事物分类最理想的方法是分级，如职称、职务、公路、收入等。将事物分级手段最理想的是事物的数量特征，而要知道数量就必须测量。测量是人类认识事物和进行科学研究的基础性工作。而古代人类想得最多的、看得最多的是自身的身体，于是人类社会经济发展过程中自然形成了用人体进行各类测量。如：能看得见多远，有几个人高……人的器官或特征也自然成了人类测量用的工具。

2.4.1.2　人体测量应用

远古时期，人类还没有掌握冶炼技术，只能制造原始的石头工具，这时的度、量、衡测量技术只能是最原始的，通过观察进行直观比较。即，对事物的测量是人类通过与自身身体某些部位相比较、通过眼睛看到的表象等进行描述性观测。据此，人类最早的测量工具，就是观测者自己身体的某一个部位器官，通过与观测者器官比较，得出测量结论。

在远古时代，中国人便规定中指中节之长为“一寸①”之长，大约是现代的 3.3 cm，即人的中指节作为长度观测工具。虽然长度测量工具随着时代变迁，早就已发生了巨大改进，但中国中医针灸学一直沿用中指中节这个观测长度工具至今，这个古老传统的测量工具已经沿用达数千年，这充分说明了这种测量结果在针灸学领域中的实用性。在中国一直有“布手知尺”“身高为丈”“迈步定亩”之说。而远方的英国人同样以人类的器官脚作为长度观测工具，英国人以一脚(Foot)作为为一尺。同样，远古时代，人类对天气的认识，对天气现象的观测全靠个人的感觉，中国古代通过听琴声的变化来测量空气相对湿度的变化等(图 2-4)。

图 2-4　听琴测空气湿度

(商兆堂 2017 年 11 月 30 日摄于中国北极阁气象博物馆，对应彩图见 205 页)

以上事实充分说明，虽然不同区域人类的文明、进化有差异，但在科学技术不发达的古代，人类测量的技术手段非常有限的情况下，人类器官是在这种落后的科学技术水平下，是最科学，最有效的测量工具。中国人早就发明了看云识天气，通过人眼睛看云的变化，预测未来天气。

2.4.1.3　人体测量缺点

通过上节的分析表明，用人体作为测量工具进行的测量结果的人为性巨大，很多都是定性描述，即是定量的，其数据的可靠性也差。以“中指节作为长度观测工具”为例，据考证，不同人或同一人不同年龄时，其中指节长度是略有差异的，即是一个相对固定的长度。用这个不准确、不规范的测量工具去测量，其结果的准确性自然值得思考。

从远古到今天天气观测技术取得了长足的发展，但天气现象的观测仍然靠气象观测员以

① 1 寸＝$3.\dot{3}$ cm。

人工观测为主要手段。特别是气象观测员对云的观测，虽然现在有成熟的观测技术规范，但对云状的观测仍然是与标准云图上的云状人工比较而得。当气象观测员看着满天的云与脑海中保存的标准云图印象进行模糊比较的过程中，云层却在快速演变，当你做出判别时，云状可能已经由一种变成了另一种，或正在由一种向另一种演变过渡，你应该记录哪一种呢？这只能全凭气象观测员个人观测云的经验记录云状了。显然，气象观测员观测记录的这种云状的真实性的确问题多多。云高是观测员根据自己多年的观测经验估计的，那么多长时间积累的经验是准确的呢，观测员 A 和观测员 B 积累的经验能没有差异吗？显然是不可能的。能见度是自己眼睛能看见的程度，而所有这些都与各人的身体健康状态和心情有关，所以，这种观测数据完全是一种个人感觉的概念性数据。这种观测纯属个人技能，很难制订客观和定量化观测标准并推广应用，观测结果人为性太大，可比性极差。要实现人影业务的现代化，就必须实现人影业务中对云的识别技术的现代化。

2.4.2 物器测量工具

2.4.2.1 器测工具发明

有了人体测量工具之后，提升了人类认识和改造自然的能力，促进了人类社会经济的迅速发展。随着社会经济发展，人类的生产能力迅速提升，原始的人体测量工具已经不能适应人类的生产和生活需要。人类为了客观观测各种自然现象，科学组织生产生活活动，根据生产生活活动中测量的实际需要，通过抽象思维，创造出了大量的针对具体观测对象的实用观测工具。人类为了测量长度，发明了尺子；为了测量重量，发明了天平；为了测量天象发明了观天工具；为了观测天气，发明了气象观测仪器等。

中国古人发明了利用太阳的投影方向来测定并划分时刻的测量工具——日晷(图 2-5)。这个测量工具被人类沿用数千年；发明了用炭测量空气相对湿度(图 2-6)，这个测量方法与用听琴声音测量空气相对湿度相比大大降低了观测数据的人为性，提高了观测过程的科学性和观测数据的精准度；设计了鸾凤风向器，杆上一只鸟儿随风摆动显示风向(李京淑，2010)。公元 1600 年左右伽利略试制成功了玻璃管温度计，人类有了不用自己身体感知就能进行冷暖观测的能力。

图 2-5 日晷
(商兆堂 2017 年 11 月 30 日
摄于中国北极阁气象博物馆，
对应彩图见 206 页)

图 2-6 称炭测量空气湿度
(商兆堂 2017 年 11 月 30 日
摄于中国北极阁气象博物馆，
对应彩图见 206 页)

2.4.2.2　器测工具标准

测量工具的发明创造并投入具体观测业务实践活动中，实现了由人的感知测量变成了物的感知测量，由观测仪器测量被观测物得到观测结果，其客观性、准确性大大提高。这时，人们发现，由于社会经济发展历程不同，形成了事实上的不同文化、区域等的人们采用的观测工具和量纲差异，形成了同事物观测结果描述的差异性，不利于技术推广应用。

中国南宋时，就已经发明了用于测量降雨量的雨量器，明朝永乐末年(1424 年)，国家制造了规格统一的雨量器，发到全国各州、县，要求各州、县按时报告降雨量，开创了世界气象规范观测的先河。为了规范器测，对测量工具定义为：测量工具(Measuring tools)是测量过程中使用的度(计量长短用的器具)、量(测定计算容积的器皿)、衡(测量物体轻重的工具)工具的统称。将世界不同观测工具使用的标准(如：英制尺寸(英国人发明并使用)与中制尺寸(中国人发明并使用))，规范为国际统一观测工具标准。1960 年 10 月十一届国际计量大会确定了国际通用的国际单位制(简称 SI 制)。SI 制有 7 个基本单位，分别是长度(m)、时间(s)、质量(kg)、热力学温度(K)、电流(A)、光强度(cd)、物质的量(mol)，其他单位均由这 7 个基本单位由公式推导出来。

2.4.2.3　器测程序规范

观测精度主要由测量仪器的准确性和操作观测仪器的人员在观测过程中操作的测量方法所决定。测量方法(Method of measurement)是指在进行测量时所用的按类叙述的一组操作逻辑次序。简单地说，测量方法就是用测量工具测量的操作业务规范，因此，只有规范的观测程序才能保障测量的质量。

标准化测量器具的推广应用，使测量的标准化操作成为可能，也为实现某类测量业务的大范围、标准化推广成为可能。通过规范化测量，结果数据的人为性大大降低，可比性明显增加，使测量成为促进人类科技进步的一种重要且必不可少的科技手段。据此，要发展某类科学技术，必须先提高其测量业务规范化程度。

研究的需求不同，对同一测量对象，可能测量的具体特征参数也不相同。普通气象观测员只要测量云底高度，而人影观测员还要测量云层厚度等。因此，对同一对象的技术测量必须要有一个统一的计量单位和测量业务流程。否则，数据的量纲不一样，无法进行比较，使观测数据失去应用价值。气象行业一直将气象观测作为气象业务发展的基础业务能力组织建设，气象业务要实现现代化，气象观测业务必须先实现现代化。同样，人影观测业务作为气象观测业务的一个分支，必须加强人影观测的标准化建设，通过规范观测流程来提高人影观测数据质量。

2.4.3　遥测测量工具

2.4.3.1　渴求遥测工具

人类观测工具经过人体和物器两个阶段的发展与业务应用，测量技术日趋成熟。在大量的实践测量业务中，人们逐渐发现，物器测量精度和自动化水平明显高于人体目测和感觉，但最大的问题是测量过程中测量工具与被测物体必须接触，如果不接触又回到眼看、耳听来对比的经验时代。而现代工业生产过程中许多是无法接触测量的或接触测量的风险太高。如：炼钢过程中炉温、钢液体的温度测量;人体内器官的测量、建筑结构内部的测量等。这就要求发明一种不接触式测量工具,远距离直接探测物品,直接测量内部状况等。

2.4.3.2 发明遥测工具

中国古人通过琥珀、玳瑁等可以吸引轻小物体中认识到了磁的作用。在三星堆地区玉(石)器上发现指南针,说明中国人在伏羲时代(约5000～7000年前)就发明了利用自然磁场感应的方向观测工具指南针,这是人类最早最原始的遥感测量工具。当然,这时还没有遥感的技术基础——电场和磁场理论支撑,仅仅是人类认识和应用自然的个案而异,极不具有普遍性。所以,指南针的指定方向和人们期望用其进行定位功能的技术改进一直进展非常缓慢,直到全球定位系统GPS(Global Positioning System)1964年投入使用,方向和定位遥感观测工具才逐渐走进人们的日常生活中,这个过程长达数千年。

2.4.3.3 改进遥测工具

人类对电场和磁场现象的最初认识是从天气现象中的雷电开始的(刘小绮,2011)。中国商代就有了有关"雷"的记录,但对电的机理没有进行过系统性基础理论研究,一直仅仅停留在认识的表象上,让中国人失去了先期进入工业革命的技术理论基础,所以,基础理论研究对学科的发展,甚至国家的前途命运至关重要。美国科学家本杰明·富兰克林(Benjamin Franklin)的引雷试验,让人类加深了对大气云层中电的认识,并认识到了电流、电荷等,为人类进一步研究和开发利用电提供了理论支撑。英国人迈克尔·法拉第(Michael Faraday),于1831年制出了世界上第一台发电机,使人类自己能够生产电力,1866年德国人西门子(Siemens)制成世界上第一台工业用发电机,为实现电力应用奠定了基础。穆欣布罗克(Pieter van Musschenbroeck)于1746年发明了一种可以收集储存电荷的简易瓶状装置(简称电瓶),使人类制造和存储电能成为现实,为电力的广泛应用扫清了障碍。人类早期对电磁学的了解主要是对磁石吸铁和摩擦起电现象的认识。英国科学家詹姆斯·克拉克·麦克斯韦(James Clerk Maxwell)于1864年,在总结前人研究电磁现象理论的基础上,构建起了电磁波理论。德国科学家海因里希·鲁道夫·赫兹(Heinrich Rudolf Hertz)于1887年用实验证明电磁波的确存在,据此,人类进入了电磁波应用的研究阶段。通过不断的电磁波应用试验,雷吉纳德·菲森登(Reginald Fessenden)于1906年圣诞前夜,进行了人类历史上首次无线电广播,人类通过无线电实现信息传播成为可能。在此基础上,人类通过不断实验研究,尤其在使用无线电传播信息的过程中发现受天气干扰较大,英国人于1941年开始使用军用雷达探测风暴。1942—1943年,美国麻省理工学院设计了以气象业务使用为目标的专用气象雷达,开创了气象遥测的新时代。为了让人类能通过遥测看清大范围的天气实况,美国于1958年在人造卫星上携带气象仪器升空,通过改进,于1960年4月1日正式发射了一颗试验气象卫星(Meteorological satellite),预示着气象天基遥测时代来临了。自动气象站由于其专业性强,相对于气象雷达和气象卫星技术发展成熟程度较慢。20世纪70年代,中国气象行业业务化运行气象雷达,80年代业务化运行气象卫星,1999年实现全国业务化运行自动气象站,晚了西方发达国家几十年。

2.4.3.4 推广遥测工具

目前,在不同领域、针对不同测量对象的大量遥感测量工具被制造了出来,并被广泛应用。通过核磁共振探测技术,在中国和非洲多处探测到地下水,并测量出其储量,组织开采成功(潘剑伟,2018),说明遥感测量工具的开发应用对探测地下矿藏资源具有非常重要的现实意义。遥测天文望远镜,其系统的观测精度较高,能够满足科研和工程应用的需要(于欢欢等,2017)。通过遥测测量工具让人类向太空走得更远,看得更清楚。医院通过遥感测量工具——彩色B超等先进测量工具不但能看清人体内部器官,还能测量其大小,甚至粗一点的血管内部状态都能测量出来。通过发展遥测测量工具,人类实现了能看见天,看到地,看清自己。随着科学技术发展,遥测测量的工具在不断改进优化,应用领域也在不断扩展。

目前,人类通过不断改进和优化气象专用遥感测量技术,建立起了地基、空基、天基遥感气象观测体系,达到了气象观测自动化,观测信息收集网络化,信息加工处理智能化,实现了对天气过程的立体跟踪监测,为科学预测天气气候提供了可靠的观测数据源。

(1)地基气象观测体系。主要观测设备安装在地面或近地面,对近地面气象环境进行观测测量。主要测量设备为各类自动气象站等,特征是由大气底部向上看大气。新一代天气雷达,能够测量大气的流动情况等,为准确预警龙卷等强对流天气,科学防御重大气象灾害提供了数据支持。

(2)空基气象观测体系。主要观测设备安装在近地面或漂浮在对流层和平流层的空中,对对流层和平流层气象环境进行测量。主要设备为雷达、飞机、气球等,特征是在大气中看大气。用气球下投北斗探空仪,测量不同高度大气风速试验成功,为加密高空气象观测提供了新途径(郭启云等,2018)。通过北斗定位获取探空气球上微型厘米波段降水探空监测仪的经度、纬度,通过北斗授时记录当前探测信息的时间信息,结合北斗定位所给出测量点的海拔高度信息,基于电磁散射理论研究的反演算法获知不同地区不同海拔高度下对应的降水粒子大小及浓度(王金虎等,2018),为科学实施人影作业提供了数据支撑。

(3)天基气象观测体系。主要观测设备安装在卫星或空间站上,重点观测大气的水平和垂直结构特征,特征是从大气顶层向下看大气。中国风云系列气象卫星的数十个遥感仪器从太空获取陆表、海表、大气以及近地空间的辐射值和遥感数据,通过遥感测量数据加工生成了覆盖云和大气、陆表、海表、冰雪、辐射、闪电和空间天气等多种类型的100多种遥感测量数据产品(杨军等,2018),对提高天气预报准确率和指挥气象防灾减灾都是非常重要的。特别是风云四号的“云类型、云相态、云顶高度、云顶气压、云顶温度、云微物理和光学性质、云迹风、云降水估计、水汽总量、分层水汽”等遥感测量数据产品对人影作业方案设计、作业指挥与实施具有重要的参考价值。

2.5 观测数据记录

2.5.1 存储信息价值

2.5.1.1 存储信息意义

信息(Information)是指人类社会传播的一切内容。知识是最重要的信息之一。许多经济、政治学家认为知识就是力量,知识能改变人的命运,知识是第一生产力,因此,信息就是第一生产力。人类社会经济发展过程中会一直产生海量的信息,而信息的重要节点是信息交流,人类能取得长足发展,尤其共同发展的根本原因,是人类发明了语言,通过语言进行接触式和非接触式信息交流,通过互通信息,加速了对自然界的认知,提高了自身的发展速度。最典型的是中国的洋务运动和近期的改革开放，尤其中国改革开放40多年，通过加强与西方发达国家的信息交流，快速学习、引进西方的现代科学技术和管理经验，中国的社会经济取得了倍增式发展。改革开放40多年，中国国内生产总值年均实际增长9.5%，远高于同期世界经济2.9%左右的年均增速，国内生产总值占世界生产总值的比重由改革开放之初的1.8%上升到现在的15.2%，对世界经济增长贡献率超过30%。主要农产品产量跃居世界前列，建立了全世界最完整的现代工业体系，已经成为世界第二大经济体、制造业第一大国、货物贸易第一大国、商品消费第二大国、外资流入第二大国，外汇储备连续多年位居世界第一。中国历史上明清两个朝代走向衰弱的一个共同特征，都是从关门闭国开始的，由此可见，信息对一个国家一个民族的生存发展的重要性。因此，中国政府专门设置了“中华人民共和国工业和信息化部”，统一规范信息管理，充分发挥信息在社会经济发展中的作用。气象行业的基础性工作就是长期不间断进行气象系统观测，收集保存天气信息，收集和保存人影作业全流程的信息，对发展人影事业具有基础性作用。收集并存储信息是为了发挥信息的使用价值。

2.5.1.2 存储信息传承

人类发展过程就是不断创造信息、存储信息、加工信息、应用信息的过程，存储信息在人类历史发展中具有明显的承上启下作用。存储信息价值是人类文明进步发展的链条。人类只到有了存储信息技术，不断保存下前人的脚印，人类文明才有了传承史，文明发展才有了快速前进的倍增器。最具有存储历史信息价值的是文物，文物(Cultural relic)是人类在社会活动中遗留下来的具有历史、艺术、科学价值的遗物和遗迹。各国都非常重视历史文物保护工作，因为文物中保留有大量的历史存储信息，是研究历史的重要依据。因此，全世界所有国家和民族都非常重视文物的保护、研究、开发利用。通过文物存储信息价值的研究应用提升民族自信心、凝聚力，提高发展动力。中国历史悠久，历史信息记录翔实，存储信息价值巨大。中国人能从历史存储信息中找到现代社会经济发展的原动力，借助古代人的思想增强中华民族的创造力、凝聚力和自信心，利用古代思维发展适用于今天的科学技术产品。最典型的是火箭技术，在中国普通百姓眼中，现代的火箭技术与传统的火箭技术相比，仅仅是将用竹子制造变成钢铁制造而已。我们学习祖先，学习和引进西方生产钢材的工艺，造出比西方更好的火箭。所以，中国在航天领域很容易形成专业团队，实现技术赶超。嫦娥四号成功落月，在国际上首次实现月球背面软着陆和巡视探测，首次实现地月中继通信与探测，首次实现低频射电天文观测与研究等。中国北斗导航系统的快速发展，其背后都有长征运载火箭的功劳，充分说明中国空间技术已经位居世界前列。存储信息价值的真实性是发挥其作用的灵魂，只有翔实的存储信息才有历史和现实意义。最典型的是我国夏朝多为后代文字追记，由于缺少历史存储信息，全世界学术界一直对中国是否存在夏朝争论不休，即存储信息价值的实时性直接决定了存储信息价值的有效性和实用性。人类发展过程中必须实时存储信息，连接不间断，永不停止。因此，气象行业一直将气象观测员工作中的气象观测数据中断，即缺少测量(简称“缺测”)作为重大责任性事故处理，而随着观测自动化发展，对这个问题的重视程度有所弱化。所以，必须加强气象观测设备的备份业务运行，确保气象存储观测信息的连续性。

2.5.1.3 存储信息应用

存储信息(Store information)就是将获得的或加工后的信息保存起来，以备将来使用。信息储存不是一个孤立的环节，它始终贯穿于信息处理加工的全过程。信息储存的目的就是保证信息的随用随取，当需要使用某一信息时，不要再耗资、耗人、耗物重新组织信息的收集、加工，大大降低信息的使用成本，让信息发挥最大的使用价值。最典型的是将地理信息存储在地图上，让地理信息在政治、军事、农业、气象、海洋、国土、交通等各行各业中方便使用。存储信息的核心价值是降低信息的使用成本，方便信息使用。气象方面使用最典型的是天气图，德国H. W. 布兰德斯在1820年首先将过去各地同时间观测记录的气压和风信息填写在地图上，从此，气象工作者将气象信息加工成气象分布信息图成为常态，将这种保存天气信息的图统称为天气图，又根据区域或内容划分成欧亚地面、高空天气图、探空曲线图等，一直沿用到今。正是通过气象信息图(天气图)保存了天气系统的历史演变信息，气象工作者研究这些存储信息后，提出了天气系统、气旋和反气旋等概念模型，提高了天气预报的业务能力。存储信息延伸了信息价值存在的生命周期，提高了信息的使用价值。

2.5.1.4 存储信息安全

为了存储信息的可用性就必须保证存储信息的安全性，世界各国都非常重视保存信息的安全工作。1952年，美国总统杜鲁门为了加强信息安全管理，加强情报通讯工作，签署秘密指令，将从事信息工作的人员从军事部门中独立出来，成立了美国国家安全局(National Security Agency，简写为NSA)，由于过于神秘，甚至完全不为美国政府的其他部门所了解。信息不对称是人类所有政治、军事、商业等谋略成功的信息基础，存储信息的安全性决定了使用信息者之间的信息不对称，据此，存储信息的安全性是发挥存储信息价值的倍增器，最典型的是中国历史上的"三十六计"。在政治、经济、军事等领域中因保存信息的安全性没有得到保证引起保存信息价值丢失的例子实在太多了，所以，当今世界为了保证企业存储信息价值的安全建立了专利制度。专利(Patent)是由政府机关或者代表若干国家的区域性组织根据申请而颁发的一种文件，这种文件记载了发明创造的内容，并且在一定时期内产生这样一种法律状态，即获得专利的发明创造在一般情况下他人只有经专利权人许可才能予以实施。中国专利分为发明、实用新型和外观设计3种类型。通过专利制度来提高人们重视存储信息价值的理念，保证具体企业或当事人的商业存储信息价值，提升存储信息价值的整体社会经济效益。气象行业尤其人影业务，作为研究性业务更应顺应历史潮流，加大专用的申请力度，通过专利来保护行业或专业的研究成果或业务实践成果的存储信息价值，让研究成果发挥更大的社会经济效益。

气象信息是社会经济发展中极其重要的信息，随着网络技术的发展，各类真假气象信息充满网页，已经严重影响了气象信息的权威和安全。目前是气象管理部门必须要面对的重要现实课题之一。

2.5.2 记录信息方法

2.5.2.1 信息记录格式

记录(Record)是把所见所闻通过一定的手段保留下来，并作为信息传递开去。人类发展过程中一直伴随着记录的过程，只是不同历史时期、掌握记录信息的技术手段不同，记录的载体和形式不同。中国自古就有对事项进行记录的传统，大到国家大事，小到百姓的日常生活。中国历史上第一部纪传体通史——《史记》约成书于公元前104年至公元前91年，此书记录始于传说中的黄帝时期，一直写到汉武帝元狩元年，叙述了中国古代三千年左右的历史，按"本纪、表、书、世家、列传"进行记录。"本纪"是全书提纲，按时间顺序(年月)记录帝王行为；"表"

用表格记录世系、人物和史事；"书"用书的格式记录社会制度概况（涉及礼乐制度、天文兵律、社会经济、河渠地理等）；"世家"记录王侯封国子孙世袭史迹；"列传"是记录重要人物。由《史记》发现，记录信息方法主要是按信息的某一条主线进行记录，最主要的方法是沿着信息发生的时间顺序为主线记录信息。其次还有按信息的关联性进行记录等，按信息的关联性进行记录方法最常用的是图表记录格式。图表记录格式因其直观性强，现在已经成为研究类信息记录的主要方法。绝大多数科学科研、社会管理类学术论文都将核心研究结论信息记录成图表格式，论文中大部分文字只是对图表记录信息进行解释译注。研究和改进图表记录方式，方便用图表记录信息是人们关注记录方法改进的重点内容之一，对提高记录质量是非常重要的工作。为了提高图表记录信息水平，许多企业和个人研发了许多统一记录格式的记录专业软件，如：ArcGis、Word 中的表格功能，Excel 表格功能等。

2.5.2.2 信息记录技术

记录信息方法还与记录信息所用的介质有关。传统常用的主要是纸质，纸质具有"存量大、体积小、便宜、永久保存性好、不易涂改"等优点，记录信息方法主要是靠笔写。笔写信息的质量与所用笔和记录人的用笔水平有关。中国人让用笔书写记录信息方法变成了一门艺术——书法，但书法尤其草书，已经突破了传统记录信息的含义，许多正常人对草书信息无法直接应用，让信息的应用范围明显变窄。所以书写格式的标准化是保证书写记录信息方法全面推广应用的前提，字体成了约束这种行为的有效手段。中文的宋体，从中国宋代一直到现在，1000 多年来一直为官方记录信息方法的主要格式。由此可见，用笔记录信息方法中字体对记录信息是非常重要的。

随着科学技术发展，尤其计算机技术的发展，传统的靠人工用笔写来记录信息的传统方法，也逐渐被机器自动记录信息方法所代替。机械计数器直接将相关数量信息记录下来，不需要人工操作，也不用笔——这种特殊的记录信息的工具，是典型的机械记录信息方法。美国人 O. 史密斯于 1888 年发表了利用剩磁录音的论文，奠定了录音机的理论基础。丹麦 V. 波尔森于 1898 年发明了钢丝录音机，德国通用电气公司于 1935 年制成磁带录音机，实现了人类记录信息由机械方法向电磁方法的转变。这种方式的创立为自动化记录信息方法的先河，记录信息方法终于摆脱了人，使开发计算机信息化处理系统成为可能。

近代，记录信息方法的改进和发展都围绕智能化信息系统的开发与建设而展开。记录信息方法的改进直接引发了存储信息方式的改变，通过电子介质存储电子数字信息成为当今的记录信息的主要方法。即，所有的信息（文字、图像、语音等）都变成了计算机能识别的数据，记录信息进入了计算机系统。由上分析可知，记录信息方法的最新技术方法是计算机的信息存储技术。随着计算机记录信息方法的推广应用，为了方便信息的加工和使用，世界各国、各行各业都在发展自己的计算机信息系统。盲目发展计算机信息系统的结果，造成了 1 条信息多次（处）记录的现象（学术上叫数据冗余），同时，信息保密的难度直线上升，计算机信息泄露成了一种常态，并成了国际斗争的焦点之一。美国人爱德华·斯诺登（Edward Snowden）于 2013 年 6 月在香港将美国国家安全局关于 PRISM 监听项目的秘密文档披露给了《卫报》和《华盛顿邮报》，将美国国安局监视个人"电邮、即时消息、视频、照片、存储数据、语音聊天、文件传输、视频会议、登录时间和社交网络资料"等 10 类信息的细节曝光，立即引起国际轰动，并引发美俄之争。最典型的是近几年，由于个人通信信息的扩散，造成中国电话诈骗案件直线上升。

为了提高信息记录速度和管理水平，提升信息使用效率，人们开发了计算机的“云”技术。“云”技术(Cloud technology)是基于“云”计算的商业模式的网络、信息、整合、管理平台和应用技术等技术的总称。统筹成资源池，客户按需申请所用，方便信息管理和维护。由上述介绍可见，“云”技术只是加快了数据记录速度，解决了数据冗余和资源荒废问题，并没有解决信息安全问题，也解决不了信息安全。信息都在“云”上，“云”管理者更容易获取管理对象的信息。对“云”用户而言更没有信息安全保障，更不安全，更危险。有管理权限者随便点下鼠标，属于你的一切都没有了，想想有多可怕！这也是目前各国和国际大企业，拼命争夺“5G”话语权的根本原因所在。计算机通过数据形式记录信息方法比传统的方法提高了记录效率、准确率和使用率，但是降低了信息的安全性保障能力，不安全的信息记录下来有价值吗？对人类而言，最好的能保障信息安全的记录信息方法是什么呢？“云”技术中记录信息方法的最新技术是虚拟技术，虚拟技术(Virtual technology)是云存储技术的重要组成部分，而且也是整个“云”技术的核心(罗菲，2018)。虚拟化信息存储技术可以实现信息存储管理的自动化与智能化，把系统中各个分散的存储空间整合起来，按需分配磁盘空间，客户几乎可以100%地使用磁盘容量存放信息，从而极大地提高了存储资源的利用率。

2.5.2.3　气象记录特点

气象业务一直与人类社会经济发展同步而行，所以，气象观测记录信息方法是人类观测记录信息方法的一部分。同时，气象信息的记录传送是一直作为保密信息的一部分进行的，所以，记录信息的准确性和适度保密一直是其基本要求。气象工作者记录的许多天气现象信息都是用符号来表达的，普通人员难以识别，直接应用。根据记录气象信息方法自身的特点，按有无介质，将其分成心记、介质记两个阶段。(1)心记阶段，人类还没有发明文字，所有气象观测信息只能记录在观测者心里，并通过口传给其他人。(2)介质记阶段，人类已经创造了文字，可以将观测到的下雨、刮风等气象信息记录在介质上。如商代的甲骨上，现代的纸质记录本上，磁带上、计算机的硬盘中等。正是记录信息方法的现代化促进了近年来天气数值预报的时空分辨率不断提高，预报准确率明显提升。气象观测数据只有记录下来才有历史意义和现实的利用价值，因此，如何科学记录气象观测数据就是一个重要的科学技术研究命题。

大气中的风、云、雨、雪、霜、露、虹、晕、闪电、打雷等物理现象都要进行观测记录，记录的这些物理现象的相关信息就是气象信息的一部分(唐树华等，2010)，其中观测记录是观测者对这些信息发生情况的描述信息。而这些物理现象的发生描述需要用时间、空间和程度三维来描述，所以，记录气象信息方法的核心是按天气现象发生时间、地点、程度为主线进行分类记录各类气象信息。

气象观测数据记录方式还与气象观测数据的收集方式和数据记录载体相关。目前，人类的观测方式已经进入遥测时代，所以数据的记录方式已经进入了智能式数字化时代。如有学者(王冬青等，2018)认为智慧教育是下一代信息化教学环境的发展方向，而其核心技术则是动态生成性数据的采集与分析，通过对教学诸元的动态自动观测和数据智能记录，动态分析出对提高教育质量有参考价格的数据记录，这个过程是智能的，无人无纸，纯数据游戏，观测记录是纯数字(图片也被数字化)。如果将这一技术应用于气象预报，则可以建造一个天气预报智能机器人来代替目前的人工天气预报员从事日常天气预报工作，提高天气预报的质量和时效。智能化是记录气象信息方法的发展方向，随着智能记录信息方法在人影业务中的应用，人影业务将向智能化方向快速发展，对提高人工影响作业天气效果和作业安全具有重要的现实意义。

2.5.3 加工信息产品

2.5.3.1 加工信息产品的重要性

人类社会经济发展的核心是围绕人类的生存发展展开的，无论人类居于文明的“渔猎、游牧、耕稼、工业”的哪个阶段，生产的目标都是满足人类社会经济发展需求，只是不同时期需求的内涵和外延不同。在工业文明前，人类主要靠人畜力和少量的自然力，如风车、水车、牛马等等。所有生产的核心是以粮食生产为主线展开的，中国作为文明古国和传统农业大国，一直强调“民以食为天”。18世纪英国人瓦特发明了高效能蒸汽机，使机器力代替了人畜力和自然力，农业生产中的原料采集与产品加工制造从传统的农业生产中逐渐分离出来，产生了一个全新的行业——工业。工业(Industry)是指原料采集与产品加工制造的产业或工程。

工业生产与农业生产的区别除了数量和效率外，主要是信息量呈现了几何级数增长，使信息加工处理成为了人们必须考虑的问题。根据学者研究总结，目前，人类经历或正在经历4次工业革命，第一次工业革命(蒸汽技术革命)、第二次工业革命(电力技术革命)、第三次工业革命(计算机及信息技术革命)、第四次工业革命(人工智能、清洁能源、机器人、量子信息、虚拟现实以及生物工程技术为主的全新技术革命。)。四次工业革命在不同的国家或区域并不是同时完成的，最典型的是中国，一方面有上海这种居世界前列的经济大都市、有华为等一系列高科技公司，同时，在许多山区仍然用牛犁地。但是工业革命有一个共同特征，信息的作用随着工业革命的前进步伐，越来越重要。

2.5.3.2 加工信息产品的规范性

信息产品(Information product)是指在信息化社会中产生的以传播信息为目的的服务性产品(刘志勇等，2013)，信息产品根据其外在的表现形式，可以分为物化的信息产品和信息服务两种类型(郭军明，2017)。气象服务本质上讲是一种信息服务(商兆堂，2012)，所以，气象行业一直需要研究加工信息产品的技术，有的气象服务行业专家把它叫作气象服务产品研发技术，其核心是如何将气象信息加工成气象信息产品。将信息加工成信息产品的主要技术是转化技术，有的专家又叫产品生成模板或模式、格式等。产品只有通过商业模式销售后才能发挥其价值，是用户让产品的价值显现出来。所以，商业界有客户是上帝之说。同一信息对不同用户要加工成不同的信息产品，自然加工信息产品的技术方法也不同。如遥感作为一种观测手段，遥感通过探测电磁波谱、重力或电磁场扰动，在不直接接触物体的条件下对物体进行观测(吴炳方等，2017)，形成了观测对象，如云体、作物、地貌等信息。将卫星观测收集的信息，通过云参数、小麦参数、水稻参数、火点参数、雾参数、水体参数、蓝藻参数等相关的参数模式，即转化公式，通过实际观测的蓝藻等辐射特征的比对，确定模式参数后，通过计算生成了针对太湖蓝藻监测预警的太湖蓝藻水华面积监测产品，冬小麦长势卫星监测产品等一系列信息产品。加工信息产品的全过程为：设计转化模式→实证确认模式参数→计算生成信息产品3个阶段。

转化模式是指信息转化成信息产品的规则，目前，许多信息转化成信息产品过程的机理研究不成熟，仍然只能依靠经验方法。如将卫星遥感信息转化成卫星信息产品中，区分玉米与水稻等作物种类技术不成熟等等，因此，卫星遥感参数提取方法可划分为经验/半经验模型和物理模型两种(吴炳方等，2017)。作为企业核心之一的产品数据主要包括产品、研发过程中产生的产品数据以及文件(李诚等，2017)，而要将这些数据转化为信息产品，核心是对数据进行标准化处理，规范信息收集和处理的格式，只有让收集到的信息规范，才能设计出好的信息产品加工模板，保证加工信息产品的质量。各行各业都对观测测量器具建立了准入制，制定了详细的观测规范，气象更是对各类气象观测仪器建立了试验、评估、准入机制，从源头保证气象信息质量。实证确认模式参数过程由于受到各种条件的制约，实证过程必须依据已有的科学技术水平，确定合理的实参，加工出实用的信息产品。最典型的是关于降水的观测信息，以前观测员观测降水现象时，经常会有微量降水记录（降水量小于 0.1 mm），气象记录降水量为 0.0 mm。但是自动气象站雨量器的雨量测量基准是 0.1 mm，即微量降水的量是没有办法测量出来的，降水量级中微量降水与无降水之间是无法区分的信息元。气象行业一直以降水量大于等于 0.1 mm 作为 1 个雨日的降水日数信息加工标准。由上分析说明，加工信息产品的实证确认模式参数有可能引起信息的部分丢失或失真，所以，最理想的是收集来的就是标准信息产品，加工信息产品质量保证的关键因素之一是信息收集的技术水平。因此，只有信息收集规范科学、加工模式优化、信息产品才能优质可靠。

2.5.3.3　加工信息产品的专业性

信息产品是将信息加工成了产品，所以，加工信息产品中的产品设计技术研究成了必不可少的内容。在新媒体时代，信息产品的设计技术自然要与新媒体技术有机融合，设计出符合时代特征的信息产品。媒体的形式决定了信息产品的功能与样式（李季，2018），即，媒体的多样性决定了信息产品的多样性，信息产品的多样性决定了加工信息产品的工作量直线上升，同时质控的难度增加。

加快媒体加工信息产品的技术研究是当前的一项重要工作。在整合媒体属性的同时，通过对信息内容、信息技术、信息媒体等设计情境的深入解析，研究对媒体风格自主适应的全新的加工信息产品技术。如应用云计算、大数据等信息技术，构架起信息清晰简洁的叙事模式与统一视觉样本等，“建立视觉统一、功能互补、交互协调的信息产品设计策略”（李季，2018），设计出畅销的信息产品。

目前，全世界气象行业有各类专门的气象信息设计团队，对气象信息产品进行设计和加工，最常见的是电视天气预报。而人影作为气象行业的一个方面，这方面无论是人才、技术、还是投入都明显不足，需要大力加强信息加工能力建设。

2.5.3.4　加工信息产品的商业性

从目前信息产品的发展趋势看，信息的商品化是现代社会发展的必然趋势（张思维，2016），商品化的信息产品必定会走向市场，走向市场就一定要有一个定价机制。信息商品定价机制除了传统的价值规律外，还会有自身的一些特殊性，如围绕“市场最大化”而不是“利润最大化”确定信息商品的定价策略。

美国的 GPS，对普通市场定价是 0，让全世界人都离不开它，这样通过市场最大化保障美国的信息安全，实现利益最大化。即，信息产品的定价机制最大的特征是保障国家或某些利益集团获取具体信息产品价值之外的信息价值。欧盟、美国、日本等气象组织免费向全球气象组织提供数值预报产品，包括中国在内的许多国家一直在日常天气预报业务中免费应用。正是其他国家的大量气象业务技术人员的业务应用，为其数值预报产品做了最好的实证，为其改进全球预报模式，提高天气预报水平提供了海量改进信息，减少了其预报模式的业务认证费，等于变相收取了巨额信息产品费用，并通过信息使用免费的形式，促使中国等国家深陷自己开发天气预报数值产品成本高，预报精度水平赶不上，业务人员已经长期使用成瘾的“泥潭”，数值天气预报技术发展一直受制于人。加工信息产品时一定不能按传统商品的简单思维加工，信息产品除自身价值外，还有市场影响力价值等，必须综合考虑。

由上分析可见，气象部门应当面向全社会开发气象数据监测产品和预报产品。从不让其观测气象要素向他不需要观测气象要素转变，从他研发预报向他只需应用我的预报转变，以引领气象信息产品发展前沿来保障国家气象信息产品的权威，实现国家气象信息安全。人影业务更是如此，不能让市场化的需求与信息产品的占领市场最重要的基本特征相背离，发挥全国气象行业垂直管理的模式优势。大力发展全国气象行业的专业作业业务技术团队，提供规范高效的集团式服务，保障国家空中水资源调配的安全。

2.6 数据整理应用

2.6.1 数据质量控制

2.6.1.1 数据质量的现实意义

科学(Science)是神圣的。科学是一个建立在可检验的解释和对客观事物的形式、组织等进行预测的有序的知识的系统。“科学是以促进人们福利与社会和谐为目的，对各种现象进行假设与简化的思维知识体系”(李世福，2007)，有学者(时东陆，2007)认为科学是一种西方的现代思维意识，科学的基础是数学，即公式和数据。没有数据质量保障的所有科学试验成果都不被学术界认可，一般意义上认为是学术造假。

有关科学的定义在中国是有争议的，但简化明确的思维体系是科学定义的核心要义。如何能简化明确思维呢？人类为了将重要的信息记录下来，创造了数字。不同民族的数字书写方式可能不一样，有中文数字、罗马数字、阿拉伯数字，中文数字还分大小写等。但数字的要义非常明确，告诉人们多少、大小。数字是人类进行比较的基本素材，比较是人类科学试验中的基本思维定格，数字是人类社会经济科学研究的基础，如果数据质量差，这种研究的基础自然不牢。

随着社会经济发展，科学技术越来越发达，自然数字也显得越来越重要，人类对数字的依赖程度也越来越高。所以，有人提出现在是“数字时代”，“数字地球”等以数字为基本特征的新概念不断出现。其实，数字是一种符号，是原始信息。数字经过人工加工后变成有意义的信息产品被称为数据，数据(Data)是信息的表现形式和载体。由上分析可知，现在是真正意义上的“数据时代”，而不是“数字时代”，也有学者将现在的数据时代称为大数据时代。据此，人类的所有社会经济活动都离不开了数据支撑，形成了事实上的数据质量决定了您的生活质量、数据质量决定了社会经济的发展……

全球知名咨询公司麦肯锡提出“数据已经渗透到当今每一个行业和业务职能领域，成为重要的生产因素。人们对于海量数据的挖掘和运用，预示着新一波生产率增长和消费者盈余浪潮的到来。”吹响了全球大数据时代来临的号角(杜成，2015)。此后，各国政府、民间组织、企业都自觉或不自觉地卷入了有关“大数据时代”的研讨行列中。2012 年 3 月，美国政府发布了“大数据研究和发展倡议”。2012 年 5 月，联合国通过了政务白皮书《大数据促发展：挑战和机遇》。2012 年 10 月，中国第十七次全国统计科学讨论会的主题是大数据背景下的统计；2014

年2月,中国召开了“科研大数据与数据科学”大会。“大数据时代”的强风已经吹到了全球的每个角落。大数据时代的核心是大量数据的使用,并产生效益,而使用数据产生效应的核心是数据的准确率。当今社会,数据质量控制已经成为各国政府、行业必须做的一项基础性工作。大数据具有数据量庞大、结构多样性、数量增长速度快、更新速度快和更新数量大等新特征(戚斌,2018)。

由上分析可见,数据质量对社会经济发展的重要性空前高涨。人工影响天气更是如此,你要对一个云团实施人影作业,首先要保障人影观测数据的准确。

2.6.1.2 数据质量的技术方法

数据质量控制的核心内容是数据质量管理,数据质量管理(Data quality management)是“指对数据从计划、获取、存储、共享、维护、应用、消亡生命周期的每个阶段里可能引发的各类数据质量问题,进行识别、度量、监控、预警等一系列管理活动”(彭健恩,2017)。

构建科学、全面、系统的数据质量指标体系是进行数据质量控制的关键工作(董玮等,2018)。数据质量指标体系的维度体系主要包括完整性、准确性、及时性和一致性(韦虎,2019)。

通过指标体系对数据质量综合评估,对问题进行分析和改进,跟踪监控数据采集、应用全流程,确保数据质量得到有效控制。美国由总统办公厅预算和管理办公室(Office of management and budget,OMB)采用“严格的信息保护法律法规、统一的信息质量指南、健全的数据质量保证框架、明确的质量控制范围、科学诚信的承诺声明”5条措施(杨少浪,2016),协调和领导分散的统计工作体制,对统计数据质量进行了有效管理。

气象行业是典型的依靠数据说话的行业,每天全球气象观测收集起海量的有关天气气候的数据,同时通过各类天气气候模型的运行又产生海量的气象产品数据,而海量的气象数据和产品的质量直接影响各行各业,数据质量控制工作居气象工作的核心地位,气象各部门都高度重视这项工作。为了保障气象观测数据的代表性、连续性及准确性,要及时对疑误气象数据进行有效处理(王晶,2018)。中国湖南长沙市气象局建立气象自动站实时数据质量控制系统,并于2015年10月开展业务化运行,对527个自动气象站的气压、气温、相对湿度和降水量资料进行实时数据完整性、基本极大(小)值、历史极大(小)值、昼夜变化趋势、内部(空间)一致性等质量控制方法检查,保障了气象观测基本数据的质量(余后珍等,2017)。建立草面温度极值数据库,当有数据异常时,与气温、地温、天气现象等要素比较分析,确认数据质量是否有问题(郭守生,2017)。气象辐射数据质量控制中,仪器正常时出现异常记录,人工参考其他气象要素(云量(状)、能见度、天气现象、定时降水量)进行修正;仪器故障时出现的异常记录,按相关业务规定方法取代异常(缺测)值(韩海涛,2018)。气象数据质量控制是一个系统工程,要针对不同类型的气象数据建立具体的数据质量控制标准体系,目前,质量控制的有效途径是机器控制为主,人工校准为辅。人影应用的专业数据,目前主要以人工数据质量控制为主,对数据质量的客观性评价体系尚不够完善,需要加强这方面的技术方法研究。

由上分析可知,大数据时代的来临,决定了现阶段数据质量控制要比传统数据质量控制更难,技术要求更高,靠传统的人工校准的方法来进行数据质量控制的成本会直线上升,通过计算机智能识别,进行自动化和智能化数据质量控制成了大数据时代数据质量控制的唯一有效途径。

2.6.2 数据报表编制

2.6.2.1 报表概念

社会经济发展过程中人类创造了数据，有了数据之后，人类的社会经济活动会用数据表达，并将其记录下来，形成数据档案，以便研究和应用。在记录数据的自然发展过程中，尤其在经济活动等与数据信息打交道多的领域中，如商业（商店、饭庄、旅馆等）经营活动中，为了理清经营活动状况，逐渐创建了账本。账本是具有一定格式与若干账页组成，对所有经济业务进行序时分类记录的本籍，也就是通常我们所说的账册。在账册的使用过程中，为了准确描述数据信息，建立了报表。报表向上级报告情况的表格，报表用表格、图表等格式来动态显示数据，即，多样格式＋动态数据报表。

2.6.2.2 报表格式

不同类型的社会经济活动产生不同形式的报表，社会经济活动数据最集中的部门显然是计划和财务（简称计财）部门。计财通过长期对报表格式的研究，形成了最基本的《资产负债表》《利润表》和《现金流量表》三大会计报表。这三大报表涵盖了企业的全面财务数据，除一些特殊情况或需要明细分析的数据之外，三大报表已经能准确表述该企业情况。数据报表编制的目标是能准确反映行业等的现状，这是设计各类报表的基础。在通用报表中表格是一种基本形式，是一种组织整理数据的可视化交流手段。表格通常由一行或数行单元格组成，表格中的单元格被组织为行和列，第一行一般称为表头，说明表格中每一列的内涵。同样，经常用第一列的每一行来说明表格中每一行的内涵。这种表格叫作二维表，是目前最通用的数据报表格式。人们经常将各类活动情况记录成表格，并将表格张贴等，方便快速引用和分析。随着计算机技术发展，人们充分利用计算机快速处理数理的能力，设计出了计算机数据报表编制功能模块或专用业务软件，最典型的是 Excel 表格通用软件，还有很多其他专业软件，如数据库软件等。报表格式多样化，数据动态化，报表格式与报表数据分离，可以动态修改报表格式或者报表数据是计算机报表功能的最大特点。数据报表编制由计算机完成，既保证了编制质量，又实现了快速查阅和分析的编制报表的目标。目前，计算机进行数据管理主要是通过数据库方式，而数据库存放数据的基本形式为二维表。二维表仍然是数据报表编制的主要形式。

2.6.2.3 气象应用

气象观测是气象行业的基础性工作，所有气象观测形成的气象要素数据都是以编制的报表形式存录下来，为气象业务和研究提供最基本的数据保障。气象观测者一直研究气象数据报表编制技术，通过常年的工作积累，最终形成了月、年报表两种基本数据报表编制形式。根据常规气象要素或专业气象要素又将数据报表编制格式分成了气象月（年）报表，农业气象年报表、探空报表等多种具体形式。气象报表的主要格式是二维表，列为观测要素相关项目，行为时间（月报表为天和旬合计（平均、极值），年报表为月和年合计（平均、极值））。目前，随着气象观测仪器的自动化程度提高，由计算机系统自动编制气象数据报表已经成为一种常态，但对一些特殊气象观测数据，如农业气象的物候观测、人影的作业现场监测等仍由人工与机器相结合共同完成数据报表编制工作。气象行业根据生态文明建设气象服务的新需求，增加了许多全新的气象观测内容。观测收集了大量的大气成分、水体、人影作业效果等的观测数据。这类数据报表编制的业务流程和规范急需完善，以提高其编制水平，确保保存的数据质量。

2.6.3　数据档案整理

2.6.3.1　档案定义

人类为了将自己的物质和精神财富传承下去，想方设法去保留各种物件，以记录下来期望保存的信息，这就逐渐形成了档案。档案(Archives)是指人类社会经济活动中形成的具有保存价值的原始记录。它的本质属性是原始记录性。中国作为文明古国，一直非常重视档案工作，在不同历史时期名称不同，商代叫“册”，周代叫“中”，秦汉叫“典籍”，汉魏之后叫“文书(文案、案牍、案卷、簿书)”，清代后主要叫“档案”。

2.6.3.2　档案价值

1948年6月9—11日，联合国教科文组织全球召开首次档案专业技术研讨会，会上讨论决定成立了国际档案理事会(ICA)，提出了“为了全人类保护好档案，开展鉴定并提供利用”。为了纪念全球首次档案专业技术研讨会，2007年11月，ICA投票决定，将每年的6月9日定为国际档案日。由此可见，档案工作受到了各国政府和社会各界的高度重视。中国政府专门成立了政府档案专业管理部门——档案局，并于1987年制定并颁布了《中华人民共和国档案法》，通过法律手段加强对档案的管理和收集、整理工作，有效地保护和利用档案，为社会主义现代化建设服务。《中华人民共和国档案法》对档案明确界定为“对国家和社会有保存价值的各种文字、图表、声像等不同形式的历史记录。”档案一定要有保存价值。

大气环流运行数据，需要积累许多年连续的观测资料以后，才能用于分析天气系统运行规律。许多数据档案的价值并不在当时。我们要看到许多观测数据的长期应用价值，而加以整理保存和保护。

文物只是记载了历史有关信息，但通过对文物的修复和仿制，就能将传统技术与现代技术有机融合，直接提高今天的劳动生产效率。1994年在中国秦始皇兵马俑二号坑内发现了一批青铜剑，它们深埋在黄土下达2200多年，挖出清理后仍然是光亮如新，锋利无比。文物研究人员应用现代的化学分析技术，测试研究后发现，不锈的原因是在剑的表面涂有10 μm厚的一层铬盐化合物。德国在1937年，美国在1950先后才发明这种“铬盐氧化”防锈处理方法，这一文物整理成果立刻轰动了全世界。也为人们今天的防锈技术研究提供了重要的参考数据，可见档案整理研究应用工作是多么的重要。

2.6.3.3　档案整理

数据档案整理与数据档案记录方式和记录载体以及数据的使用需求息息相关，气象观测数据档案的传统整理主要是指对数据档案的质量控制过程，主要包括数据质量检验、编制数据报表、形成数据档案3个阶段。

随着社会经济发展，传统观测数据整理，只形成数据档案，与数据应用相分离的模式已经不适应时代的潮流。现在的主要趋势是将数据档案整理与数据应用有机结合，所以人们对数据档案整理的关注点也发生了改变。人们到底是关注数据档案整理的质量、速度，还是其他东西？显然对这个问题，不同的学者有不一样的认知。但对数据档案整理不同学者间有一个共同的观念，就是数据档案整理的核心是提高数据档案的使用价值。

随着科学技术发展，数据档案整理工作已经从简单的修复、校验等原始整理工作转向了数据档案产品加工等新的工作。特别是数据挖掘技术和数据同化技术的研究开发应用，大大提高了数据档案整理工作的效率和应用价值。

(1)数据挖掘(Text mining)是指从文本数据中抽取有价值的信息和知识的计算机处理技术。数据挖掘技术作为资料整理的一个新手段正被各行各业的专家用于数据整理和分析，并取得了较好的应用效果。李秀明等(2008)认为，在地震前兆观测项及方法不断增加的过程中，传统数据分析方法已经无法满足观测数据分析需求，大数据挖掘技术方法能提高观测数据在地震预报中的实际应用水平。刘海啸等(2018)用数据挖掘技术分析股市波动与宏观经济指标的关联性，得出了可根据宏观经济指标的波动情况构建股票市场长期投资策略，利用大数据的优势为政府、上市企业以及个人投资者的投资决策提供科学依据。鄢创辉(2018)认为，通过大数据挖掘技术，可以发掘旅游资源的有效数据信息，分析不同人群的出行需求，为广大游客打造个性化、多元化的旅游产品，满足人们多元化的旅游需求。刘丹妮等(2018)认为历史气象数据挖掘不仅有利于对当前天气的判断，也有利于气象规律的总结和传递。

(2)数据同化(Data assimilation)是指在考虑数据时空分布以及观测场和背景场误差的基础上，在数值模型的动态运行过程中融合新的观测数据的方法。应用数据同化技术实现数据整理与应用相结合的成功事例很多。解毅(2017)应用数据同化算法有效地耦合遥感观测和作物生长模型进行冬小麦产量估测，取得了较好的拟合效果。方苗等(2016)认为，数据同化为古气候研究提供了一个数学框架，在这个框架内可以把代用资料和气候模式各自的优点结合到一起，同时巧妙地处理各自的误差，为古气候研究开辟了新的思路。李洲(2014)构建太湖叶绿素数据同化系统，进行数据同化实验，结果表明，可以通过同化观测数据对太湖叶绿素浓度进行较好地估算和预测。

由上分析可见，数据档案整理工作已经贯穿了数据档案的获取、储存、搜索、共享、分析和可视化呈现的全过程。数字档案馆具有资源数字化、管理智能化、服务网络化等特点。实现了传统档案和数据档案的统一整理和管理，实现了智能化服务。建立数字档案馆，实现数据档案智能化整理和服务是未来数据档案整理的技术方向。要加强数据档案馆技术的研究、开发与应用，让气象数据档案在社会经济发展中发挥其应有的作用。

2.6.3.4 气象档案

气象观测数据对现在的社会经济发展，以及以后的社会经济发展都具有明显的使用价值。具有明显的保存价值，即，气象观测记录一定是档案。必须对气象观测记录档案进行保存，并加强整理和应用，让其为社会主义现代化建设服务。随着科学技术发展，各类信息的数字化已经成为必然，数字档案应运而生。数字档案是把纸质文档通过扫描、录入信息到计算机数据库中，以计算机存储档案信息。建设数字档案馆保存、整理数字档案成了档案管理工作的方向。将传统档案，按统一规范格式转化成了数据档案，中国气象部门经过几年的努力，将历史上全部人工记录的纸质气象记录档案转化成了数据档案，为统一进行智能化的数据档案整理提供了基础性条件。

人影较天气预报等其他气象业务具有时间短、研究精细化不够的特点，更要重视其档案收集、整理和挖掘工作。让人影数据档案在新时期人影业务发展中发挥其参考作用，中国国家人影协调会议办公室等专门收集整理出版了《砥砺前行惠民生——人工影响天气 60 周年回忆录》，给全国的人影业务和研究人员提供一点参考信息。

第3章　预测自然　探索演变

3.1　预测对象构建

3.1.1　构建概念框架

3.1.1.1　概念模型

人类在社会经济发展过程中，为了保证群体或团体的优势，不但关心事件的存在，更关心事物的发展和演变的变化动态过程，人人都期望自己具有看透未来的本领，为自己的生存和发展谋得先机。人们一直期盼按预测结果安排社会生产活动，以最小的代价取得最大的收获，即效益最大化。于是人们一直感到对自己有利用价值的信息进行分类加工，梳理出预想的预测对象，如人生、天气、物产等，以方便对他们的未来状况进行预测。

要预测一个对象或问题，首先要对这个对象或问题进行描述，形成一个具体的概念。人们对自己具体关心的问题，如人生、天气、财富等如何来具体描述它呢？其实，人们在信息交流过程中发现，对信息的加工技术虽然重要，但是确定什么是最重要的信息更重要。什么是最重要的信息呢？不同人对此问题有不同的回答，但是最重要的信息一定是对决定某件事件起决定作用的信息，这点大家是认同的。如每个人都关心自己的工资收入，这时实发工资这种信息就是起决定作用的信息，对于工资构成就变成了次要信息，这就是关于工资多少的一个共识了，即工资多少的一个概念。

由上分析可见，要建立一个概念，通过这个概念来统一对某一件事件的共识，或是建立一个对某件事件的描述公式。让人们认识到决定这件事情的主要因素，这个思维过程就是构建概念框架（模型）。据此，概念模型（Conceptual model）是对真实世界中问题域内的事物的描述，表征了待解释的系统的学科共享知识。

3.1.1.2　概念模型研发

构建概念模型的技术发展与人类其他科学技术的发展是一个伴生关系，即，同步发展。人们在长期的社会和生产实践中逐渐对社会或生产活动的对象或过程中某件事件的决定性信息逐渐形成了一种模糊判别，形成了一些概念信息。如粮食生产中人们最关心的问题是单产，构建概念模型的第一步是确定一个信息中的主要和次要方面。当确认单产最主要后，就必须研究其核心构成，这时人们细化研究发现，决定单产的是单位面积穗数、每穗粒数、每粒重量这三个要素。构建概念模型的第二步是确定影响预测对象的主要信息成分构成。单位面积穗数、每穗粒数、每粒重量三者的积就是单产，这样就构建了单产的穗粒结构预测对象。即，构建概念模型的第三步是建立诸要素综合成预测对象的具体计算方法。通过以上三步就完成了一个粮食生产的概念模型构建过程：单产＝f（单位面积穗数、每穗粒数、每粒重量）。

对同一个预测对象，从不同的认知角度可能构建出的具体概念模型会有差异。如农业生产中人们认识到在农业生产管理和种子等水平一定的条件下，年产量主要与生长发育过程的当年天气条件相关，所以，中国古代就有了“农业望天收”的概念模型。即，预测某年的天气对预测某年的产量非常重要，所以，现在全世界都有气象产量预报业务和研究工作，构建了概念模型：单产＝农技措施产量（品种、栽培技术等的函数）＋气象影响产量（相关气象要素，如温度、降水、日照等的函数）。

由上粮食产量事例分析可见，概念模型一定是一种想象的模型，是完全由负责研究的技术人员，根据自己的经验来组织构建的。概念模型本身没有物理和数理特征，对模型进行具体操作时才会考虑模型的某些物理或数理特性。

3.1.1.3 概念模型实例

有学者（刘斌等，2018）利用概念模型来研究社会，以主观幸福感和心理幸福感的两大主流为基础。形成了幸福感概念模型，实现幸福感研究从分裂到整合。让人们更高层次、更系统、辩证科学地去理解幸福感。

有学者（杨萍等，2018）利用概念模型来研究教育，以气象行业继续教育的课程设计为例，以教育质量的内涵作为切入点，构建了气象行业继续教育课程设计概念模型。通过概念模型研究和分析得出，气象行业继续教育的课程设计具有系统性、层次性和时空性三大特点。

李博等（2018a）构建陕西“东高西低”型暴雨灾害发生的概念模型，为科学预测暴雨提供技术支持。张萍萍等（2017）根据三峡谷地突发性中尺度暴雨过程的特征，构建了“西南低涡前冷暖切变结合、东北冷槽尾部南北气流汇合、副高内部边界层辐合”三种三峡谷地突发性中尺度暴雨过程的概念模型，并应用2003—2013年的天气实况资料对概念模型进行了系统分析，揭示了三峡谷地三类突发性中尺度暴雨发生机理及地形增幅作用，为预报三峡谷地三类突发性中尺度暴雨提供了理论依据。黄艳等（2018）根据南疆短时强降水具有季节性和区域性的明显特征，构建了“中亚低槽（涡）、西伯利亚低槽（涡）、西风短波”三个南疆短时强降水的概念模型；并利用2010－2016年南疆自动气象站的逐时降水气象资料，以及NCEP/NCAR再分析资料、探空资料、垂直风切变等系统分析了南疆短时强降水概念模型，得出南疆短时强降水的具体预报指标体系，由于概念模型分析所使用资料的局限性，造成与短时强降水同时出现的冰雹、雷雨大风等概念模型不具备预报能力。

人影作业的技术核心问题是必须“在适当的时机，在适当的部位，播撒适当剂量的催化剂”（戴艳萍等，2018），人影作业技术上必须构建一个符合当地天气气候背景的“适当”的概念模型，这个概念模型是适宜实施人影作业的目标云系各项宏、微观指标综合体系。指标综合体系主要包含天气系统类型、云中水汽状态、云中凝结核状况、云底（顶）高度、雷达回波等。中国是世界人影作业业务量最大的国家，许多专家对这个概念模型进行了大量的细化和量化研究，建立了具体的人影作业模型。周毓荃（2004）建立了冷锋层状云系多尺度人工增雨概念模型；倪惠等（2009）建立吉林省人工增雨作业的天气概念模型；田广元等（2007）构建辽宁省4种人工增雨概念模型；段军等（2008）建立了江西省宜春市人工增雨作业天气概念模型等。这些具体人影模型的构建技术研究，为人影概念模型具体业务应用提供了技术支持，提升了人影业务的客观和定量化水平（高建秋等，2018）。

3.1.2 设计定性模型

3.1.2.1 开发定性模型

人们建立模型的目标是能准确对事物预报，所以，随着对构建概念模型技术的发展，人类逐渐认识到了要做好预测预报，关键是要搞清楚对象与因子之间的关联性，在对象与因子之间物理学或化学等特性关系不清楚的情况下，应当先搞清楚它们之间的逻辑关系，于是提出了设计定性模型。定性模型(Qualitative model)是一种不完备的知识模型，描述对象的主要特征和状态模式。

定性模型主要由结构和功能描述两部分构成，结构描述是用定性方法表示物理系统结构，体现物理量及相互间关系。功能描述是用定性方法表示物理系统行为，是人对物理系统行为表现的理解，表现与使用者目标的一致性，即，目的描述(薛冬白等，1999)。复杂系统具有"不确定性、非线性"等定性特点，通过设计定性模型，研究解决复杂的系统性问题最适宜用定性模型来描述(张洁，2014)。

目前，基于定性微分方程(QDE)的定性仿真理论(QSIM)(Maroti 等，2004)是设计定性模型的重要手段之一。它采用定性模型推演研判系统的定性行为，用非数字模式实现建模、输入、行为分析和结果输出等(张洁，2014)。采用因果图和聚类分析方法将定性模型分解成单元，实现"物以类聚"，明显降低 QSIM 算法的不可控分支，提高仿真效率。目前，通用的是系统变量聚类分析(Cluster analysis)，这种方法的核心是将 n 个样品分成 n 类，规定好样品之间、类与类之间的距离，选择距离最小的一对合并成一个新类，再计算新类与其他类之间的距离，再将距离最近的两类合并，这样，每次减少一类，直至所有的样品都成一类为止，通过不断调整类的大小来实现了将大模型分解成许多小模型，增加系统定性模型的稳定性(梁昌勇等，2001)。通过以命题逻辑为基础，建立主题信息与地理信息一体化的定性表达方法，并以此为基础来设计地理信息检索定性模型，用于地理信息的定性表达、语义匹配、推理和结果排序，提高了地理信息检索的效率(高勇等，2016)。

对产业生态系统的定性研究集中在其定义、构成、性质 3 个方面；通过对这三个方面的定性研究发现，产业生态系统的定量研究应当集中企业之间、企业内部两个方向进行(张晶，2016)。这样，通过定性和定量相结合的研究，能对相关产业的生态系统有一个全面的了解，为科学制定规划，推动产业发展提供依据。在对地质灾害危害程度进行定量统计分析的基础上，根据其密集程度、危害程度、地质结构、人类影响、降水特征等定性划分出"易发、低发、不易发"三种类型区域，为科学防治提供依据(韩柳等，2018)。

3.1.2.2 天气定性模型

人们对天气的认识同样是从构建概念模型发展到设计定量模型的过程，到商朝时期就用降水等具体天气现象来描述天气过程，即通过定性划分来构建天气概念模型(天气预测对象)。到了近代则用降水量、风速等更具体的若干单元来设计天气定量模型，针对具体天气预报对象的定量模型应运而生，为人类提高天气预报准确率和科学应用天气气候条件安排生产生活提供了技术支持。

有些研究气候变化的学者，通过设计气候变化与人类社会经济发展的关系定性模型，通过运行模型，并对模型输出系统分析后认为，中国历史上多次朝代更替都与天气气候异常有关

(商兆堂,2017)。

钟海燕等(2018)通过设计基于随机森林的短时临近降雨预测定性模型,对有无降雨做出定性预测,预测结果的各项评分始终保持在较高的水平,具有一定的实用价值。白晓平等(2018)在构建西北地区东部区域性短时强降水天气学概念模型的基础上,设计了短时强降水事件"有/无"的定性模型,业务试用结果表明,其预报准确率明显高于平均气候概率模型。裴卿(2017)通过设计气候变化和人类社会经济发展的因果关系定性模型,并用收集到的历史数据对模型进行统计特征分析,得出了气候变化引起的大范围增(降)温、干旱(洪涝)等对人类社会经济发展存在潜在威胁。

郭夏宇(2018)等通过定性模型探讨气候变化对水稻生育期、产量、品质及生产成本的综合性影响,研究得出了水稻应对气候变化的主要措施是培育抗逆品种、调整种植结构、加强天气预测和田间管理。

赵姝慧等(2012)应用多种雷达探测数据产品,设计人影增(减)雨、消雹等(作业/不作业)定性模型,提高人影作业指挥决策的科学性和作业效果。

3.1.3 研发数值模式

3.1.3.1 数值模型发展

人类在构建概念模型和设计定性模型时,就已经认识到任何基于知识的诊断系统既需要定性知识,也需要定量知识,才能使诊断系统具有较高的诊断能力和准确度(朱永娇等,2007)。研究事物的物理和化学过程是科学研究的基本方法,通过事物的物理和化学过程描述来建立模型是建立各种预测对象和预报方法模型的理想方法,这种方法常被称为数值模式。数值模式(Numerical model)是基于事物机理的描述公式,它能客观反映事物的本质特征。

人们在社会经济发展的过程中,总期望自己是万能的,是先知的,梦想对所有预测对象都能够研发出数值模式。事实上,人类需要预测的对象太多、太复杂,从目前人类已经掌握的技术角度看,根本不可能对不同预测对象的模型建设都采用数值模式技术。只能根据预测对象的实际,依据我们已经掌握的对具体预测对象的研究成熟的技术,选择"概念、定性、数值"三种的一种建立模型。"概念、定性、数值"三种模型的发展过程并没有随着社会经济发展出现明显的时间划分界线,三种模型没有明显的相互转化的交替阶段,往往是混杂在一体共同发展的。中国商代祭祀就已经有了数量(定量)的概念,用牛的数量决定祭祀等级(Nayori,2018),即祭祀这种预测对象就可以用数值模型来构建了。而今天我们许多预测对象仍为概念构建,如人的死亡。目前全世界都没有让人信服的人死亡的通用数值标准概念,许多学者试图研究和确定一个为医学、法律和伦理学界都能接受的死亡数值标准,但至今仍然争论不休,没有结果。法国、美国、瑞典和荷兰等多数国家现在流行的做法,都以人的脑机能不可逆转作为是否死亡的定性标准。我国目前并没有明确的死亡判断数值标准,医学上通常采用的是"双重死亡标准",即心跳、呼吸停止,全身器官丧失功能。

3.1.3.2 气象模型研发

气象科学研究与业务发展中有关数值模型的研发与应用与其他行业一样,困难重重。如气候是天气的平均,用多少年来计算平均值,用什么时间段来取平均值,显然不同的国家和区域很难有一个统一的计算气候值的时间尺度标准。中国气象局规定用 30 年平均值作为气候值，而这个30年随着年际变化是变动的，形成了事实上的常年气候值的不确定性。同样，人影作为一项研究试验性业务，在具体业务中概念模型、定性模型、数值模型经常交叉使用。许多人影工作者利用现有气象探测和历史实况资料构建了南方夏季对流云降水形成的天气系统概念模型，并对其系统分析，设计出了适宜中国南方夏季对流云人影作业的定性模型；并应用积云数值模式等研发了适宜作业和作业效果评估的数值模式，为科学组织人影作业提供理论基础（贾烁，2015）。但是，不管从概念模型到数值模型的发展历程有多复杂、有多困难，研发数值模式，通过数值模式来构建预报对象并进行预报是模式的发展方向，数值模式正在由经验建模向理化理论建模快速发展（商兆堂，2013）。

气象工作者针对天气研发的数值模式叫数值天气预报，数值天气预报（Numerical weather prediction）是指按照设置的限制性条件，通过求解天气演变过程的流体力学和热力学方程组，实现预测未来一定时段的大气运动状态和天气现象的技术方法（陈晓燕等，2016；孙长征，2009；朱小谦等，2003）。要求解方程，必须依据大气实况，设定具体的初值和边值条件，由于求解方程组的计算量很大且有时间限制，所以，只有交给计算机来完成。随着计算机技术的发展，计算速度已经不是问题，问题是计算成本，通过精细化方程组增加计算量后能否提高预报准确率。目前，全世界天气预测的主导方向是数值天气预报，已有30多个国家和地区把数值天气预报作为制作日常天气预报的主要预报技术方法，预报时长已经达到10天左右。中国于1955年开始摸索作数值天气预报，1959年开始在计算机上进行数值天气预报，1969年中央气象局正式发布短期数值天气预报。不同国家的气象业务和研究机构、不同学者按照这种思路创建了各种各样的数值天气预报模型，如欧洲中期数值预报（ECMWF）、美国全球预报系统（GFS）、加拿大数值预报（CMC）、中国气象局的T639等。数值天气预报应用的实践证明，数值模式普遍存在误差（Baue等，2015）。虽然数值模式有偏差，但其方程的机理明确，没有人为性，已经成为天气预报不可替代的日常业务工具（董全等，2016）。中国各省（自治区、直辖市）和重点城市已经正式开展基于数值预报模式的环境空气质量预报业务，逐步形成本地化的业务预报技术体系（王晓彦等，2016）。研发基于水动力学方法的降雨径流过程数值模型，应用陕西省西咸新区城市雨涝过程进行模拟，经过实况对比分析发现，内涝积水淹没范围与实测数据相对误差小于10%，为科学防灾提供了依据（侯精明等，2018）。将云和降水的数值模拟技术应用到人影业务中已经成为常态（雷恒池等，2008）。基于ARPS的中尺度云系人工增雨数值模式对2012年5月23日在青海省东部地区的飞机人工增雨过程进行了催化效果数值模拟试验，结果表明，实施人影后作业区和影响区的增雨量与实际情况较为吻合，作业5 h，催化效果逐步消失（韩辉邦等，2018）。

3.2 预测模型创建

3.2.1 设计模型思路

3.2.1.1 设计模型构思

人类在探索建立预测对象的同时，一直在探索建立预测模型，这二者的工作经常是交叉进行的，许多人认为它们之间没有差别。其实，当预测对象确定后，如何科学预测它就成了人们的关注热点。因此，人类在社会经济发展的历程中一直从事预测技术研究，从长期的预测实践和预测技术研究中发现,要预测准确关键是要建立一个科学合理的预测模型,于是设计模型思路或叫技术路线的研究成了一项重要的科学实践。

每个人都非常关心自身的生存与发展,所以,按什么样的思路设计一个人生预测模型一直是人类探索追求的重点方向,于是就有了宿命论、相似论等设计人生模型思路。宿命论是你出生决定一生的设计模型思路,相似论是不同的人会有相似的命运。大家容易接受的是相似论,不同家庭背景出生的人,命运可能有许多相同之处,按这种设计模型思路创建了相面术、星宿论、生肖论等。

其实仅有好的设计模型思路是远远不够的,关键还是按设计模型思路建立具体的模型技术,从上古时期建立算命概念模型到今天的生理生化指标模型,但不管用什么技术方法创建预测模型,目前,都无法对人的命运进行科学预测,人类命运预测模型构建技术仍处于探索阶段。

人类在长期探索设计模型思路的历程中逐渐发现,不管用什么技术建立什么样的预测模型,其基础理论依据都是因果关系,即事出有因。所以,设计模型思路的最基本方程式是构建因果关系的过程,具体构建的预测模型就是因果关系的描述式。因果关系具有"一因一果、一因多果、多因一果、多因多果"4 种形式,因果关系并非是一种简单的线性关系,经常是非线性的复杂关系。因果关系的复杂性导致设计因果预测模型思路的不确定性,有时设计模型思路感觉很好,但想尽一切办法构建的预测模型很难做出准确预测,预测的准确性很差,预测结论的实用性也较低,如全世界对地震的预测准确性都非常低。改进设计模型思路是提高模型预测准确率的关键环节。

3.2.1.2 天气建模思路

天气是绝大多数人每天都关心的事情,人类一直研究设计天气预测模型的思路,并根据技术发展不断对其进行优化。天气预报是预测一个地区或者城市未来一段时间阴晴雨雪,风力风向及特殊的灾害性天气等,目前,设计天气预测模型的思路是针对天气的某一特征要素进行预测模型的创建,如降水、风、温度、雾等来建立。

随着科学技术发展,人类对天气的认识已经从简单的天气现象到天气发生发展过程的机理,设计天气预测模型的思路也正在由设计单一要素模型思路向设计多要素模型思路转变,设计分时(短时、中期、长期)预测模型思路向设计无缝隙预测模型思路转变,由设计抽象的因素关系模型思路向设计数理统计特征和机理模型思路转变。

商舜(2016)研究设计延伸期(10～30 天期间的天气过程预报)预报模型思路量时认为,可按大气的天气过程特征代表变量,通过技术方法将其按气候振动方法分解成气候和偏差(瞬变扰动)的设计模型思路,通过系统计算分析扰动场的动态演变过程特征,找出扰动的源头,通过溯源建立延伸期天气预报方法。Zebiak 等(1987)用气候扰动分解预报方法建立 ENSO 事件延伸期预报工具,对 1986—1987 年 ENSO 事件进行了成功预报。

3.2.2 研发模型技术

3.2.2.1 研发模型技术进展

人们在确定了设计模型思路之后,关键是如何根据具体的设计模型思路确定采用什么技术建立具体的预测模型。研发模型技术与人类所掌握的技术程度有关,当人类还处于原始社会时，只能根据自己感知的经验来研发预测模型。随着科学技术发展，尤其统计学的发展，人类可以通过数理统计和物事的机理来研发预测模型。当人类掌握人工智能技术后，可以采用人工智能研发预测模型。

3.2.2.2　天气模型技术发展

天气预测一直是人类重要的预测内容，其研发模型技术与其他行业的研发预测模型技术没有本质的区别，只是使用了一些气象专业知识。

中国商王朝就应用口传灵感经验技术研发了占卜预报天气的预测模型，但是这种研发模型技术的人为性太强，难以推广应用且预测准确性极低，实用性较差。

随着生产力发展，人们对天气的认知从体测到物测开始，研发天气预测模型的技术开始走向物化阶段。如在《田家五行》一书中记载有干洁琴弦变松，预测即将阴天的预测方法。中国民间有“乌龟背出汗，出外带雨伞。”龟壳十分干燥，近期不会下雨；若龟壳潮湿得像冒汗，近期将会下雨。刺猬“俄罗斯叶卡捷琳堡动物园内的最著名的天气预测帝 Pugovka”预言早春晴朗天气；“天上钩钩云，地上雨淋淋”等。物化研发模型技术是将人的口传灵感经验技术研发模型技术转化为更容易观测的动植物等，本质没有改变，因此，其人为性较强，准确性较低。

随着统计学的发展，人类对因果关系的认识从经验走向了数据分析，虽然因果之间关系的机理仍在探索，但数据关系通过计算能明确显性表达，即，由经验研发预测模型技术转变成了数值模式研发预测模型技术。目前，应用大数据分析，通过人工智能建立预测模型技术已经成为研发预测模型的方向。如姜疆(2018)提出综合使用网络搜索数据、网络爬虫数据等大数据以及传统政府统计数据，结合经典时间序列模型、计量经济模型以及新型的高维数据模型、机器学习等方法进行 GDP 走势预测，并把“预测(Forecasting)”的内涵拓展到“现测(Nowcasting)”。

1855 年 3 月，勒佛里埃向法国科学院建议，组织气象观测网，并将观测收集的气象数据集中进行统计分析并绘制成天气地图，人们给它起了一个专业名词——天气图，通过天气图可以溯源天气过程的发生发展变化的过程，找出当地天气与上游地区天气的关系做出准确预报，实现了由经验研发天气预测模型技术向以统计特征研发天气预测模型的转变。如中国江苏省盐城市产生大暴雨前，地面图上上游地区都已有 6 小时累计降水量达 90～100 mm 的降水带或区域出现(商兆堂等，2007a)。气象行业研发数值预测模式技术发展形成了数值天气预报业务系统，让日常的天气预报由人工经验判别转化成了计算机智能识别，人为性大大降低，天气预测准确率明显提高，预报时效明显延长。

目前，全世界气象组织和主要国家气象主管机构都强调采用数值模式作为研发天气预报模型的主导方向技术，加强数值预报模型的研发，结果导致每套数值预报模式都具有了全球天气预报的能力，即地球上同一个地点有多个数值预报结果。随着气象信息收集能力和计算能力的增强，天气预报信息全球化已经实现，而各个不同气象组织的数值预报模式的具体预报数值各不相同，甚至差异巨大，对具体预报员而言，该应用那个单位的数值预报模式的结论呢？于是研发多模式超级集合预报模型技术应运而生。研发多模式超级集合预报模型技术是将多个数值预报模式预报结果组成集合，通过不同统计方法赋予不同成员不同权重，最终得到一个最佳结果(鹿瑞，2018)。创建集合预测模型的技术方法研究成了预测模型创建必须要面对的一个全新课题。

3.2.3 智慧模型发展

3.2.3.1 自动化技术

为了提高劳动生产率，降低人类的劳动强度，随着科学技术的发展，人类在社会经济活动中的机械使用程度直线上升。如运输使用各类专用运输车辆，起重使用各类吊车……这些机械主要针对体力劳动。而针对脑力劳动的管理工作则由各类计算机管理系统软件来实现，体力和脑力组合的工作则由各类机器人来实现。生产的自动化程度越来越高，自动化（Automation）是指机器设备、系统或过程（生产、管理过程）在没有人或较少人的直接参与下，按照人的要求，经过自动检测、信息处理、分析判断、操纵控制，实现预期的目标的过程。人们对自动化的认识也是一个动态过程，最早自动化的定义是以机械代替人力自动地完成特定的作业，随着计算机和信息技术发展，自动化包括机器代替人的体力劳动或辅助人的脑力劳动，自动地完成特定的作业。人们按设计自动化模型的理念，开发出了数控机床、机器人、决策支持系统（DSS）……自动化技术的推广应用，降低了强度，提高了生产率和产品质量，引起生产工艺和管理体制机制的变革，形成了行业管理的高度集中。如中国铁路、国家电力网等自动调度系统。随着自动化在各行各业的推广应用，信息化、可视化和三维模型等技术得到了广泛应用。

3.2.3.2 数字化工厂

随着“数字化工厂”概念的提出和发展，应用三维模型技术模拟工厂的生产全过程，对产品质量进行预测评估已经成为一种趋势（马晓柯，2018）。应用三维图形技术，研发基于OpenGL与光时域反射仪的光缆监测系统模型，实现对通信光缆的故障定位功能，为科学管理和维护通信光缆提供技术支撑（李博等，2018b）。以铁路信息化模型技术服务于铁路车站改造为目标，利用三维实景模型与虚拟模型相结合的方式，以哈尔滨枢纽改造为例，构建铁路信息化模型，实现精细化管理施工建设全过程，及时发现各种隐患风险，保障施工质量和施工安全（高文峰，2019）。

3.2.3.3 智慧化概念

IBM于2008年11月提出“智慧地球”概念，目前，“智慧地球”战略已经得到了世界各国的普遍认可。实现“智慧地球”的核心技术（数字化、网络化和智能化）被公认为是人类社会经济的发展方向。与数字化、网络化和智能化密切相关的物联网、云计算等技术领域，已经成为许多国家的重点发展战略。全球正在掀起以“智慧”为主题，以信息技术为支撑的各行业变革。“智慧”是人类从感觉到记忆再到思维这一过程，产生的结果是行为和语言，“能力”是行为和语言的表达过程，两者合称为“智能”。随着自动化技术的发展，智能化其实质就在自动化的基础上加入了人类一样智慧的程序，是现代人类文明发展的趋势。智能化是指充分应用网络、大数据、物联网和人工智能等先进技术，实现能动地满足人类需求。如：无人驾驶汽车、智能扫地机……显然，智能化是技术发展的一个过渡期，人类技术发展的最终目标是智慧化。即，机器完全或部分代替人工作，机器按人的愿望不知疲劳地替人工作，让机器生产出满足人类各类需求的物质和精神产品。智慧化是指人机有机融为一体，优势互补，以最小的投入获得最理想的回报。

3.2.3.4　智慧化进展

目前,全世界各行各业都在主动积极研究各类智慧模型,期望将行业发展成智慧行业,具体生产或部门变成智慧的,为自身的发展谋得先机。根据智慧模型设计智慧工厂,智慧工厂的核心是找到一条逐步转型途径,实现以知识、数据和信息作为核心竞争力;“由物物互联层、对象感知层、数据分析层、业务应用层、云端服务层、大数据中心构成的智慧工厂系统架构”(顾磊等,2019)。水利智慧模型主要从生命周期、应用领域及技术要素三方面出发,抽象描述智慧水利整体范畴。主要包括“标准规范、安全保障、运维管理”三个体系,“物联感控、网络通信、数据中心层、智能应用、综合决策”五层,“感知、网络通信和数据中心”三个关键技术整合,让水利智慧模型具有科学性、先进性、适用性等(肖晓春等,2018)。智慧农业是农业智慧模型技术的研究与推广应用,主要表现为充分应用“物联感控、大数据、智能决策”等先进技术,通过智慧栽培与管理,实现“生产、生态、产量、品质、效益”的有机整合,建立起科学、环保、有机、高效的新型农业生产体系(宋展等,2018;钱晔等,2019)。

3.2.3.5　智慧化气象

2018年3月23日的第58个世界气象日主题是“智慧气象”,说明发展“智慧气象”已经成为各个国家和地区气象部门的目标和理念,“智慧气象通过深入应用云计算、物联网、移动互联、大数据、人工智能等新技术,依托气象科技进步,使其成为一个具备自我感知、判断、分析、选择、行动、创新和自适应能力的系统,让气象业务、服务、管理活动全过程都充满智慧”(刘雅鸣,2018)。智慧气象是智慧模型技术在气象领域的实际应用,智慧气象应当具备“自我感知、敏捷服务、便捷创新”能力(沈文海,2015)。

不同的气象部门或组织针对具体气象业务的智慧气象模型,提出了更加符合专业实际的智慧气象模型构建方案。如中国气象局发布的《2017年智慧农业气象数据建设方案》,明确建设以格点数据支撑的全国农业气象数据“一张网”(刘莎,2018)。充分应用最先进的服务技术手段,将各类气象服务信息深度融合,建立具有高度灵活性、个性化、数字化的新型智慧气象可视化服务模式,为各类客户提供贴心服务(刘野军等,2017)。

农业气象服务社会化是其发展的必然趋势,要完善气象信息数据库管理,建立实时与农业、水利等实现气象资源共享平台,提高气象服务智慧化程度,充分发挥智慧气象服务的优势(徐红雁,2018;邓晓艳等,2017)。由上分析可见,智慧气象服务体系是智慧气象融入需要气象服务的行业(城市、农业、交通……)的智慧模型建设中,成为其智慧模型的一个子模型,一同设计、一同建设、一同运行、一同管理,让智慧气象服务在行业智慧行动中发挥最佳效益,这是气象智慧模型的发展方向。

人影作业已经成为政府、部门防灾减灾的重要措施之一,随着社会作业需求量增加,因其技术成熟度、业务规范性不够等形成了安全隐患多,作业效果评估科技含量低等问题日益突出。要解决这些问题的最好办法是大力发展智慧人影。所谓智慧人影是智慧模型在人影领域的具体业务应用,根据人影业务的特征可以分成作业条件监测预测、作业方案设计、作业指挥、效益评估、运输存储等五个子系统。作业条件监测预测嵌入智慧气象的天气监测预测体系建设;作业方案设计充分运用3D设计技术等组织建设,实现现场化、动态实景和数值模拟作业效果显示;作业指挥采用可视化、智能化设备和管理技术设计,实现过程实景智慧遥控;运输存储采用物联网、大数据、智能管理等技术,实现运输、存储、发射、数据统计等智能化计算机网络化管理;效益评估,设计智能评估模型,实现作业前、作业中和作业后计算机智能评估。

3.3 预测因子选取

3.3.1 选取因子标准

3.3.1.1 单位因子确定技术方法

通过大量的科学试验研究证明,选取的因子能否真正从多方面来反映与预测量之间的关系,直接决定创建的预测模型的预测效果好坏(农吉夫,2014)。科学合理选取创建预测模型所需要的理想好因子,成了创建一个科学预测模型的关键性技术工作之一。大家都认识到选取预报模型中因子的重要性,问题是如何科学选择因子呢?要从因子的大海捞出理想因子这根针,创建一个预测模型的基础理论是因果关系,而因果关系中因(因子)与果(预测对象)之间的关系非常复杂。最关键的是要确定一个判别好因子的标准体系。制定一套选取因子的工作规程,通过规范的选取因子的工作过程,减少因子选取的随机性和人为性,提高选取因子工作的科学性。

由上分析可见,因子选取(Factor selection)是通过一定的技术方法在众多因子中找出你想要的好因子。好因子(Good factor)是在预测模型中对提高预测准确率有贡献的因子。目前,选取好因子的方法主要是采用因子与对象之间的统计特征分析,具体指标体系是统计学的信度检验。用统计学信度检验方法选取好因子中,最通用的技术方法是因子与预测对象之间的相关系数检验,当对象与因子之间的相关系数通过信度检验就认为是好因子。选取因子的基本标准是因子与预测对象之间的相关性是否通过相关性显著检验。

3.3.1.2 多因子确定技术方法

一个预报对象可能与多个因子相关是一个普遍现象,如农作物产量不但与农业生产管理水平、种子水平相关,还与气象要素中的降水、温度、日照等许许多多的因子相关。绝大部分预测模型都是由多因子构建的,单因子构建的很少。人们建立具体预测模型时,面临着为一个预测对象选取出了许多与之相关的因子,到底选取这些相关因子中的多少相关因子进入模型呢?在选取的因子间又如何好中选优呢?为了解决这个问题,统计上确定了一个多因子入选的标准。要求入选的因子与预测对象之间的相关性尽量大,入选进预报模型的因子之间的相关性尽量小为原则,选取最终进入预测模型的因子。据此,多因子选取标准是“因子间不相关,因子与对象间高相关”。

为了实现“因子间不相关,因子与对象间高相关”的多因子选取标准,具体统计方法上设计出了逐步回归、通径分析等许多技术方法来解决这个问题。然而,人们在实际建立模型实践的过程中发现,不管人们用什么多因子选择标准来选取多因子,因子之间原有的相关性很难剔除,通过客观计算方法区分的标准难以确定,结果导致一个预测模型中有大量的因子。通过实际建立的大量的业务模型运行后发现,模型运行的质量与因子多少没有本质联系,且大多数情况下是因子越多模型运行质量越差。许多从事统计学研究的学者,通过相关性研究工作提出了入选预测模型的因子个数与预测对象的样本数之间,必须要符合一定比例的选取最终进入模型的因子个数的入选标准，这是选取多因子的辅助指标标准。不同的统计学研究者对模型中应当入选的因子个数与样本个数之间的比例数量的理解是有差异的，即这个比例只能是一个大概的数量范围。实际操作中比例的掌握因人而异，这就直接影响了预测模型的入选因子个数，导致创建和运行预测模型的质量下降，直接影响了预测模型的预测准确率。

3.3.1.3　因子优选技术方法

采用不同的因子选择方法会取得不同的预测效果（王思如等，2012；陶凤玲等，2012），人类建立的预测模型越来越复杂，不可避免地要入选大量的因子，因此，提高建立预测模型的因子选取技术方法势在必行。建立综合的多因子入选指标体系成了建立模型的重点工作内容之一，即要实现因子优选。因子优选（Factor optimization）是以数学原理为指导，通过合理安排试验，以尽可能少的试验次数尽快找到符合提高预测模型准确率的因子入选科学方法。

由上分析可知，因子优选就是从因子集中选择具有代表性的最少因子，以利于建立相对准确的预测模型，这是选取因子的最高标准。目前，因子优选的主要实用工具仍然是统计学方法。所以，人们客观判别因子好与不好的主要标准体系，还是从因子与对象之间的统计特征指标体系入手建立的，只是评估因子好坏的标准进行了修改。李希灿等（1999）应用预报因子选择的模糊优选方法确定预报因子，创建了“新疆伊犁河雅马渡径流”和“松花江佳木斯江段凌汛预报”两个预测模型，业务运行较好。

3.3.1.4　气象因子选取标准

气象预测模型的构建除了具有常规预测模型建立的特征外，还具有明显的气象专业特点。因此，气象预测模型建立时，具体制定选取进入预测模型因子的标准和方法，还要从气象专业的角度去考虑气象专业自身的特点。如选择气象预报因子时要充分考虑预报对象的气候规律和主要环流特征（要考虑各个方向系统的综合影响）、预报对象与因子间的时空尺度匹配，预报因子与预报对象间关系越密切越好，预报因子间则要求相对独立（魏淑秋，1979），这就是选取气象因子标准。

金顺发等（1987）为了应用气象要素预报上海市黄瓜上市高峰，确定选取气象因子的标准“所选的因子与每旬上市量的相关系数越大越好，各因子之间相关程度越小越好，兼顾所选因子的生物学意义。”通过计算机科学计算选出了“平均气温、日辐射量、雨日、雨量、日照时数、最高气温、最低气温、地面温度等”气象因子，建立预测模型进行预报，5月下旬预报准确率80%以上，6月上旬预报准确率90%以上。

3.3.2　选取因子技术

3.3.2.1　选取因子方法

确定了选取因子标准后，如何按标准科学选取因子的关键性工作，是对因子如何处理。用什么样的因子选取技术来选取因子，变成了选取好因子的主要问题之一。目前预测因子选取的主要技术方法有以下几种。

普查法。普查法（Census method）就是为了达到设想的目标，制定某一计划全面地收集研究对象的某一方面情况的各种材料。并对收集到的材料做出分析、综合，得到某一结论的研究方法。普查选取因子（Census selection factor）是通过对海量的可能与预测对象相关的因子素材，通过计算机的智能大量计算，海选出入选预测模型的因子。这种技术方法的优点是能通过计算机自动计算选取出与预测对象之间相关性好的大量的因子；缺点是海选出来的因子，其与预测对象之间的物化关系不明确。

线索法(Clues to the method)。线索法是根据事情可寻的端绪、路径、思路和脉络等去查找缘由的方法。线索法选取因子(Clue method selects factors)是研究人员根据已知的预测对象与因子之间的理化特征关系；用自己的研究经验设定查找预测因子的目标、范围等，确定因子的具体计算条件，让计算机在限定范围内自动计算选取因子。这种技术方法的优点是能通过计算机，根据设定的因子选取范围，自动计算选取出相关性好的因子，并且因子与对象之间的理化关系相对较清楚；缺点是选取的因子与对象之间的相关性可能不是最好的，即，可能造成与预测对象相关性次好的因子入选。

数值法(Numerical method)。数值法是直接用一个数值代入式子计算，看看等号或者不等号是否成立，不成立的话就调整代入式子的那个数。数值法选择因子(Select factors numerically)是通过一定的标准体系，设定因子的数值计算转换公式，让计算机将因子自动计算变成纯数值，消去因子的量纲。让因子变成了一个数据产品，把因子的数据产品作为新因子，重新进行因子选取的技术方法。这种技术方法的优点是方便因子的数值统计特征分析、比较等；缺点是选取的因子与对象之间的物化关系由显性变成隐性，不方便直观分析因子的物化意义等。

3.3.2.2 因子处理方法

有学者(杨子田等，2017；姚金霞，2017)认为“数值法选择因子”其实质是对因子进行数值化改造，改造的最终目标是为了选取更理想的因子进入预测模型。为了减轻在对具体计算对象计算时，其量纲对计算过程和结果的影响，最有效的方法是对将要参与计算过程的数据，根据设定的计算技术方法进行先期的数据标准化处理(商兆堂，2016)。目前，为了科学选取进入预测模型的因子，对因子的先期处理方法主要有以下几种。

(1)因子标准化处理

因子标准化处理(Factor normalization)是对计划要用于建立预测模型中的因子，按设定的计算规则，通过计算数值转换，计算结果的数据产品作为一个全新的因子，用于具体的建模使用。据此，标准化处理的主要目标是实现因子数据无量纲化，便于不同量纲的因子间相互比较。如降水、日照、风等气象要素因具有不同量纲，各要素之间无法直接进行数量比较，综合计算等(商兆堂，2016)。

具体的因子数值转换计算方法很多，目前，最常用的主要有直线型方法(如极值法、标准差法)、折线型方法(如三折线法)、曲线型方法(如半正态性分布)等三种计算方法。

不同学者采用的因子数值转换计算方法可能不同，目前，学术界对因子数值计算转换方法还没有通用法则可以遵循。而不同学者，根据自己研究业务的特点，采用不同的因子数据标准化方法。事实上，会形成同一因子，因计算方法的差异生成不同的新数据产品因子。新因子有可能不同，而导致因新因子不同而带来计算结果差异。正是因为入选因子和建模方法(线性回归、非线性的最小二乘支持向量)不同，造成预测结果的历史拟合率差异较大(王思如等，2012)。

需要特别注意的是，若因子与对象之间的相关系数不能通过显著性检验，这也并不能说明因子与预测对象之间无相关性，只是因子与预测对象之间的相关性可能是非线性的。这时，可以用相关概率法等，来做因子与预测对象之间相关性的显著性检验。这种显著性检验方法，可能因子就通过显著性检验，成为入选因子了。

(2)多因子综合

多因子综合(Multifactor synthesis)是通过设置的具体因子的计算规则，将多个因子综合成一个因子或数个因子。多因子综合技术的主要目标是通过减少因子数量，减少因子间的相互作用，提高因子的稳定性(方帅等，2016；闫喜红等，2018)。

Shang等(2018)将温度、降水量、降水日数、相对湿度和日照时数等气象要素标准化后的数值。通过设计计算公式变换成气象条件对赤霉病发病影响的指数Ⅰ，创建综合气象因子(指数Ⅰ)与赤霉病发病程度之间的预测模型。并运用预测模型，输出模型预测结果，通过对预测结果的分析，得出了江苏气候变化对赤霉病发病程度的影响。

(3)因子处理应用

通过具体的因子处理方法选取理想因子，建立预测模型并取得较好应用效果的实例很多。

陶凤玲等(2012)应用相关概率法选取因子，用最小二乘支持向量方法构建预测模型，预测电力负荷，预测相对准确率达90.36%。

李希灿等(2000)采用确定最优权重关系等式，建立逐步模糊优选优化模型，通过这种方法筛选有效因子，减少预报因子数目，建立简练预报模型，使用效果较好。

张曦等(2008)运用逐步选择和主成分分析方法，找到了长江下游降雨量的非线性典型相关的预报因子，为建立预报模型提供了基础。

3.3.3　综合因子技巧

3.3.3.1　综合因子基本方法

前面已经讨论过了，为了减少入选并参与建模的因子数量，要对多因子综合，多因子综合的技术方法因人而异。研究科学的因子综合技术是建立预测模型的重点工作内容之一。

为了科学综合因子，首先要设定一个因子综合的目标函数，将预测因子作为这个目标的因子的因子，通过一定的技术方法构建这个目标函数。将目标函数的数值作为一个新的预测模型的因子，将这个新因子与预测对象之间建立预测模型。

虽然本质上讲综合因子的基本方法就是构建预测模型的方法，但它又有自己的特点，主要表现为：

(1)这个预测模型与普通预测模型的最大区别，是从不限制进入模型的具体因子个数。因为，构建这个模型的目标就是要将许多因子通过规则，综合(集成)为1个全新的预测对象(实际为一个新的预测因子)。所以，对进入预测模型的因子个数没有限制。

(2)这个模型不存在历史回代准确高低问题，因为它是通过将多个因子输入预测模型运行，由新建立的一种预测模型综合计算输出的一个全新数据集，没有历史样本可比较。因此，也不能用历史回代率确定这个模型的好坏。

(3)由上分析可见，不能进行历史回代确认构建模型的好坏。问题来了，如何评估模型构建的合理性呢？构建模型的目标是将多个因子综合成一个或数个因子，为建立模型做准备的。检验综合(集成)模型好坏的标准是，其输出值与预报对象之间的相关性检验。所以，综合(集成)模型的因子参数需要不断调整优化，而这个参数优化的过程，过多地增加了人为性，导致了综合(集成)因子数值的不确定。综合因子技巧的核心技术问题是因子综合(集成)的具体模型中的参数确定技术方法。

3.3.3.2 综合因子参数确定

综合因子的核心是确定参数技术方法，为此，因子的参数化成了因子研究的一个重要方面。参数化(Parameterized)是将因子编写为函数与过程，通过修改初始条件并经计算机计算得到因子结果的过程。不同的学者根据自身具体研究综合因子的实际技术需要，会采用不同的具体参数化方法来综合因子，这个称为参数化方案。参数化方案(Parameterization scheme)是实施参数化的技术方案或技术方法，被大量应用在通过数值模拟分析天气系统的业务工作中。陈子健等(2019)采用不同参数化方案试验对南黄海典型台风中心最低气压和最大风速数值模拟影响，结果表明："YSU边界层方案以及KF积云对流方案组合模拟效果最佳。"史湘军等(2017)利用"BN、KL和LP(大气模式CAM5自带)"三套冰晶核化参数化方案，基于大气模式CAM5对三个方案进行离线测试，结果表明："选择哪个冰晶核化参数化方案不会明显影响模式对冰云的模拟性能，但对评估人为产生气溶胶的间接效应可能有显著影响。"

不同的学者，根据自己实际研究的需要，提出了针对具体预测模型建立因子情况的综合因子技术方法。郎秋玲等(2019)利用偏好比率法和粗糙集方法来组合赋权并优化因子，确定吉林省泥石流致灾因子的权重；建立预测模型，并进行统计分析表明：坡度、植被覆盖率、地势高程、人口密集度等因素对吉林省泥石流发育影响较显著，该方法取得的结果与实地灾情吻合较好。刘建昌等(2008)设定了泸沽湖流域面源污染风险概念和标准值计算方法，用代数方法(交换律、结合律和分配律法则)进行系统风险多因子集成，建立预测评估模型；通过对模型计算研究得出，泸沽湖流域面源污染风险处于较高的水平。许美玲等(2009)通过分区平均法建立组合因子，建立了云南省125个气象站的降水、温度客观要素预报方程；通过对该预报方程的历史回代率分析发现，绝大多数组合因子都优于单因子，组合因子预报方程的质量普遍比单因子预报方程好。张方伟等(2006)采用灰色关联公式综合预报因子，建立石棉水文站月最高水位的预报模型；2004年5—9月的历史拟合率评定准确率100%。张旭晖等(2016)通过历史资料统计分析得出，江苏农田渍涝灾害的受灾程度主要受降水量、渍涝持续时间、过程平均强度、最大强度、温度、光照条件的综合影响。设计渍涝害综合指数是这六个要素的综合，并根据各要素又受相关条件的制约，设计成六个要素由其各自相关要素的综合。最后，基于层次分析法和专家打分法，综合计算得出渍涝持续时间、平均渍涝值、最大渍涝值、温度、日照时数的影响权重分别为0.35、0.25、0.20、0.10、0.10。构建的渍涝灾害性天气过程指数，历史拟合率高，并在实际业务运行中对涝渍灾害性天气过程进行动态监测预警，取得了好的业务应用和服务效果。朱海涛等(2017)选取能较好反映江苏河蟹养殖闷热天气危害灾害特征的五个气象因子(气压、相对湿度、最高气温、最低气温、日照时数和风速)，采用隶属函数的方法改造各因子，用权重的方法综合各要素成一个因子。构建闷热天气指数模型以及河蟹养殖闷热天气危害等级划分标准，分析结果得出：闷热天气主要影响水中的溶解氧含量。对河蟹活动、觅食和发育造成影响等，为分区域、分时段、分等级的监测预警河蟹养殖闷热天气提供了技术支持。

由上分析可知，通过权重法综合因子是目前使用比较多的方法。在气象预测模型建立过程中，目前主要采用设计计算程序，由计算机将气象要素格点场的资料与预报对象之间的关系通过相关系数筛选，按一定规则(设定具体的相关系数阀值等)选取物理意义明确且连片相关性好的因子，将区域内因子平均作为区域相关因子，或者通过设定的因子综合技巧(常用的相对权利法，如用各因子相关系数的比值确定权重等)综合因子，建立模型进行气象预测。目前，人影作业条件预测模型建立主要也是采用以上方法。

3.4　预测效果评估

3.4.1　评估体系建立

3.4.1.1　评估体系概述

人们所有的社会经济活动，最终是要以最小的代价取得最大的收益。经济投资比较容易通过效益计算方法直接计算出来，许多社会建设，或还没有开展的经济活动，在进行经济活动规划时，人们必须要有一个能比较效益的方法。显然在不同的科学研究领域，进行客观定量化比较的具体技术方法会不一样。科学研究领域主要以成果数据进行数值特征比较分析，方法建立相对容易，同时必须建立一套进行科学比较的运行规则。目前，建立比较运行规则的技术方法就是建立评估技术体系，对各类具体工作效果进行评估。效果评估已经成为现代化管理的一项重要技术措施，已经被各国、各行各业广泛应用于日常业务管理工作中，对提高管理工作水平发挥着重要的作用（董哲颖，2019）。

评估（Assessment）是指人对事物及人的评价或评估、品评等，主要表达的是一种主观看法或客观评估。目前，评价报告已经成为所有项目立项的前置性条件，评估工作已经成为一项业务常规工作内容。

评估体系（Evaluation system）是为了进行效果评估而建立的机制机构及技术标准和规范等。目前，评估体系主要包括：评估主体、评估客体、评估对象、评估标准和规范、评估方法、评估结论、结论应用七个方面。

（1）评估主体是组织或进行评估工作的主体单位、企业或组织，如评估主体（环境生态部）组织全国环境质量评估等。

（2）评估客体是请求组织评估的主体单位、企业或组织，如评估客体（大唐电厂）请求组织对其江苏沿海风电建设项目进行环境评估等。

（3）评估对象是进行评估的具体目标任务，如对评估对象（第二届夏季奥林匹克运动会人工消（减）雨）进行作业效果评估、生产安全评估等。

（4）评估标准和规范是政府或行业认可的具体评估应用的技术文本，如《中华人民共和国资产评估法》《中华人民共和国环境影响评价法》等。

（5）评估方法是进行评估所应用的具体科学技术方法，主要是采用设定与评估对象相关的评估指标体系，构建评估对象的综合指标体系计算模型，通过对综合指标体系计算模型的输出结果的统计特征分析，综合得出定量或定性的评估结论（张楷时等，2018；李宝磊，2018；黄治勇等，2002）。如资产评估主要采用收益现值法、重置成本法、现行市价法、清算价格法等4种方法。虽然针对不同的评估对象，这四种具体评估方法的计算方法各不相同。但其评估的基本思路是一样的，具体为确定计算方法，计算出评估值，并据数值分析进行评估。

（6）评估结论是根据客观和主观的评估结果，进行分析得出的客观和主观评估结论，具体评估结论一般分成三类，非常适宜（好、收益高等）、适宜（中、正常收益等）、不适宜（差、没有收益等），并对具体分类进行定性或定量的描述。

（7）结论应用是评估的客体将评估主体提供的评估结论应用于具体的生产、经营、管理工作中，减少决策指挥的盲目性，提高科学决策水平，提高收益率。

3.4.1.2 评估体系创建

不同行业和部门根据自己的具体生产经营和管理需要，建立的各具特色的评估体系很多。

美国通过收支平衡管理、提前规划、管理理财产品以及理财知识和决策等四个方面来构建个人理财能力评估体系。美国的个人理财能力评估体系，对加快构建中国个人理财能力评估体系，规避非系统性金融风险具有重要的参考作用（陈福中，2018）。

徐建飞（2018）通过确定评估目的、选择评估类型、制定评估方案、开展评估活动、总结评估成果五个环节建立习近平新时代中国特色社会主义思想“进教材、进课堂、进头脑”的成效评估体系。为科学评估各高校推进习近平新时代中国特色社会主义思想“进教材、进课堂、进头脑”的成效提供了技术方法。

李凌等（2018）以信息系统安全体系为基础，云计算环境安全标准为辅助，设计云计算服务产品评估体系的框架模型和具体的指标体系。并用 4 款产品对模型进行试验验证，结果表明建立云计算服务产品评估体系丰富了云计算的评估内容，促进了云计算服务产品评估技术的发展。

罗俊颉等（2018）采用多层次模糊综合评价法（层次分析法和模糊综合评价法综合），通过“确定评价目标、构造层次模型（分解目标形成准则及评价指标）、依据层次模型生成调查问卷、组织调查、用专家法确定指标体系中各指标对评价目标的权重、通过专家数据和评价指标权重计算得出综合评价结果”的技术步骤来建立人影作业站安全分级评估体系，为人影作业站点安全分级管理提供理论依据。

3.4.2 评估技术进展

3.4.2.1 评估基本技术思路

评估技术是在进行评估时主要采用的技术方法。评估是目前社会经济活动中必不可少的一项技术活动，各行业和部门针对各自需要评估的对象建立了许多具体的评估技术方法，但总体而言，主要有以下几种技术思路。

（1）经验法（又称专家法），主要是由在评估对象相关领域有技术工作经验的专家，对评估指标体系根据各自己的经验进行分级打分等进行评估。这种方法简单实用，容易被人接受，是一种常用的评估技术方法。

（2）统计法，主要是根据评估对象的统计特征，对评估指标体系进行分级，同时对具体评估用的指标体系进行量化，通过对量化的指标体系的统计分析进行评估。

（3）机理法，主要依据事物发生发展的机理（主要是科学技术问题评估方面应用较多）建立物理、化学等机理明确的评估模型，通过运行模型，并对模型输出结果的统计特征分析进行评估。

以上三种技术思路的评估技术方案在气象上，尤其在人影作业效益评估方面都有具体业务应用。王佳等（2015）综合利用降水、气温等气象资料和卫星遥感监测的太湖蓝藻实况资料，通过统计分析发现：“人工影响天气作业后太湖地区平均增雨量达 10.9 mm，增幅达 11%，同时云中下沉气流增强，导致向地面输送的冷空气增强，太湖地区气温迅速下降，降幅 1～2 ℃。增雨降温对防控太湖蓝藻初期繁生、中期扩展、降低污染起到积极的作用。”

3.4.2.2 评估常用技术手段

在具体实现“经验、统计、机理”评估方法时应用了许多具体的评估技术手段，目前应用较多的主要有以下几种（孙现伟等，2015）：

（1）多目标规划法，即对多个目标进行评估的技术方法。主要方法是通过主成分分析、层次分析等技术方法，通过简化评估目标数量的思维模式，设计综合指标体系，求出共同的最优解。

（2）模糊综合评价法，用模糊数学理论构建评估模型，进行评估的技术方法。主要是应用模糊数学理论可以模拟人脑思维推理过程的原理，对模糊现象做出正确判断，变定性评估指标体系为定量评估指标体系，通过定量分析得出评估结论。

（3）排序法（距离综合评价法），根据设想建立评估对象的好、差方案，计算其间的距离，通过距离差异确定采用哪种方案的技术方法。

（4）灰色关联度评价法，应用关联度对评估指标体系的指标进行加权综合，比较评估对象与设定的标校对象之间的贴近度得出评估结论的方法。

（5）人工神经网络法，将评估对象的指标体系的属性值作为神经网络的输入向量，评估对象的评价值作为神经网络的输出，通过运行神经网络系统做出综合评价。

通过以上分析可知，评估技术的核心技术是建立评估指标体系的技术方法。目前，仍然主要以经验和统计查找指标为主，综合指标的主要技术方法仍然是建立统计模型为主，应用或部分应用机理模型的较少，但这是评估技术的发展方向。

3.4.2.3 评估数据标准化方法

在实际处理评估指标体系时会发现，不同指标体系因量纲不同，数值差异巨大，直接影响评估模型中各因子的权重参数，给计算结果带来影响。评估建立模型之前，必须要做的一项工作是取掉各指标的量纲，将指标体系变成标准化的数据系列。采用不同的数据标准化技术方法，会直接影响指标体系重新生成的数据系列的具体数值，导致指标体系的权重向量差异，最终影响综合评价结果（牛岩，2017）。因此，具体选取哪种量纲技术方案必须慎重。目前，选取量纲常用的方法主要有：

（1）数值标准化。在评估指标体系数值标准方面，目前常用的主要有：Z-score 方法、极差化方法、极大化法、极小化法、均值化法、比重法、功效系数法等八种方法（刘竞妍等，2018）。通过这些数学计算公式将有量纲的评估对象的具体数值，直接转换成评估对象和因子的简单数据系列。并且，这种数据系列具有一定的规律性，如数值在 0～1 之间等。

（2）等级赋值法，人为规定评估对象指标体系每个指标的定性或定量分级标准，并给每个分级赋予一个具体分级数值，重新生成评估对象和评估用因子的新数据系列。

（3）隶属函数法，通过设计评估对象各指标的具体隶属函数，通过函数关系式计算，重新生成评估对象和评估用因子的新数据系列。

不同行业和部门的研究专家，根据自己具体的研究对象，采用的具体因子处理技术方法，各有特点。汪振（2018）设计数据库运行安全评估技术指标体系，对这些指标通过分级打分、专家法等技术方法进行评估。结果表明，通过对数据库系统安全进行技术评估，能够快速发现安全隐患，为数据安全护航。

3.4.2.4 气象评估应用简介

(1)应用气象评估

甄熙等(2018)对农业气象灾害风险评估主要采用以下三种技术方法,分别为:

① 农业气象灾害风险评估主要采用基于指标的综合评估方法通过建立数学模型对各项指标进行加权计算,得出风险指数,通过统计分析风险指数的特征进行农业气象灾害风险综合评估。

② 基于概率的综合评估方法。对具体农业气象灾害发生的历史概率进行统计特征分析进行评估

③ 基于情景模拟的动态评估方法。建立评估对象的数值模式,对未来情景模拟进行结合评估。

(2)天气预报评估

中国气象局对天气预报业务质量的评估,主要是采用预报主管部门设计的 T_s 评分方法来考核气象要素的预报效果,具体为:

$$T_s = N_a/(N_a + N_b + N_c)$$

式中:T_s 为预报准确率,N_a、N_b、N_c 分别为报对、漏报、空报的站(次)数。这种预报准确率评估方法的核心是先进行天气预报,实况出来后进行比对,通过预测与实况的比较计算结果,评估预测效果,结论可信度高。问题是有许多气象要素的预测,根本没有结果实况来进行比对,最典型的是数值天气预报模式的高分辨率(如 3 km 分辨率)和实际观测提供校验资料分辨率的不匹配(李明等,2017),即,气象观测站点的密度达不到 3 km 分辨率,江苏作为中国东部发达省份,也只有 7 km 分辨率,西部更差,形成事实上的有预报无实况的情景存在,直接导致 T_s 评估客观计算有难度,影响评估结果的客观性。所以,通过 T_s 评分评估能反映模式对分级气象要素的预报能力,但却掩盖了模式对气象要素预报能力的空间信息(肖玉华等,2010)。

随着精细化天气预报业务的发展的,气象要素的分级预报过渡到数量预报,这种评估模式必须要有新的评估体系来代替(潘留杰等,2014)。因此,如何建立精细化的预测效果评估模型是发展精细化预报的重点研究内容之一。这一领域发展的主导方向是由单点实况检验理论评估模型向面上模型求证理论评估模型的转变,核心是通过人工智能进行预测效果的评估分析,为智能改进预测模型提供决策支持。

(3)人影作业评估

人影的作业效果一直以来受到社会各界的关注,目前,学术研究者主要采用的物理评估和统计检验方法;具体业务工作者主要采用雷达回波、区域回归、影响面积估算等技术方法(邓战满等,2014)。人影作业效果评估的主要技术发展方向是向天气过程的数值模拟方向发展,但应用这种技术方法针对具体作业过程的评估结论尚不能得到大部分学者的认同。

3.4.3 评估结论应用

3.4.3.1 评估应用意义

人类社会经济发展过程中,要充分发挥整体效益,即行动的组织性和规范性,而要集中力量进行社会经济活动,很重要的工作是管理。管理(Management)是在特定的环境下,对组织所拥有的资源进行有效的计划、组织、领导和控制,以便达成既定的组织目标的过程。

人类在发展过程中一直在不断改进管理模式,提高管理水平,期望通过管理促进社会经济

发展。管理工作是人类生产实践中的基础性工作之一，管理工作的核心是管与被管的矛盾对立统一。对管理者而言，管理工作中面临的一项重要工作任务就是对被管理者的状况进行评估，并科学应用评估结论，提高管理水平。最典型的是人类随着科学技术发展，对未来充满了自信，规划未来已经成为各国政府和部门，甚至家庭常做的事。这种规划或计划是否合理，就需要评估，并依据评估结论进行修正。无论是国家战略发展规划还是部门的工作规划，组织实现前都要组织多次专家咨询和认证会，对方案进行评估并优化，通过评估提高方案实施的可行性。

3.4.3.2　评估具体应用

评估结论应用是日常管理工作中必须要做的一项常规工作，各部门和单位都积极探索评价具体应用的技术方法。目前，管理者对被管理对象进行管理时，常用的评价应用方法是目标管理和绩效考核方法。

目标管理(Management by objectives)是以目标为导向，以人为中心，以成果为标准，使组织和个人取得最佳业绩的现代管理方法。将具体工作细化为若干工作任务，如要完成年度销售100万元，天气预报准确率要达到95%以上等。年底对目标任务的每一条的完成情况进行评估，并对总体完成工作情况进行评估，根据评估结论进行年度奖罚。目标管理考核的优点在于组织明确了考核对象的工作努力目标，利于激励被考核对象增强工作主动意识，提高工作效率。目前，目标管理考核这种方法已经被广泛应用于各行各业中的考核管理工作中(左扬等，2018)。

绩效考核(Performance examine)是考核主体对照工作目标和绩效标准，对员工的工作任务完成情况进行评估并反馈。根据任务下达时的计划任务书中的具体工作内容，逐项对照完成情况，按考核指标体系进行逐项评估，最终形成总的评估报告，评估任务完成情况。

由上分析可知，目标管理和绩效考核实质上是对被考核对象的工作业绩进行详细评估，并将具体评估结论直接应用于管理工作中。通过评估工作情况来促进和提高工作效率和质量的管理方法，被大量地应用于各级管理部门中。从优化考核内容、完善考核组织、重视考核反馈、理顺考核与人事工作关系等4个方面，对事业单位的绩效考核实际应用进行全面落实，全面提升管理事业单位的水平和事业单位工作人员的绩效(尤士兰，2019)。

评价结论的应用非常重要，已经得到各级管理部门的认同，并被广泛应用。对具体工作进行科学评估，保障评估结论的准确性和应用评估结论的具体管理措施的有效性就显得更为重要。目前，绝大部分部门的工作质量的评估都是由本部门内部管理部门组织实施和对结果应用的，形成了事实上的避实就虚，过分强调好的一面，形成了表扬式的评估结论。因此，这种自我形成的评估结论和应用的人为性上升，客观性下降，影响了评估结论的应用效果。为了解决这个问题，让评估结论具有相对的客观公正性，许多国家和社会组织成立了大量的第三方评估机构和组织，由专门的评估机构组织相关评估，并提供权威性的评估报告。将评估主体、评估对象、评估应用分离是评估行业的发展趋势，也使评估应用具有了相对的公正性，扩大了其应用领域。

目前，世界上许多国都建立了国际和国内的信用评估体系，为了强化社会的公平正义，评估结论应用于日常管理工作中已经成为一个常态，如在中国失信人不能坐飞机等；其中，个人和企业信用评定和应用是各国最常见的评估结论应用。企业信用评估结论在中国，较为流行的是划分成三级十等信用等级标准。如中国银行的客户信用等级分为AAA级、AA级、A

级、BBB级、BB级、B级、CCC级、CC级、C级和D级，共十个信用等级。不同的管理机构根据自身业务特性及目的，采取了不同的信用等级划分标准，但分的评估结果等级是一致的，这样，方便使用者使用。为了方便评估结论的使用，评估结论的分级标准有趋同的趋势，但具体划分等级的指标体系各有特色。高等教育等已经充分发挥第三方评估工作具有中介性、独立性、专业性；评估结论更具公正性、客观性和真实性的特点，建立评估结论应用的机制，以促进高等教育内涵式发展，提高教育质量(朱平，2015)。

3.4.3.3 评估气象应用

近年来，随着中国改革开放步伐的加快，中国气象服务行业快速发展，尤其2015年之后气象服务公司增长迅猛，随之而来的是气象服务质量如何评估、气象服务质量评估结论如何应用等一系列问题。

目前，对气象服务质量，尤其对气象预报服务质量的评估工作仍然由气象主管机构组织进行，评估结论也只限于气象部门内部管理使用。各级气象主管机构是代表政府进行气象管理的部门，对气象服务质量的评估工作管理是缺位的。气象服务质量评估既没有形成第三方的专业评估机构，评估结论也没有社会化应用，造成了事实上社会应用气象服务产品的用户对提供气象服务者的信用无参考信息；不知谁的天气预报预警更准确可用，只能靠感觉。天气预报预警信息应该是政府气象主管机构发布的，社会上的绝大多数普通气象服务用户不清楚，形成了气象服务无权威性机构的无序时代。同时，人影作为气象业务的一个分支，作业效果评估更是部门化、专业化，没有一点社会化评估的气息。作业效果评估报告不敢在社会上公开发布，仅仅是气象部门的一个内部管理报告，应用效果评估，自然更谈不上了。没有权威的人影作业评估报告，怎么能让人影事业健康发展，人影业务投资还有什么依据可支持。构建社会化、第三方的人影作业效果评估体系迫在眉睫。

在中国改革开放的新时代，科学技术快速发展的今天，构建规范化的气象服务质量评估体系，及其评估报告应用的科学管理体系已经成为气象主管机构必须考虑的重要问题之一。

3.5 预测结果应用

3.5.1 预测结果价值

3.5.1.1 预测结果引领作用

人类发展预测技术，开展大量的预测工作。目的是通过预测结果在社会经济发展中的科学应用，摆脱社会经济发展的盲目性，增加计划性和科学性，提高其发展质量。随着社会经济的快速发展，预测早就由职业转向技能或本能，变成了人们日常生活中的一部分，是我们准备各项活动计划或规划的前置性、基础性工作之一。一旦社会上的气象服务公司的天气预报水平超过了气象部门，气象部门的存在价值将丢失，所以，提高天气的预测准确率是气象部门存在和发展的前提条件。

人们准备出差，在买飞机或火车票之前，一定会预测一下走那条路最合算，路上要花多少时间等，导航系统自然成了人们日常必备的工具。同时，一定要看看沿途和目的地，在出差期间的详细天气预测结果，根据天气预测结果再决定带的衣服等。预测成了我们日常生活或工作的一部分，我们时刻都根据需要及时开展各项预测工作，并将预测结果直接应用于日常各项活动安排计划中，预测结论成了我们的行动指南。构建天气导航系统具有广阔的应用前景。

人类社会经济快速发展主要动力是人类对美好未来的向往，而要实现美好向往，是人们根据预测的美好未来，设计现在的工作思路，制定发展规划，全面推进社会经济发展。中国政府基于中国社会历史发展状况，做出了“到中国共产党成立100年时(2021年)全面建成小康社会，到新中国成立100年时(2049年)建成富强、民主、文明、和谐的社会主义现代化国家”的“两个一百年”中国社会经济未来发展趋势预测结果。党的十八大报告首次提出“两个一百年”奋斗目标，与中国梦一起，成为引领中国前行的时代号召。2012年，党的十八大描绘了全面建成小康社会、加快推进社会主义现代化的宏伟蓝图，向中国人民发出了向实现“两个一百年”奋斗目标进军的时代号召。“两个一百年”自此成为一个固定关键词组，成为中国各族人民的共同奋斗目标，前进方向，发展动力。

无论是国家层面，还是企业或个人层面，应用预测结果制定工作计划或发展规划，通过预测结论引导活动行动或社会经济发展已经成为一种常态。预测结果的核心价值是预测结果的准确应用，只有在应用中才能体现预测结果应有的价值。而要人们应用预测结论的核心是预测的准确率，要让人们相信这个预测结果是可信的。

3.5.1.2 预测结果应用热议

价值(Value)是人类对于自我本质维系与发展，为人类一切实践要素本体，包括任意的物质形态。价值要在一定的特定条件下才能发挥出来，价值在不同的领域有不同的表现形式。主要分成：

(1)社会价值(Social value)是一个部门所生产的商品的平均价值，它由该部门内部各个生产者所生产的商品的个别价值的加权平均数来决定。

(2)经济价值(Economic value)是经济行为体从产品和服务中获得利益的衡量。

(3)生态价值(Ecological value)是地球上任何一个生物物种和个体，对其他物种和个体的生存都具有积极的价值。地球上的任何一个物种及其个体的存在，对于地球整个生态系统的稳定和平衡都发挥着作用。自然界系统整体的稳定平衡是人类生存的必要条件，因而对人类的生存具有“环境价值”。

预测结果价值是人类应用预测结果，直接进行社会经济活动过程中，所产生的额外附加价值。这种额外附加价值主要是“社会、经济、生态”价值，价值量的大小是由预测结果的准确率和人们使用预测结果的效果所决定的。

需要特别注意的是预测结果价值，具有正负效应之分的基本特征。当预测结果准确，应用适当，产生了正面的价值。反之，当预测结果不准确或预测结果应用不当，就会产生负面价值。对预测结果价值的两面性要有充分的认识，尤其是在天气预测结果的应用过程中，特别是重大气象灾害预测结果的应用过程中，一定要保持清醒的头脑。由于受气象科学技术水平的限制，目前，重大气象灾害出现预测不准是一件很正常的事，但是如果重大气象灾害预测不准，这种错误预测结果又被直接应用，就非常容易因此引起预测结果应用的负价值事件。如预测台风影响，做了大量防台准备，学生停课……结果台风绕道而去，天气正常，对社会的影响非常大！

在应对灾害，尤其气象灾害时一定要坚持以防为主、防抗救相结合，坚持常态减灾和非常态救灾相统一；实现从注重灾后救助向注重灾前预防转变，从应对单一灾种向综合减灾转变，从减少灾害损失向减轻灾害风险转变。这是保障预测结果正值价值体现的最有效的管理技术途径。人影作为气象部门防灾减灾主动作为的唯一手段，必须遵守上述应对灾害的总要求，只有这样，才能充分发挥人影预测结果的正面价值，减少负面影响。

3.5.2 预测结果应用

3.5.2.1 预测结果应用案例

人们预测的目标是将预测结果应用于社会经济发展中，求得最佳的发展机遇，提高发展质量。齐美东等(2017a)根据中国人口出生率呈下降趋势，“人口红利”消失的预测结论，提出了我国高等教育将会来到产能过剩时期，必须转型升级。王亚楠等(2017)预测了高、中、低三种情景下2011—2050年中国人口出生规模的变化，得出了人口出生规模只可能在短期内实现回升的结论，提出要保持人口长期均衡发展，国家的生育政策必须作适度调整。中国政府根据学者的人口预测结果，及时调整了我国的计划生育政策，全面放开了二胎，为中国人口的全面科学发展提供了政策支持。

CQMM(中国季度宏观经济模型课题组)预测中国经济增长“稳中趋缓”的态势还将延续，提出要综合应用各项政策措施，在防控金融风险的同时，将政策重点放在激发民营经济活力，促进民间投资增速的快速回升之上。郝宇等(2018)根据2017—2022年中国能源消费总量预计维持小幅增长态势的结论，建议充分考虑各地区经济发展的客观禀赋差异，能源布局要以西部多方位发展为重点。邱宇等(2018)根据“十三五”时期江苏省海洋生产总值将保持较快增长趋势的结论，提出了要加强海洋生态环境保护、培育壮大优势海洋产业、加大海洋科技创新投入和提升港口综合实力的建议。这些预测结果在政府制订相关产业发展管理工作中得到了充分应用，提高了中国或区域的经济运行质量。

3.5.2.2 天气预测应用实例

天气预测结果应用一直是人们应用预测结果的重点领域，人们可以通过各种渠道快速获取自己想要的天气预测结果，并应用于日常生产生活中。其实，现代意义上的天气预测的起源不是在于服务人们的社会经济活动，而是战争。1854年11月14日，英法两国与沙皇俄国在黑海激战正酣，大海上突发狂风巨浪(极大风速超过30 m/s)，英法舰队差点全军沉入大海之中。事后，法国皇帝拿破仑三世为了弄清是天灾还是人祸，命令巴黎天文台台长勒佛里埃进行调查黑海风暴的真相。通过调查发现，这是一次典型的灾害性天气过程造成的，1855年3月19日，勒佛里埃在法国科学院做报告时说，假如组织气象站网，用电报迅速把观测资料集中到一个地方，分析绘制成天气图，就有可能推断出未来风暴的运行路径，避免或减轻战争中因不利天气造成的损失。从此，天气图预报方法被广泛使用，一直沿用至今，气象预测信息一直是世界各军关注的重要军事信息，天气预测结果应用于军事成功的事例举不胜举。中国历史上应用有利天气条件，出奇制胜的事例实在太多，最典型的是三国的诸葛亮利用大雾草船借箭。

现代生活中，随着人们生产生活节奏的提高，社会经济发展对天气的依赖程度更高，精细化的天气预测结果是安排生产生活必须要掌握的决策参考信息。如江苏省2018年1月下旬的暴雪过程，2018年1月21日江苏省气象局发布《一周天气》，指出：“24—25日沿江和苏南地区有暴雪，淮北地区有小到中雪，其他地区有中到大雪，局部暴雪。我省淮河以南地区将有明显积雪。27—28日全省还有明显的降雪天气。”25日和27日强降雪期间，每隔3小时发布《天气快报》，共发布14期，提前准确预报出这两次暴雪的落区和量级，及时、滚动开展服务。1月

25 日，省应急办根据第 6 期重要天气报告，上报省政府领导值班专报“全省低温雨雪冰冻天气及防范应对情况”，杨岳副省长批示：“气象部门要加强分析监测，及时发布信息，科学指导应急，为两会圆满顺利提供有力保障”。准确预测，科学防范，保障了社会经济活动正常运行。2018 年 12 月上旬，江苏省人工影响天气办公室根据江苏省大气污染防治办公室预测的江苏 12 月大气污染将加重的结果，专门印发了《关于做好近期人影作业的通知》，通知中明确要求，全省人影改善大气环境质量由省人影中心统一做好指挥调度，技术指导，在 6 次天气过程中都适时开展了人工增雨作业，明显改善了空气质量。

3.5.3　预测结果风险

3.5.3.1　应用预测结果成功案例

应用准确的预测结果取得成功的事例，在中国从古到今，数不胜数，尤其军事领域，经典战例太多了。如 1937 年 10 月 25 日，刘伯承元帅预测日军必于次日经七亘村西进，即令第 386 旅在七亘村附近利用有利地形设伏；26 日日军中伏，损失惨重。26 日，刘伯承元帅预测日军必于 28 日再次经过七亘村，再次设伏；日军再次中伏，再次损失惨重。两次成功预测出敌军经过同一地点(七亘村)，并两次应用预测结果组织设伏，取得了胜利。

江苏全省根据 2018 年 1 月 21 日江苏省气象台发布第 3 期《一周天气》，提前行动，实现了大雪不封路，将气象灾害影响降低到了最低。应用气象准确预报，成功开展气象防灾减灾的实例实在太多了。南京青奥会开(闭)幕式人影保障服务，就是成功利用天气预报，进行人影作业保障成功的典型个例。

3.5.3.2　应用预测结果隐含风险

以上案例是准确预测和科学应用预测结果的典型案例。成功应用预测结果取得事半功倍效果的案例实在太多了。成功的预测结果隐含的不确定性，让许多人对直接应用预测结果可能带来的风险视而不见。

全世界大量的技术人员，为了获取最大的投资回报而研究股票预测技术方法(车冠贤等，2018；王子玥，2018；周恺越，2018)。然而，事实上，全世界没有一个人和一种技术方法能 100%的准确预测股票。但是，这种预测水平的有限性，并不能改变人们钟情股票，投资股市失败者随处可见，但拼命投入的后来者车水马龙。当代著名经济学家盛祛非于 1996 年提出“股市有风险，入市需谨慎”，即入市一定要学会规避系统性风险。同样，气象预报，尤其重大灾害性天气预报的准确并没有达到 100%，但并不影响人们使用天气预报的热情。这里需要提出的是，人们使用天气预报时，要像投资股市一样，一定要学会规避系统性风险。

正是因为各种预测结果都具有一定的不确定性，这就要求我们在应用预测信息进行决策时要理性思维，把降低风险放在首位。在防灾领域，大量理性的学者和领导人提出了对自然灾害人类应采取预防为主的策略，而不是应用灾害预测结果的策略。要提高灾害风险管理意识，灾害管理工作重心要前移，加强灾害风险管理(廖永丰等，2014)。人影作业更是如此，尤其重大社会经济活动的人影作业保障服务，必须要清醒地认识到，有可能因各种因素导致人影作业保障服务失败。一定要有人影作业保障可能失败的风险意识，不能提 100%成功等不切实际的口号。

3.5.3.3　风险评估防范风险措施

风险(Risk)是在特定情况下某种结果的不确定性形式。风险的本质特征是不确定性，这对我们做决策而言，是一个反面信息。所有决策者在做决策时希望参考的信息都是准确的，用一个不准确的信息参考做出的决策只能是错误的决策。而错误的决策指导下制订的实施方案是虚假的，结果只能是失败。

为了科学防范风险，风险评估成了一个一点都不差于预测的科学研究领域，所有的决策在应用前都应该进行风险评估，降低风险影响。风险评估（Risk assessment）是在风险事件发生之前或之后（但还没有结束），评估该事件给人们的生活、生命、财产等各个方面造成的影响和损失的可能性的工作。风险评估其实就是定性或定量评估事件或事物带来的影响或损失的可能程度，为科学防范风险提供决策依据。

人类社会经济活动过程中，会出现各种各样的风险。不同风险可能形成的机理也不相同，但每种灾害风险的形成都要具备"发灾场、致灾力和承灾体"三个基本要素（尚志海，2018）。可以对不同类型事件风险的"发灾场、致灾力和承灾体"3 个要素进行综合分析评估其风险程度，在决策时充分考虑承受风险的能力，将危害降低到最低程度，实现决策的科学化。

正因为防范风险对决策工作特别重要，各行各业都非常重视风险评估工作。风险评估已经成为制定计划、规划、实施方案等的必备内容之一。风险研究已经成为一个跨学科的综合研究（尹仑，2018），研究风险对各行各业的影响，尤其风险对重大决策的影响成了科学决策研究的重点研究内容之一。孔锋等（2018）研究了自然灾害风险与"一带一路"国家战略的关系，提出了可以通过自然灾害识别与防范，加强防灾减灾国际合作，提高灾害设防水平来保障"一带一路"战略实施效果。中国企业《质量管理体系要求》（GB/T 19001—2016）中，在 2008 版的"预防措施"中的"基于风险的思维"进行了修改，提出了风险控制的具体要求，充分说明，中国国家管理层面对企业防范风险的意识明显提高（方志超等，2018），正在不断改进防范各类风险的具体技术措施，提高规避风险的综合能力。

人影作业是根据对未来天气预测结果，结合社会经济活动服务需求的实际，采用人工干预局部天气演变过程，实现让天气演变对社会经济活动有利的工作。人影作业的全过程都隐含有预测结果风险等多种风险。中国气象局一直要求进行人影作业站（点）（具体作业场所）标准化建设，降低作业安全风险。罗俊颉等（2018）用作业人员、设备、弹药、环境和信息等五个一级指标和 33 个二级安全风险评价指标，利用多层次模糊综合评价法对陕西省人影作业站（点）安全风险进行定量和定性评估。评估结果表明，通过风险评估可以降低天气预测结果风险，提高人影作业的安全性。随着现代高科技发展，人工智能技术应用成果已经进入了我们的日常生产生活中，全世界，尤其中国正在加速人影业务智能化，尤其由智能机器代替人工作业已经成为行业业务的发展趋势。发展智能人影业务是全世界人影发展的技术方向，中国也正在大力发展智慧人影业务。1978 年日本广岛发生世界上第一宗机器人"杀人"事件的事实已经证明，机器人已经成为一种最新型的犯罪群体；全世界机器人已经造成了人类 20 人死亡，8000 多人致残（廖常浩等，2019）。对这种具有智商机器业务应用的风险预测，已经成为全世界风险评估的重点内容之一。由大量智能人影设备业务应用而引发的新的人影安全隐患风险可能性猛增，人影界应当高度重视，对智慧人影业务风险进行科学评估，并制订有效的防范措施。

第4章　顺应自然　蒙眬遂愿

4.1　精制实施方案

4.1.1　战略实施方案

4.1.1.1　战略实施方案概述

中国是一个具有悠久历史的文明古国，战争在中国的历史长河中是一种“家常便饭”，人们认为人是决定战争胜利的决定力量。但是这并不能改变决定战争胜负中信息不对称的重要作用，历史上以少胜多的战例数不胜数。尤其中国共产党的战史，从土地革命、解放战争、卫国战争（抗美援朝战争、中印边界自卫反击战、中苏边界武装冲突、西沙海战……），很多是以弱胜强，都具有明显的信息不对称特征。最典型的是抗美援朝战争中的第一次战役，“联合国军”遭到中国人民志愿军打击后，其仍认为中国是象征性出兵，故稍事调整后继续向北推进，结果造成了惨败。而造成战争中信息不对称的主要手段就是谋略，战争的谋略又称为战略。

战略（Strategy）是从全局考虑谋划实现核心目标的规划。战略是一个为了实现预定目标而从全局考虑制订出的规划或计划，它强调的是宏观性和全局性，针对性非常强，可操作性非常高，而不是理想型的计划。《孙子兵法》被中国历代作为对战略进行全局筹划的参考书，作为制订战略实施方案的教材。

实施方案（Implementation plan）是指对某项工作，从目标要求、工作内容、方式方法及工作步骤等做出全面、具体而又明确安排的计划类文书。战略实施方案就是为完成某种战略而制订的计划类文书。由上分析可知，制订好战略实施方案对完成某项目标任务具有决定性作用，所以，国家从社会经济发展的需求出发制订了一系列战略或战略实施方案，各部门和行业也根据自己的特定需求制订了一系列战略或战略实施方案。

战略实施方案（Strategic implementation plan）是为完成某项具体战略而制定的实施行动方案。中国“一带一路”的战略构想，全球100多个国家和国际组织积极支持和参与“一带一路”建设，联合国大会、联合国安理会等重要决议也纳入“一带一路”建设内容。“一带一路”战略已经从理念转化为行动，从愿望转变为现实，取得了阶段性丰硕建设成果（袁志平，2017）。由此可见，科学严谨地制定一个好的战略将会对国家、民族、甚至全人类产生重要影响。根据新时代经济建设和国防与军队建设融合式发展规律，中国制定了“军民融合发展战略”。通过实施“军民融合发展战略”来统一富国和强军两个目标，统筹发展和安全两件大事（唐林辉，2018）。《2005—2020年中国气象事业发展战略》中提出了“坚持公共气象的发展方向，大力提升气象信息对国家安全的保障能力，大力提升气象资源为可持续发展的支撑能力”的战略思想，明确了战略目标和战略任务，凝练了重点工程和实施战略措施

（秦大河等，2005）。

由上述分析可知，每一个战略要实现的目标要非常具体明确，措施要适宜可行。具体部门、行业或重要事项的战略可由“战略思想、战略目标、战略任务、重点工程、保障措施”五个部分组成。南京青奥会人影保障战略方案就是按这五个部分编制的，并及时组织实施，具体情况简单介绍如下。

4.1.1.2 南京青奥人影任务

人工影响天气，保障社会经济活动正常进行是人类的共同愿望。所以，世界各国都期望通过人工影响天气消（减）雾（雨），保障室外的重大社会经济活动工作。通过向云中过量播撒凝结核可以引起云消散（Langmuir，1950），这个事实被揭示后，大量从事人工影响天气研究的科学工作者立即想到了通过人工影响天气干扰云而实现消（减）雨。当时世界气象科技强国（苏联、美国等）立即有人进行了这方面的试验。苏联20世纪50年代，采用过量播撒干冰催化剂进行了大量外场实验，研究出了消（减）云（雨）的技术指标和方法等（张慧娇，2018）。

1986年，苏联切尔诺贝利核电站事故期间，为了防止核污染扩散，污染河流和水库，进行了人工消雨作业，5月中旬到6月中旬，在浓积云或雨积云顶，通过飞机散播水泥粉和滑石粉来实施人影作业（张蔷，2011），开创了人类进行大范围、长时间的人工消（减）雨，通过消（减）保障重大社会经济活动正常进行的先河。

第一届东亚运动会于1993年5月9日至18日在中国上海举行。为了保障开幕式正常进行，上海市进行了人影消（减）雨试验，开创了中国通过人影消（减）雨来保障重大社会经济活动的先河（郑德胜，1999）。1995年5月9日世界反法西斯战争胜利50周年庆典活动在俄罗斯进行，为了保障活动正常进行，进行了人工消雨试验，让世界许多国家领导人、客人享受到俄罗斯“消雨试验”的成果（张纪淮等，2006）。中国通过人影消（减）雨来保障重大社会经济活动正常进行，受到了国家领导人的重视，社会需求不断增加。在1997年第八届全运会开幕式（上海）、1999年昆明世博会等人影消（减）雨的基础上，2008年北京奥运会的人影消（减）雨试验，受到了全世界的关注。许多科学和社会学者从各种角度进行了研究报道，影响深远。2007年9月就有学者（裴宁，2007）以“怎么保障2008奥运天遂人愿?”为标题，详细介绍了北京奥运会的消（减）雨技术方案，以及开幕式降水的概率？降水如何应对？应用什么技术应对？作业效果如何？是否不污染环境？等，逐一回答社会各界关注的人工消（减）雨的热点问题。时任北京市人影办常务主任张蔷（北京奥运会人影消（减）雨工作主要组织实施者之一）是这样评价北京奥运会人影消（减）雨工作的，“在2008年8月8日的奥运会开幕式日以及8月24日闭幕式日，通过大规模有组织的人工消减雨作业，确保‘鸟巢’在开、闭幕式阶段滴雨未下，使开、闭幕式完美呈现，为‘有特色、高水平’的北京奥运会添上了精彩一笔”（张蔷等，2008）。

中国从北京奥运会后，国家级、省级重大社会经济活动组织单位都将实施人影消（减）雨来保证开（闭）幕式作为重点工作内容之一，要求气象主管机构组织人影消（减）雨试验，这已经成为中国人影事业的一个重要特点。第二届夏季青年奥林匹克运动会决定在中国南京举行后，第二届夏季青年奥林匹克运动会组委会立即要求南京市政府组织开（闭）幕式阶段人影消（减）雨试验。南京市政府向省政府请求支持，省政府正式向江苏省人影办下达了南京青奥会开（闭）幕式阶段人影消（减）雨试验的工作任务。

4.1.1.3　人影作业战略思想

战略思想(Strategic thinking)是指导战略实施方案制定和实施的基本思路与观念，是整个战略实施方案的灵魂，主要包括战略理论、战略分析、战略判断、战略推理等。战略思想决定了战略目标、战略重点和战略措施等。针对通过人影消(减)试验来保障重大社会经济活动正常进行的战略思想包括了如下内容。

(1)人影消(减)雨试验战略理论

在目前的科学技术水平认知情况下，认为降水是云演变的结果，所以，通过人工影响云的生成发展过程一定能影响降水天气过程。不管用什么技术、什么物质、只要干扰了云的演变过程就能影响正常降水，如中国通过向空中撒播碘化银、俄罗斯向空中撒播水泥来实施消(减)雨试验。结合这两个方案的优点，南京青奥会人影消(减)雨试验设计思路是向空中撒播硅藻土和碘化银。硅藻土的化学成分主要是SiO_2，并含有少量的Al_2O_3、Fe_2O_3、CaO、MgO等和有机质，密度1.9～2.3 g/cm^3，堆密度0.34～0.65 g/cm^3，比表面积40～65 m^2/g，孔体积0.45～0.98 m^3/g，吸水率是自身体积的2～4倍，熔点1650～1750 ℃，显然它具有比水泥快速吸湿的特点，又比水泥对环境污染小。由于人影机理尤其效果评估理论的科技支撑水平有限，对作业后降水量中如何分离自然和人工影响的降水量的技术方法难以统一。确定南京青奥会人影保障方案总称为“消(减)雨”，即有可能消雨，也有可能是减雨，具体以是“消雨”为主还是“减雨”为主不作评估。

通过人影消(减)雨在全世界都处于科学试验阶段，方案总称为“第二届夏季青年奥林匹克运动会人工影响天气作业试验方案”简称为“南京青奥会人影保障试验方案”，是试验方案又是保障方案，所以，设计上对“试验”和“保障”两者进行了兼顾，增加了大量的动态监测内容。

(2)人影消(减)雨试验战略分析

战略分析是根据收集到的信息，分析内外环境，研判机遇与挑战。根据南京青奥会前中国已经组织过的北方(北京为代表)、南方(上海为代表)人影消(减)雨试验实践证明，气象部门通过人影消(减)雨来保障重大社会经济活动正常进行的能力非常有限。人影消(减)雨具有特定天气条件(小范围、弱天气过程)、时间短(数小时)等的特点，保障失败的案例不在少数。最大的挑战是南京青奥会于8月16日举行开幕式，8月28日举行闭幕式，这段时间正值南京对流天气强盛的夏季，必须要做好面对出现强对流天气的准备，方案要按出现复杂天气系统做。实践证明，这个战略分析结论是正确的。

(3)人影消(减)雨试验战略判断

战略判断是基于现有信息，对自身基础能力的分析。江苏是黄河、长江、淮河下游，京杭大运河贯穿南北，是历史悠久的鱼米之乡。不缺水，通过人影增雨、消雹作业量少，从事人影作业的人员和装备自然相对附近省份也少，但有一个特点是其他省没有的，所有作业装备都是车载式，机动性非常强，设计南京青奥会人影消(减)雨保障方案时，可以利用机动性来弥补数量不足的短板。同时，人员的作业实战少，操作熟练程度差，通过实战演练来提高人员的战斗力。

(4)人影消(减)雨试验战略推理

战略推理是采用理性分析等技术手段，从已有战略条件，推导出战略结论的行动。针对南京青奥会开(闭)幕式进行时出现降水的可能性大，江苏当时的人影人员和装备不足以支撑的实际，战略推理的结果，要成功必须引进外部技术和人员设备，必须设计实际作业技术方案而不是人影作业研究方案，具体作业方案中兼有人影作业的研究内容。

由上分析可见，南京青奥会人影消(减)雨保障方案的战略思想是“集智、实战”。“集智”，聚集尽量多的国内人影消(减)雨的专家参与，聚集尽量多的本省和实战经验足的省份的技术人员参与，聚集尽量多的国内和省内人影业务系统和设备参与作业。“实战”，组织体系、指挥体系、业务体系、保障体系……全部按实战来编制，一切工作以方便实战为核心来组织安排。

4.1.1.4 战略目标

战略目标(Strategic goals)是对实施战略思想活动，预期可能取得的期望值。战略目标的设定，是实施战略思想的展开和具体化，也是实施战略活动要达到的具体水平基本要求。

对南京青奥会人影消(减)雨保障而言，战略目标就是保障开(闭)幕式室外活动正常进行，并不是保障开(闭)幕式场馆滴雨不下。开幕式进行期间(2014 年 8 月 16 日 19—22 时)，主场馆保障区域内累计雨量仅 2 mm，所有室外活动正常进行。闭幕式进行期间(2014 年 8 月 28 日 18—22 时)，主场馆保障区域内累计雨量仅 0.2 mm，所有室外活动正常进行。实现了南京青奥会人影消(减)雨保障战略目标。

4.1.1.5 战略任务

战略任务(Strategic task)是指为了完成战略目标，必须要完成的目标任务。如为了完成《“十三五”国家科技创新规划》的总体目标，其战略任务有六项，具体是“一是围绕构筑国家先发优势，加强兼顾当前和长远的重大战略布局。二是围绕增强原始创新能力，培育重要战略创新力量。三是围绕拓展创新发展空间，统筹国内国际两个大局。四是围绕推进大众创业万众创新，构建良好创新创业生态。五是围绕破除束缚创新和成果转化的制度障碍，全面深化科技体制改革。六是围绕夯实创新的群众和社会基础，加强科普和创新文化建设”(科技文献信息管理编辑部，2016)。

为了完成保障“南京青奥会开(闭)幕式室外活动正常进行”的战略目标，设定了“组建领导体系，实现部门联动”“搭建指挥体系，实施精准指挥”“集成作业体系，实现业务互动”“构建安全体系，完善安全网络”“综合评估体系，开展动态评估”“融合保障体系，组织综合保障”6 项战略任务。

4.1.1.6 重点工程

重点工程(Key project)是指为了完成某项战略任务必须完成的工程或对完成某项战略任务有重大影响的工程。某一区域社会经济发展的重点工程，一般是指对本地区经济社会发展有重大影响的或建成后成为城市新地标的工程(朱朝阳，2015)。为了完成保障“南京青奥会开(闭)幕式室外活动正常进行”的六个战略任务，组织了“指挥、作业、保障”三个重点工程建设。

(1)指挥工程。建立行政管理、业务运行、作业指挥、应急处置、物资配备等，南京青奥会人影消(减)雨试验保障服务全流程的指挥体系。

(2)作业工程。建立作业设备、人员、方案、实施、评估等，南京青奥会人影消(减)雨试验保障服务全流程的作业体系。

(3)保障工程。建立设备(人员、环境等)安全、资金保障、应急处置等，南京青奥会人影消(减)雨试验保障服务全流程的保障体系。

指挥、作业、保障三大重点工程分工明确，又互有交叉，形成一个有机的整体。实现统一指挥，各分支机构落实，相互配合，保障了南京青奥会人影消(减)雨试验保障服务工作任务的圆满完成。

4.1.1.7　保障措施

保障措施(Safeguard measures)是保障重点工程项目能顺利完成的主要具体措施。为了保障宁夏清水河流域生态水量,采取"节水、防污、高度、明责"四条保障措施,取得了较好的效果(和志国等,2019)。为了完成南京青奥会人影消(减)雨试验保障服务工作任务,采取了"组织、技术、设备、人员、资金、安全"六条具体保障措施。

4.1.2　战术实施方案

4.1.2.1　概述

战术(Tactical)是指导和进行战斗的方法,主要由"战术原则、战术部署、战术指挥、战术技术、战术行动、战术保障"六个部分组成。"没有战术的战略是空谈,没有战略的战术是盲干,空谈与盲干无疑都是十分危险的,战略与战术只有摆正关系、合理布局,才能有机结合,只有有机结合的战略战术才是成功的战术、伟大的战略"(孙厚杰,2013)。战术是实施战略的具体手段,只有好的战术才能保障战略目标任务的完成。因此,战术实施方案(Tactical implementation plan)是从战术层面保障完成战略目标的行动方案。

"人民军队从战争中学习战争,从实践中探索规律,在世界军事史上书写了战争指导艺术不断创新的生动篇章"(陆旸,2019),所有好的战术都是从实战中来到实战中去。中国人民解放军最典型的进攻战术"三三制",红军时期,最初只是一个战术思想,后经过不断战场检验和调整,到朝鲜战争发挥到了极致,实现了攻得上的战略目标。同样,中国人民解放军典型的防御战术"坑道战",从红军时期与国民党军队区别不大的简单防御坑道,到抗日战争的地道战,到朝鲜战争中上甘岭的坑道战,实现了守得住的战略目标。中国人民解放军正是具有攻得上、守得住的战术本领,实现了战无不胜的战略目标。南京青奥会人影消(减)雨试验战术实施方案,不断通过实战演练来验证,并加以总结提高,保障了"南京青奥会开(闭)幕式室外活动正常进行"的战略目标。

4.1.2.2　战术原则

战术原则(Tactical principle)是组织与实施战斗的根本法则,是一切战斗行动的基本依据和指南。战术基本原则又随着武器装备、作战对象、战场环境的变化而不断发展。"依据集中兵力原则、安全高效原则和效能最大化原则三个典型的战术原则,将通信干扰兵力部署分为初步部署、细化部署和调控部署三个阶段"(娄思佳等,2015),并通过建立子模型的技术方法,让三个阶段有机融合,形成一个整体。设定了南京青奥会人影消(减)雨试验保障服务工作任务的战术原则是"安全、有序、高效",通过指挥体系将三者有机融合,互为补充,圆满地完成了保障服务任务。

"安全"是南京青奥会人影消(减)雨试验保障服务工作的核心,每一项工作(特别是作业)把安全放在首位,专门制定安全保障方案,确保南京青奥会人影消(减)雨试验保障服务队伍、设备等安全和社会安全。主要措施:管理+保险。

"有序"是南京青奥会人影消(减)雨试验保障服务工作在人影指挥中心的统一组织下进行,主要措施:管理+资格。

"高效"是南京青奥会人影消(减)雨试验保障服务工作的每一个项目,方案都经过多次论证,必须用最少的人、财、物投入,实现保障成功的目标。主要措施:管理+技术。北京奥运会开幕式发射火箭弹数量 1110 枚(张蔷等,2008),南京青奥会开幕式发射火箭弹数量 699 枚(倪思聪,2017)(详见表 4-1),减少了 36.5%。

表 4-1　南京青奥会开幕式期间(2018 年 8 月 16 日)火箭弹发射情况表　　单位:枚

作业点编号	18:20—18:25	18:40—18:45	18:40—19:00	19:00—19:05	19:10—19:15	19:20—19:25	19:25—20:00	19:40—19:45	20:00—20:05	20:15—22:00	合计
202							12			14	26
203							16			16	32
204							8			12	20
205							8			20	28
208	4	8		6		4		4	4	32	62
209	8	8		8	4	6		7	4	18	63
211	8	6		8	6	5		9	10	34	86
212										8	8
302			8							40	48
304			8							24	32
306			8							64	72
309	7	8		8		8		8	8	2	49
310	7	7		7		6		7	8	40	82
311	7	7		7		7		7	7	7	49
312	6	6		6		6		6	6	6	42
合计	47	50	24	50	10	42	44	48	47	337	699

* 表 4-1 中数据来源为:倪思聪(2017)。

4.1.2.3　战术部署

战术部署(Tactical deployment)是为了达到战术目标进行的具体部署。为了用有限的力量,确保南京青奥会人影消(减)雨试验保障服务工作成功,战术部署采用滚筒战术,层层设防,由外到里,防御力量不断增强。

滚筒战术是以南京青奥会主场馆(南京奥体中心体育馆广场)为中心,设置 4 道防区,飞机 10 个作业区,火箭 7 个作业区(详见图 4-1)。以南京青奥会主场馆中心为圆点,呈现扇状,进行布置力量,沿着圆周线和圆轴线向关键点调动支援,实现随时随地就近支援,移动路线最短,支援车辆自备 4 箱(16 枚)火箭弹(详见图 4-2),如果需要紧急支援,行车过程中可以立即停车,实现火力支援。通过机动移动方式,确保关键点有大批次飞机作业和大量的火箭作业设备作业,开幕式时,作业最多的点集中了六个中天公司生产的 WR-98 增雨防雹火箭系统,火箭弹达到 200 枚(如图 4-3)。发射最多火箭弹的一个点,开幕式保障期间共发射了 86 枚火箭弹(占储备弹药的 86/200=43%,通过实时增援,具有了 2 倍以上的保障能力,确保万无一失,又不过度储备物资)。次多点发射了 82 枚火箭弹,两个点的发射量占总发射量的 25%。开幕式保障期间火箭弹高强度发射时段(20 时 35 分到 22 时),有一个点发射了 64 枚,次多的两个点各发射了

40 枚，三个点发射了这个时段发射总量的 43%（作业点现场见图 4-4）。通过高强度，精准打击（不是常规作业上的“拦击战”），对影响主场馆的云层进行人工影响，保障开幕式正常进行。

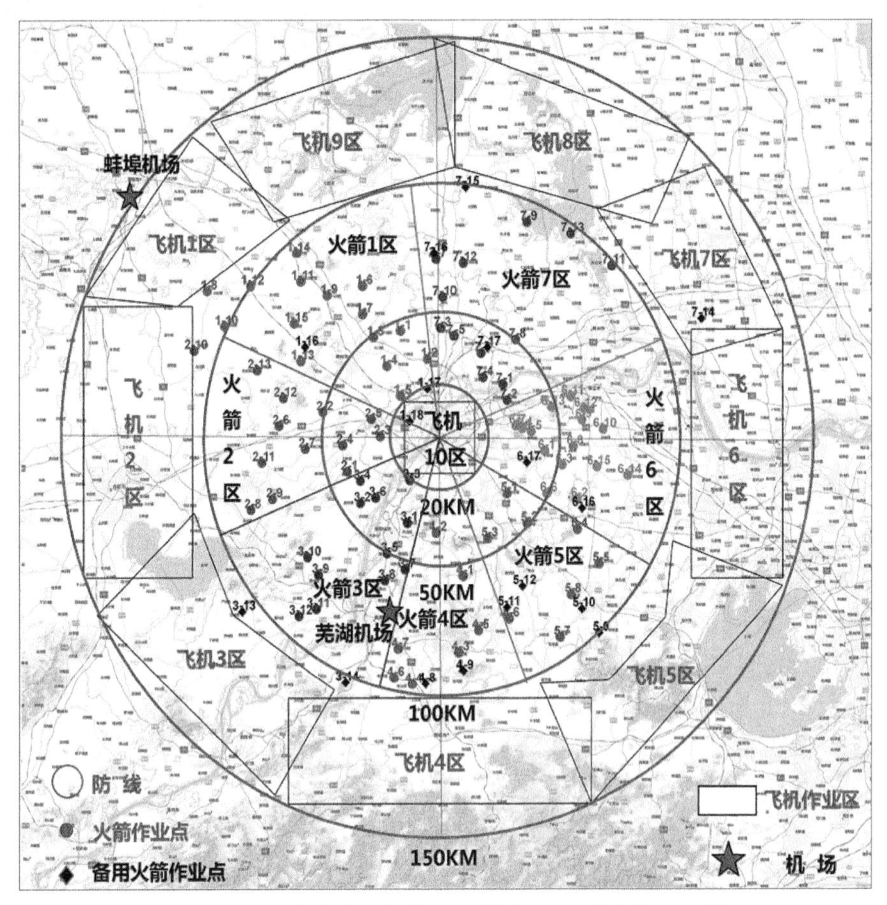

图 4-1　南京青奥会人影作业布局图（对应彩图见 206 页）

图 4-2　南京青奥会增援火箭车（对应彩图见 206 页）

图 4-3　作业点配备的火箭弹

(a)

(b)

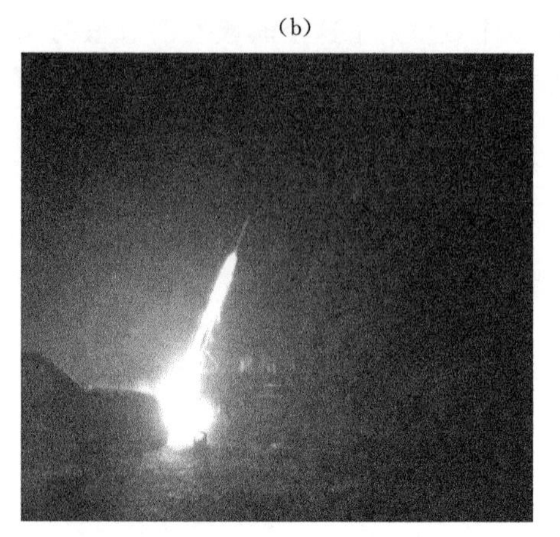

图 4-4　南京青奥会作业点现场(对应彩图见 207 页)

第一道防区(100～150 km),以飞机针对大范围层状云系,在上风方向云中和云顶过量播撒催化剂来影响天气,以达到消(减)青奥会主场馆上空产生降水的目的。

第二道防线(50～100 km),通过火箭向云中过量播撒人工冰核,争食云中云水,抑制云滴增长,以达到消(减)青奥会主场馆上空产生降水的目的。

第三道防线(20～50 km),通过火箭向云中过量播撒人工冰核,争食云中云水,抑制云滴增长,以达到消(减)青奥会主场馆上空产生降水的目的。

第四道防线(20 km 以内),主要针对青奥会主场馆上空云系,直接向云中和云顶过量播撒吸湿剂来影响天气,实现消(减)青奥会主场馆上空降水。

4.1.2.4　战术指挥

战术指挥(Tactical command)是指挥者直接根据战场态势,指挥调整力量和技术方法,并决定实施。为了方便指挥,设立南京青奥会人影指挥中心,人影指挥中心与气象指挥中心同一个大厅联合办公,又单独设置指挥场地(图 4-5a)。同时,分设飞机和火箭两个分中心,飞机分中心设置在蚌埠机场(图 4-5b),火箭分中心与人影指挥中心一起办公。各分中心与作业现场实现双向无线通信,主要通信工具为专用手机和常规手机,由专门通信人员实现人影指挥部及分指挥部、空军空域管制室、机场、作业现场不间断通信联系,将作业指令准确无误传达到作业操作指挥人员手中,并及时反馈作业状况。所有办公都实现电子化,采用大屏幕显示天气动态实况,根据作业实况和动态预评估天气状况,动态指挥作业点作业时间和作业数量。具体作业指挥由“专家＋专职”指挥完成,作业实现前,由专家团队制定详细的飞机和火箭作业方案,在作业过程中由专家团队不断提出具体作业指导意见,但具体作业命令的发布由专职指挥人员一人负责,确保作战命令的准确无误和因技术观点不同引起争论而误失战机。实践证明,明确 1 人为专职指挥,是决策的最后决定人,对保障作业有效是最重要的措施之一。在南京青奥会开幕和闭幕保障作业指挥过程中,不同的领导和专家对作不作业,针对那个区域的云层作业分歧很大,争论更大,正是有专职指挥的决心才保证了作业正常有序进行,实现了保障成功。

(a)

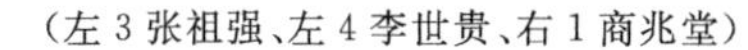

(左3张祖强、左4李世贵、右1商兆堂)

(b)

(左2周学东、左3许遐祯)

图4-5 南京青奥会人影指挥中心(a)和蚌埠机场飞机作业指挥分中心(b)(对应彩图见207页)

4.1.2.5 战术技术

战术技术(Tactical technology)(有的又叫战术技能)是战术行动所应用的主要技术方法。南京青奥会开(闭)幕式的人影保障作业的目标是保障开(闭)幕式进行期间主场馆能正常进行各类活动,而不是保障不下雨。采取对天气系统移动来向区域增雨,减弱降水过程强度,临近区域消(减)雨,减轻降水程度的战术。核心战术是通过减弱天气系统强度,让其通过主场馆的云团强度削弱,在不降水的状态下通过主场馆上空。

4.1.2.6 战术行动

战术行动(Tactical action)是指具体的战术措施。具体战术行动是保障开(闭)幕式期间,根据天气系统移动速度,推算出开(闭)幕式进行期间,天气系统通过主场馆是那个区域的云系,对这个区域云系先进行飞机作业(开幕式作业详见见图4-6、图4-7、图4-8),开(闭)幕式期间通过飞机作业明显减弱了天气系统。开(闭)幕式进行时,通过雷达回波,动态评估作业效果,分析可能对主场馆影响最大的云团,通过火箭集中重点超量发射,对主场馆的上游天气系

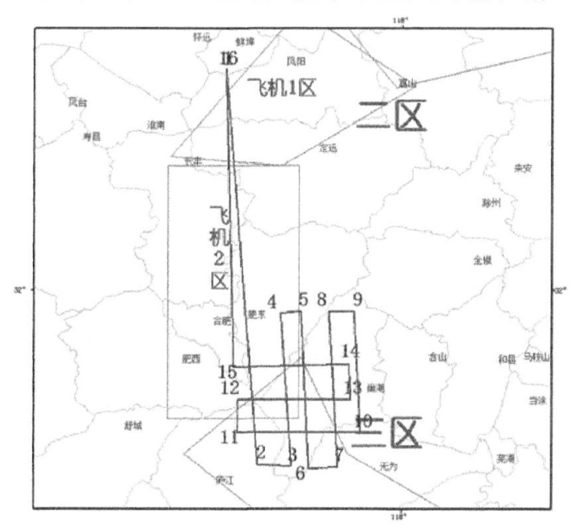

图4-6 开幕式“夏延3”飞机作业飞行航线

统中，可能影响主场馆的具体云团进行定点消除。通过反复评估上一次的作业效果，反复分析适时可能对主场馆影响最大的云团，再次实施重点消除，保障了影响主场馆的云团到主场馆上空时已经被明显削弱，云团处于无降水状态移过主场馆，保障了开(闭)幕式正常进行。

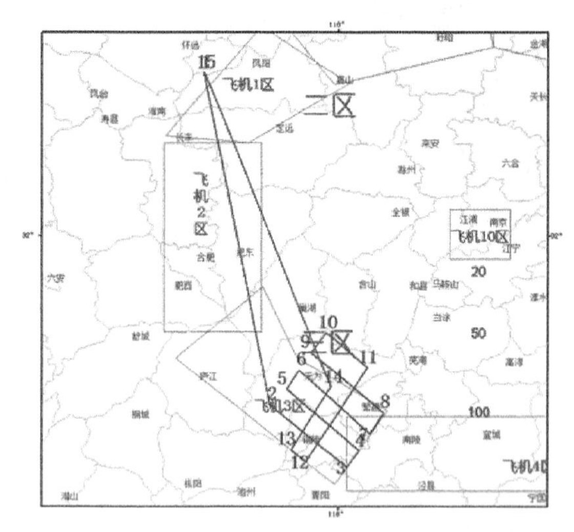

图 4-7　开幕式“空中国王”飞机作业飞行航线

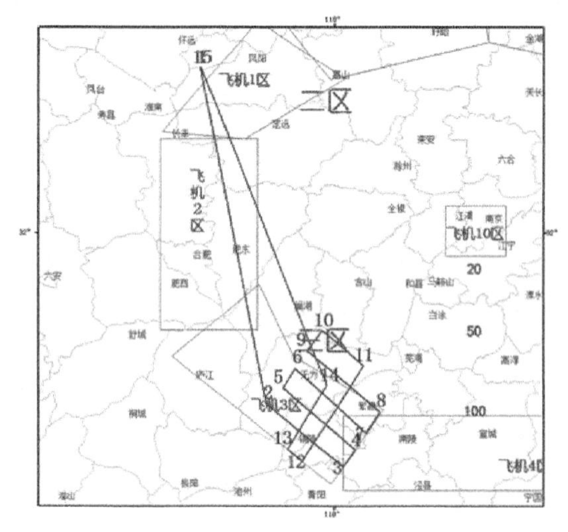

图 4-8　开幕式“运七”飞机作业飞行航线

4.1.2.7　战术保障

战术保障(Tactical security)是为了保障战术目标实施而采取的保障措施。南京青奥会主要采取的保障措施有：组织保障——领导＋专家团队；技术保障——专家＋专职指挥；设备保障——检测＋设备更新；通信保障——专职＋专用设备；安全保障——措施＋社会保险；资金保障——财政＋团队资助。

(1)组织保障

省政府专门成立了分管气象工作的副省长负责的南京青奥会人影工作协调联席会议机构，负责协调政府相关部门(气象、公安、交通……)、军队、机场……各相关部门工作，保障空域、交通、作业场所等安全需要。2014 年 6 月 19 日，江苏省委常委、副省长徐鸣组织召开省政府人影协调专题会议，专题研究布置南京青奥会人影保障工作，建立南京青奥会人影协调制度（图 4-9）。6 月 25 日，南京市委、市政府专门成立人影试验作业指挥中心，市委常委李世贵同志任指挥，多次组织召开指挥中心会议，协调部队、民航、公安和交通等部门，落实保障作业、运输安全和突发事件应急处置预案等工作。中国气象局多位领导来宁召开专题会议，部署指导人影试验工作（图 4-10、图 4-11 和图 4-12）。江苏省人民政府向安徽省人民政府、中国人民解放军总参谋部……正式发公函请求支持人影作业保障工作。江苏省公安厅向安徽省公安厅……正式发公函请求支持人影作业保障工作。江苏省公安厅向全省公安系统发明传电报，明确人影作业车辆作为临时特种车辆管理，由省人影办发布的特别通行证保障通行，所有作业点、弹药存放点都由管辖地派出警力维持现场安全……南京军区空军司令部组织专门的空域协调机构，统一调配作业区域内的飞机航路……保障组织结构（图 4-13）。

图 4-9　2014-06-19 江苏省副省长徐鸣（右 2）组织人影协调会（对应彩图见 208 页）

图 4-10　2014-04-24 徐鸣副省长（左 3）陪同中国气象局郑国光局长（左 2）考察南京青奥会准备情况（对应彩图见 208 页）

图 4-11　2014-05-20 中国气象局组织召开人影协调会议（对应彩图见 208 页）

图 4-12　2014-08-16 中国气象局许小峰副局长（中）视察南京青奥会人影指挥中心（对应彩图见 208 页）

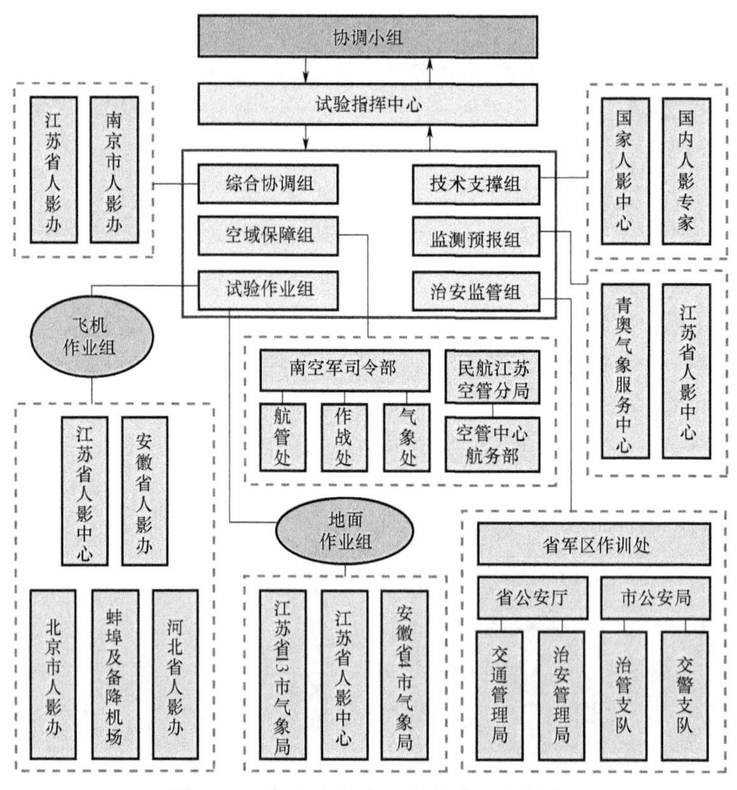

图 4-13　南京青奥会人影保障组织结构

(2)技术保障

组织了国内知名专家成立专家团队,由人影部部长商兆堂同志总负责,任专职指挥,统一协调、确定各类技术方案并组织实施,确保了技术思路先进,技术措施科学,作业指挥果敢及时。

① 团队强大

在中国气象局人影中心、南京大学、南京信息工程大学、解放军理工大学和安徽省、北京市、河北省气象部门及人影办的大力支持下,协调部队、民航、公安、交通、院校等部门力量,充分利用各方资源,组建了由 33 位教授(研究员和教授级高级工程师)、几十位专业技术人员和数百位一线工作人员的专业人影保障团队,实现从指挥、作业、后勤保障等所有人影保障工作都由专业团队来完成,确保了实施效果(图 4-14)。

图 4-14　南京青奥会人影指挥中心部分专家和工作人员合影

(前排左 2 魏建苏、左 3 商兆堂、左 4 袁野、左 5 濮梅娟、左 6 李子华、左 7 周毓荃)(对应彩图见 209 页)

② 方案精细

按照“国内一流、服务与科研相结合”的编制总原则，2014 年 7 月 7 日编制完成并向中国气象局应急减灾与公共服务司上报了《2014 年南京青奥会人工影响天气试验方案》(简称《总方案》)。《总方案》明确了人影工作机构、职责、技术、流程、保障等，下设综合协调、监测预报、飞机作业、火箭作业、空域保障、治安监管和技术支撑六个执行小组，各组根据工作职责，按照“组内功能完备，组间协调统一”的原则制定了精确快捷的业务运行流程、标准化产品制作模板，负责《总方案》的具体组织实施工作。7 月 18 日，为了提高《总方案》的实施效果，还制定了观测、预测、作业(飞机和火箭)、演练、应急、评估六个专项子方案。如根据观测方案，在现有卫星、雷达、雨量站、探空站等常规气象观测网的基础上，借用南京大学、南京信息工程大学、解放军理工大学和中国电子科技集团公司第十四研究所的特种雷达八部、雨滴谱仪 15 部，空中国王、夏延飞机配有先进的机载探测设备，建立人影专项探测网。人影指挥部专家组综合利用国内最先进的人影业务技术平台，通过开展国家和省级青奥人影专题会商(图 4-15)、精细化预报分析作业条件、研讨制定飞机和火箭作业预案、作业条件跟踪监测与实施方案修订、与空管部门充分协商，合理设计了开闭幕式人影作业试验作业方案，确保了开闭幕式正常进行。开幕式细化作业方案详见图 4-16。

图 4-15　2014-07-18 青奥人影细化方案专家咨询会(对应彩图见 209 页)

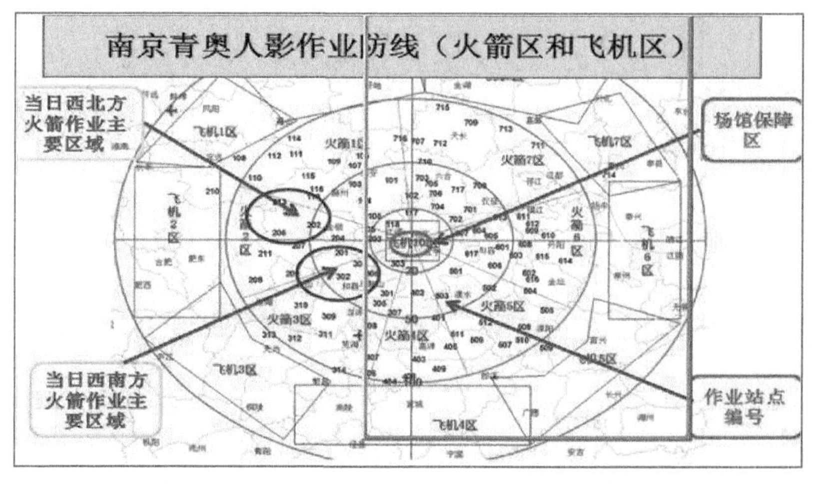

图 4-16　2014-08-16 南京青奥开幕式作业概况图

③ 动态会商

8月15日，正式启动国家和省级青奥人影专题会商，每天10:30、16:30开展两次会商（图4-17），重点就开幕式当天天气系统类型、云带移向、云层性质、关键云层高度开展作业条件精细化分析，专题会商意见为“16日受南部切变线和北部高空槽影响，开幕式期间有一次降水过程，南北系统将分别从西南与西北来向影响青奥主会场，云带自西南西—东北东方向移动，云层为冷暖混合云，0 ℃层高度5000 m，−10 ℃高度7000 m”。

图4-17　2014年8月16日10时与中国气象局人影中心视屏会商（对应彩图见209页）

④ 技术培训

培训专家组由相关专业技术专家、省人影办、省人影中心相关人员组成。培训内容主要为人影业务平台的使用技术、跨部门的非人影类人员人影基本技术知识、人影作业技术等。培训方式主要为集中演练、专门课程。一些专项新技术使用培训主要是根据新技术到位情况针对具体使用人员进行人对人的手把手式培训。

（3）设备保障

江苏人影主要是采用的西安中天公司的火箭发射系统，所有的设备由西安中天公司的专业技术人员现场进行检测，对检测中出现的问题及时进行整改，并对老旧设备进行了更新。安徽人影主要是采用西安中天公司和江西9394厂的火箭发射系统，所有的设备由两个厂家的专业技术人员现场进行检测，对检测中出现的问题及时进行整改，并对老旧设备进行了更新。飞机由具体机组提供单位对设备进行全面检查，及时对设备进行更新维护。

（4）通信保障

① 组织专职通讯组和通讯员。建立指挥中心、分指挥中心、空军空域控制室、南京禄口机场……专职通讯组，所有作业点设立专职通讯员，保证指挥部的指令快速准确传达到所有相关单位、部门和火箭作业车辆（飞机作业机组）。所有作业相关单位、部门的信息第一时间，准确反馈到指挥部。

② 配备实时指挥对讲装备。经过调研发现，市场上的普通对讲机、数字集群对讲系统无法满足远距离、跨省人影作业指挥时的对讲要求，自行开发基于移动网络的对讲平台需要专门进行系统开发，并需要自行维护外网支撑环境，使用成本和风险较大。相比而言，使用移动通

信公司提供的手机对讲平台则可快速实现实时指挥对讲要求，可实现全国漫游对讲、可查询对讲记录、安全保密等功能，投入设备可重复使用，并可用于今后全省的人影作业指挥工作，服务费用有限，可根据青奥人影保障工作需要按月开通收费，以后也可转由各市局自行续费维持相关服务。决定配备移动通信公司提供的手机对讲平台作为实时指挥对讲装备。常规手机作为通讯备份设备。

(5)安全保障

① 建立安全保障体系，制订了详细的安全管理章程，明确了各相关单位、部门的安全责任，加强了安全监管，并积极组织安全技术培训。

② 购买公众责任险保险。与中国平安财产保险股份有限公司江苏分公司签订公众责任险保险合同，明确青奥会期间人影作业的安全公众责任险保险责任。时间从开始演练起，到保障结束时止。南京青奥会具体保险期限为2014年7月25日00:00至2014年8月28日24:00。

(6)资金保障

南京青奥会人影保障的经费由南京市财政局列专项经费支持，经费主要用于采购的专用设备(火箭弹、烟条……)，并且通过政府采购后直接向相关厂商支付。作业过程中的相关配套费用，如人员安全用品(安全帽、防雨手电筒……)全部由省人影工作专项经费中列支。同时，为了节约经费支出，经与西安中天公司协商，火箭弹采取了购买＋借用的方式，在计算时计算需要打出去的最少火箭弹数量，而保障足量部分的火箭弹数量采取向中天公司借用，实际用了则购买，没有用的则承担来回运费和出厂合格检测费。这样，在企业的大力支持下，减少了过量采购火箭弹造成经费浪费的问题。许多专业观测设备由南京大学、解放军理工大学、南京信息工程大学的人影专业团队提供，节约了大量的专业观测设备资金投入，又实现了作业保障与科研收集研究资料的有机结合。

4.1.3 行动实施方案

4.1.3.1 行动方案概述

行动方案(Action plan)(有的称为“行动实施方案”)是为了达到某种目的而进行的活动的具体工作方案。行动方案的主要内容一般包括：行动主题、行动目标和意义、参与行动对象、行动时间、行动地点、行动内容及过程、行动宣传、资金预算、结果和建议。为了方便行动方案的实施，一般按“剧本”格式编写具体行动的行动方案较多。

剧本(Script)是按艺术素材编写的完成表演的行动方案，参与演出人员都根据剧本进行演出。而执行某项行动与演戏没有本质区别，区别的一个是真实场景，一个是表演形式，行动方案按剧本方式编写，非常方便组织(导演)和执行者(演员)完成任务。

正常的剧本编写主要围绕“时间、场景、人物、对话和动作”五个要素展开。

(1)时间(Time)是指每个表演者和动作的出现时间和时长，即，工作计划实现的时间节点表。如：什么时间飞机起飞、什么时间火箭发射……

(2)场景(Scene)是指什么地方、什么状态下发生。如飞机从蚌埠机场起飞、15号作业点……

(3)人物(Character)是做工作的是谁，指挥长命令发射火箭命令、15号作业点作业人员发射火箭……

(4)对话(Dialogue)是具体的会话行动,“指挥部呼叫15号作业点,听到,请回答”“发射1个基数火箭弹,快速连发”……

(5)动作(Action)是每个成员的具体动作,1号机组操作员正播撒硅藻土、15号发射点20号车正在发射火箭……

按剧本编写的行动方案都必须围绕一个主线展开,如人物、情节等。但对人影作业保障而言,理想的是按时间主线展开,中间切换场景,如,人影指挥部、空军指挥室等。

4.1.3.2 南京青奥人影行动方案

首先制定出《第二届夏季青年奥林匹克运动会人工影响天气作业试验方案》,并制订出了行动实施方案执行计划(详见附录1)。执行计划明确了南京青奥会人影保障工作主要要做的具体事项,由什么单位牵头,在什么时间范围内完成。在总的行动实施方案执行计划的基础上,随着时间推移,逐步细化各项工作。如具体到6月份,又细化为“上报青奥组委会《方案》,等待批复,根据反馈意见再进一步修改,落实预算计划。完成省级和南京市级空域申报系统安装任务,如南京空管中心具备接通运行条件,则及时进行系统联调。人影业务CPAS平台建设,包括市级业务终端配置,联系国家级安排专人指导平台安装使用,指导江苏省的业务人员和培训。配合CPAS安装需要,请观网处确认全省风廓线雷达、微波辐射计、激光雨滴谱仪等观测情况,并联系安徽等省获取周边相关观测资料。请信息中心协助将相关资料收集到一体化平台和人影业务平台CPAS的使用路径,尽早启动。请公共服务中心的短信平台提供市局气象指挥中心向移动作业点指挥人员发送指挥指令短信(作为业务平台的备份)的准备工作。省人影中心双参数云物理人影作业指导产品实现滚动发布,包括及时转发国家级的指导产品,实时生成省级指导产品。落实所有飞机的来源,根据需要到北京市、河北省等人影办洽谈飞机作业具体工作安排,落实主降和备降机场的选择及相关工作,确定多来源作业飞机情况下的飞机试验指挥平台和空地通讯平台的选择,落实飞机试验实施指挥组,落实飞机试验相关保障工作,包括机场、空域、气象、机组人员、催化剂采购等安排等。根据实际情况,请江苏省、安徽省相关市局进一步确认所有地面作业队伍人员,主要是最终落实带队人员。预算初步确定后,进行采购探空火箭发射架、探空火箭。根据最后确认的火箭架类型和数量,确定火箭弹需求(含不同型号),进行采购,确定并采购其他需要保障物资。赴江西9394火箭弹厂家联系安徽用的火箭弹采购事项(预算批复后)。确定火箭弹集中存放地点(可分种类在江苏省和安徽省分别存放),落实存放地的安防工作。落实作业队伍集中准备待命地点(可针对不同天气系统来向,准备多个),安排好食宿等。落实好火箭弹运输安排(需要综合协调南京市公安局,并需要联系安徽公安部门)。编写完成人影保障应急处置预案。筹备召开地面火箭试验协调会”12项工作任务,并逐项更加明确完成时间节点、负责人和质量要求等。

对《南京青奥会人工影响天气作业实施方案》进行分类细化,专门制定了观测、预测、作业(飞机和火箭)、演练、应急、评估等六个专项行动实施子方案,详见图4-18,图4-19。

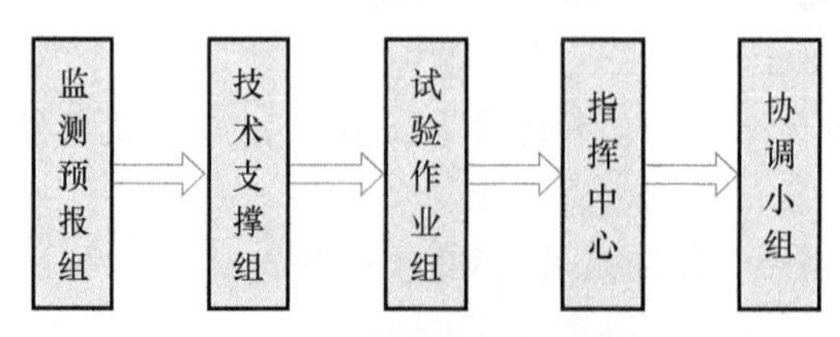

图4-18a 人影作业报批流程

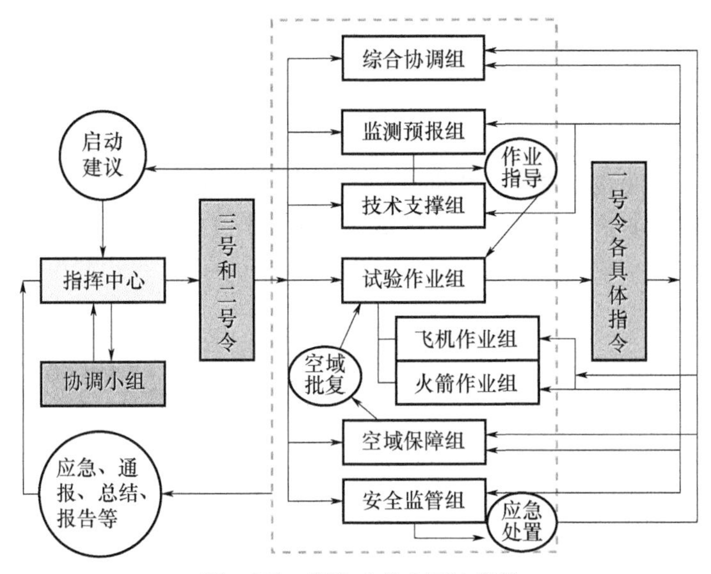

图 4-18b　影作业指令下达流程

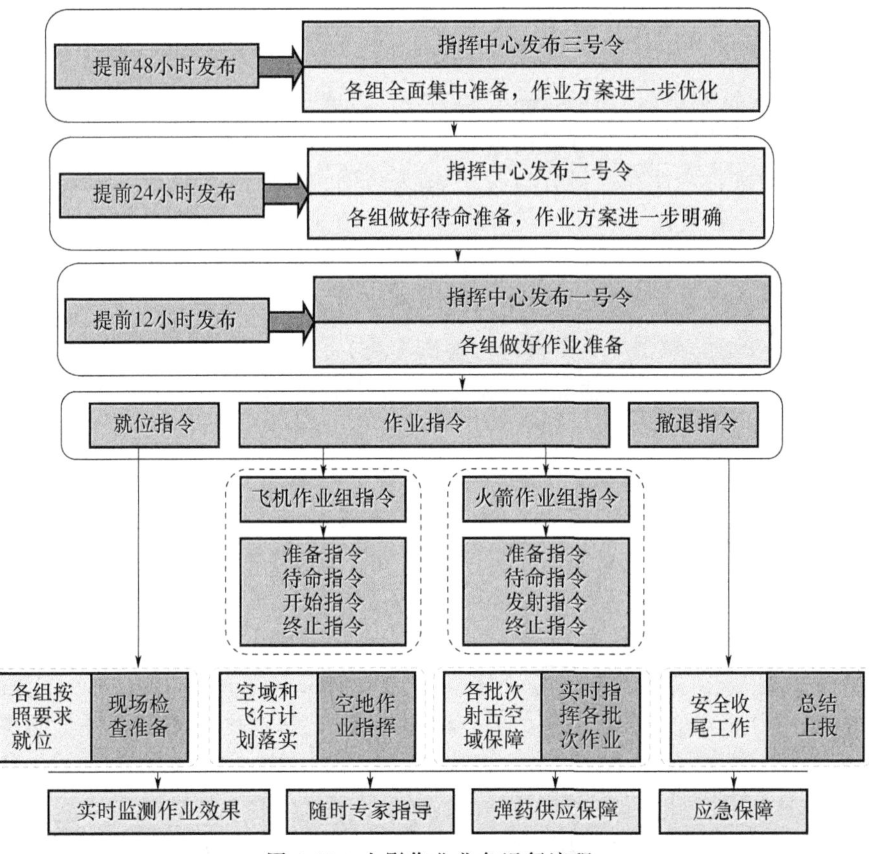

图 4-19　人影作业业务运行流程

(1)观测专项行动实施方案重点是充分利用院校、外省现有人影现代化观测设备，加强特种雷达、雨滴谱和探空等方面的观测，提高人影观测资料时间和空间分辨率。详见附录 2(《2014 年南京青奥会人工影响天气试验观测实施方案》)。

(2)预测专项行动实施方案重点是预测人影作业条件,预测作业区域和作业参数(作业高度、作业量)等。

(3)作业(飞机和火箭)专项行动实施方案重点是细化作业技术规程、提高作业效果方法等。详见附录3(《2014年8月11—17日南京青奥会人工影响天气作业实施方案》)。

(4)演练专项行动实施方案重点是细化演练技术流程、操作方法等。

(5)应急专项行动实施方案重点是细化安全事件处理流程、应急增援技术方法等。

(6)评估专项行动实施方案重点是细化作业效果评估技术流程和方法等。

4.2 强化安全管理

4.2.1 构建安全体系

4.2.1.1 安全体系的重要性

人类在社会经济发展过程中,经常发生一些人们意想不到的事故,给人们的生产生活造成巨大影响。据统计,2017年中国校园设施安全事故共发生64起,2017年发生的威海“5·09”客车起火事故,事故造成车内11名儿童、1名司机死亡和1名老师重伤(吕慧等,2019)。近年来,中国高校实验室安全事故时有发生,2006—2017年共发生14起高校化学实验室爆炸事故(郭娇,2019),这些事故成了人们挥之不去的永久伤痛。发生事故的高校都专门成立调查组,对事故发生的原因进行定性和定量分析研究,结果表明:违反操作规程,操作不当、操作不慎或使用不当的占了整个事故的50%以上(郭娇,2019)。这些事故大部分是可以避免的。2019年3月25日下午4时,中国响水“3·21”爆炸事故现场指挥部召开第四次新闻发布会,截至发布会前,本次事故已造成78人死亡,盐城全市医院共有住院治疗伤员566人,损毁的89户房屋将全部拆除,一般受损的863户房屋将进行检测鉴定,可见,这次事故给当地社会经济带来了多大的灾难(卞小燕等,2019)。这次事故发生前,安全管理部门已经检查出了安全隐患,提出了整改意见,但在没有整改达标的前提下,企业继续生产,导致悲剧上演,教训深刻。

各国政府、各单位、各部门都高度重视安全管理工作,将生产安全管理工作作为重点工作。中国政府为了加强指导安全生产,组织灾害救助体系建设,专门成立了中华人民共和国应急管理部,统一规划和领导、指导这方面的相关工作。安全管理体系建设是各项工作中一项必不可少的工作。安全管理体系(Safety management system)是关于安全方面的管理体系。各行业、专业根据自身的特点,建立了具有自己特色的安全管理体系。化工企业通过“安全评价机制、职业卫生评价机制”来建立化工安全管理体系(王毅,2018)。通过“施工安全方案模块、施工安全预警模块、安全事故处理模块、安全事故分析模块”四大模块构建基于模块化的房屋建筑工程施工安全管理体系,对整个房屋建筑工程施工安全进行整体防护,而且把各个模块联系起来形成系统,并形成不断优化的循环圈(杨传春,2019)。通过“安全保证体系、安全保障体系、安全监督体系和一体化安全考核”来构建国网湖北电力构建“3+1”安全管理体系,并出台了《安全工作奖惩、安全工作评价、安全生产巡查、专业安全管理工作方案》等一系列配套制度办法,将安全培训纳入各项必学和必考内容,明确安全履责为领导干部考核考察、单位和个人评先评优的重要依据,保障安全管理体系高效运行(赵冲,2018)。通过“完善管理体制、完善管理机制、完善保障机制、做好预防工作”四个方面完善人工影响天气安全管理体系,做到管理规范,消除安全隐患，杜绝安全事故，提高人工影响天气作业安全性和实际效果（谢强等，2019）。由上实例进一步说明，构建安全体系的出发点是针对具体工作的重点环节，从“人员、设备、生产环节、管理制度”四个方面，构建安全管理体系。

南京青奥会人影安全管理体系是从“人员、设备、作业、管理”这四个方面建立，并将这四个方面通过管理规章沟通联系，形成一个安全管理体系网络，覆盖南京青奥会人影保障的全过程，每一个工作环节，实现了“安全、有序、高效”的工作目标。

4.2.1.2 南京青奥会人影安全体系

(1)人员安全管理体系

在企业安全管理体系建设过程中，将安全管理体系分成两个部分，人的健康安全管理体系和生产安全管理体系。人的安全居整个安全管理体系建设的中心地位。南京青奥会人影保障安全管理体系的核心也是以保障人的生命安全为主线展开的。人员安全管理体系由组织体系、资质体系、培训体系、后勤体系四个部分组成。

① 组织体系。明确部、组级具体负责安全管理的负责人，建立个人安全联系清单，明确每个人的安全重点，如有何常规病、业务有何缺项等。

② 资质体系。所有参与人员都必须通过单位人事部门政审，由省气象局人事处统一向南京青奥会人影指挥部提供参与人影保障工作人员名单。所有人员都由省人影办报省公安厅治安总队进行社会安全检查，通过后才能列入南京青奥会人影工作人员备选名单。对所有参加人员必须有与工作相关的专业上岗证，如从事人影作业人员要有人影上岗证，车辆驾驶人员要有驾驶证等，这样保证人员政治过硬、技术精湛、纪律严明。通过南京青奥会人影保障实践证明，选拔出了一支高素质的队伍，拉得出、打得响，保障了各项工作“安全、有序、高效”。

③ 培训体系。对所有参与南京青奥会人影工作的人员进行了政治培训、安全知识培训、服务技能培训和专业技术培训。通过实战演练培训，在真正保障过程中，人人都是熟练工，所有操作只是重新做一遍。

④ 后勤体系。建立了人影指挥部总保障、分组小组内保障、个人自己保障的三级保障体系。让每个人生活用品充足，如食品、药品品种齐全；防雨服装、安全用品配套等。与就近医院建立联系机制，随时保障人员抢救、急救等。

(2)设备安全保障体系

① 配备体系。南京青奥会人影指挥部专门成立了保障组，由一位副部长牵头总负责，对人影保障工作需要的所有用品统一采购、统一管理和使用，集中调剂，保障既满足工作需要，又最大化节约资源。

② 检测体系。对所有南京青奥会人影保障专用设备和业务系统，组织专业人员全部进行检测，对检测中出现的问题及时整改，如老化的设备更新，业务系统进行升级等。并不断进行抽样检测，对检测结果进行分析和整改，保障了南京青奥会开(闭)幕式人影保障期间所有装备和业务系统都运行良好，做到了拉得出、打得响。

③ 备用体系。对所有南京青奥会人影保障专用设备和业务系统都进行了必要的备份，对人员分A角和B角互为备份，并专门成立了备用组，配备专车，对作业关键区域的作业点进行装备备用保障，并通过机动增援的方式及时对关键作业点重点备份。如开幕式人影作业保障期间，最重要的作业点通过增援，达到六台发射车辆，并且每个车都是满员，立即可以作业。正是这种新型备用体系，保障了开(闭)幕式人影作业期间，需要作业的点，需要打多少就能打多

少，既保障了作业需要，又节约资源。

(3)生产安全保障体系

① 飞机作业安全保障体系。在南京青奥会人影部专门针对飞机的进场、转场、作业过程的详细安全方案，并明确专人负责每个环节的安全，保障了开(闭)幕式飞机人影保障作业期间的安全生产。

② 火箭作业安全保障体系。在南京青奥会人影部专门针对火箭作业的进场、增援、作业过程的详细安全方案，并明确专人负责每个环节的安全，保障了开(闭)幕式火箭人影保障作业期间的安全生产。

(4)管理安全保障体系

南京青奥会人影部对保障开(闭)幕式正常的所有工作进行细化，列出了业务流程并编制了业务流程图，对业务运行和管理的各个环节，分析其安全隐患点，确定其安全风险等级，并根据风险等级，建立管理安全保障体系。

4.2.2 制定安全方案

人们从事所有工作，都需要制定工作计划，即一个方案，安全工作同样如此，所以制定安全方案是实施安全工作的基础。

制定安全方案(Develop a safety plan)就是制定一个保障工作安全的工作计划或措施。为了保障南京青奥会人影工作的安全，将制定安全方案主要以各类针对性强的应急预案形式确定，主要编制了《南京青奥会开闭幕式气象风险应急预案》《南京青奥会高影响天气预报服务应急预案》《青奥会期间突发事件气象服务保障和气象服务后勤保障应急预案》《青奥会期间突发气象事件新闻宣传应急预案》《南京青奥会人工影响天气试验应急预案》(详细见附录 4)《青奥气象服务应急联演方案》等。通过各类应急预案和相关方案的编制、落实和执行达到保障南京青奥会人影工作安全的目标。

4.2.3 规范安全管理

大量已经发生的安全事故分析表明，事故发生的根本原因是没有有效的安全管理体系，或有安全管理体系，但体系运行不佳(尹锡峰，2018)。在中国的安全生产实践中这种状况更为突出。中国响水“3·21”爆炸事故就是一个典型的安全管理体系运行不佳的实例，安全管理不规范，安全管理对事故的预防未能起到行之有效的作用。规范安全管理是保障安全管理体系有效运行，预防事故发生的重要措施之一。规范安全管理(Standard safety management)就是对安全管理实现标准化运行。安全管理实现标准化运行的重点是要体现“安全第一、预防为主、综合治理”的方针和“以人为本”的科学发展观，按“规范化、科学化、系统化和法制化”进行安全管理工作，注重点(风险与隐患)、线(制度、规程和表单)、面(要素)的有机融合，让规范化安全管理融入生产的全过程中去，通过科学管理消除安全隐患，保障安全。

南京青奥会人影保障工作在规范安全管理方面，重点做了以下几方面的工作。

(1)明确目标职责。安全必须“万无一失”，如果出现事故，南京青奥会人影保障工作将“一失万无”，所以坚持“安全、有序、高效”工作目标，以有序实现安全，以安全保障高效。人影部、工作组、个人 3 级包干制，谁出事追究谁的责任。

(2)强化制度管理。所有工作按制度运行，违规立究，出事担责。

(3)加强安全培训。所有人员多次进行安全知识、业务技能培训。

(4)实施现场监管。所有工作场所进行监控,发现问题及时纠正。出事故后,为事后查证取证追责提供依据。

(5)保障安全投入。安全设备和保险全部按要求办理。

(6)整治风险隐患。整个人影保障过程就是不断排查风险隐患的过程,对排查出的风险隐患立即无条件整改,先整改后工作,不留死角。

(7)实施应急处置。对所有可能的隐患都编制了应急处理预案,并组织多次应急演练,确保出现问题时能及时处理。2014 年青奥会人工影响天气作业试验工作过程中要严格按照报批流程和作业流程开展工作。如发生突发事件(如火箭发射事故、作业车辆事故、火箭弹运输事故、飞行事故、空域突发事件等,但不包括已经包含在常规业务流程中的飞行计划失败、哑弹、空域应急调整、作业装备失效等情况)时,为减少中间环节,各作业点或机构直接报告指挥中心,及时向辖区公安部门报告寻求支援。然后再按相关程序补报上级部门(具体流程见图 4-20)。

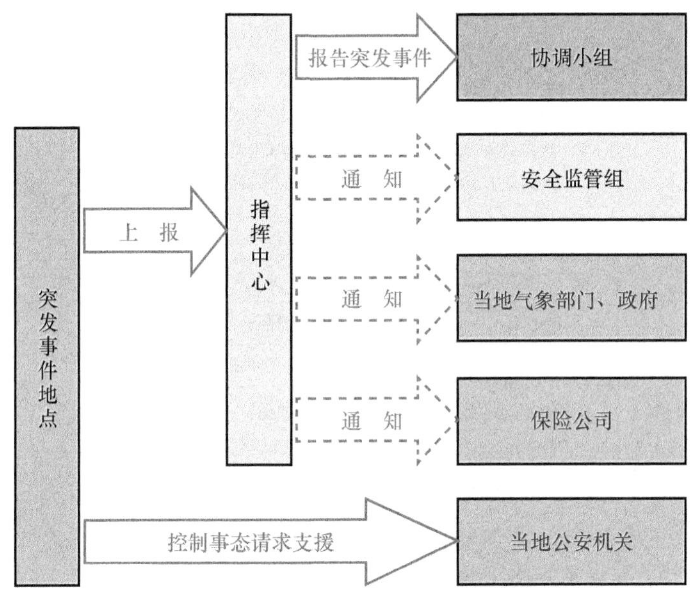

图 4-20　人影作业应急事件处理流程

4.3　精心组织实战

4.3.1　建立组织体系

人类在长期的社会实践中充分认识到要实现某项目标,必须组织众多人员,协同才能完成,如何组织众多人员呢？必须建立组织体系。建立组织体系(Establish organizational system)就是建立实现某项目标的机构和机制。机构是为了完成某项工作任务而成立的组织、部门等;机制是使机构能够正常运行并发挥预期功能的配套制度(商兆堂,2013)。根据组织结构建设的基础理论,组织结构的类型主要有“直线型组织结构、职能型组织结构、事业部制组织结构、矩阵制组织结构”四种,每种都各有优缺点,不同部门根据自身工作的不同特点选择不同的组织结构类型(陈祥斌等,2018)。

人工影响天气作业试验是一项复杂的系统工程,涉及面广,时效性强,技术难度大,安全保障责任重,需要政府强有力的组织协调。经江苏省政府同意,建立2014年南京青奥会人工影响天气作业试验工作协调机制,组织机构采用职能型组织结构(详见图4-13)。

4.3.1.1 协调会议制度

由江苏省人民政府建立了协调会议制度,成员单位有江苏省人民政府、南京军区空军司令部、江苏省军区司令部、民航江苏空管分局、北京市气象局、河北省气象局、安徽省气象局、江苏省委宣传部、江苏省公安厅、江苏省交通厅、江苏省气象局、南京市人民政府。2014年6月19日,江苏省委常委、副省长徐鸣组织召开南京青奥会人工影响天气作业试验工作第一次协调会议,明确了各成员单位的主要职责。详细内容见表4-2。

表4-2 南京青奥会人工影响天气作业试验工作协调会议成员单位职责

成员单位	主要职责
江苏省人民政府	组织协调会议,协调部门工作
南京军区空军司令部	1. 向相关单位下达南京青奥会人工影响天气作业试验保障任务 2. 协调南京青奥会人工影响天气作业试验的飞机起降机场 3. 制定南京青奥会人工影响天气作业试验空管保障方案 4. 统一调配作业空域,提供飞机火箭、作业试验空域及飞行保障
江苏省军区司令部	协调作业区内各市军分区、县武装部负责作业火箭弹、烟条的安全运输、存储、保管
民航江苏空管分局	调配作业区域内飞机、地面火箭作业的空域
北京市气象局	租借人影作业飞机“空中国王”,开展飞机作业
河北省气象局	租借人影作业飞机夏延Ⅲ号,开展飞机作业
安徽省气象局	1. 租借空军运七飞机,开展飞机作业 2. 调配地面火箭作业设备,实施安徽境内地面作业
江苏省委宣传部	负责南京青奥会人工影响天气作业试验舆情处置与宣传引导
江苏省公安厅	1. 协调作业区内各市公安部门办理作业弹药运输手续 2. 协调江苏境内作业车辆,指挥车辆和弹药运输车辆通行 3. 协调各地公安部门维持作业现场秩序,协助意外情况的应急处置
江苏省交通厅	协助做好火箭弹及相关人影作业设备的运输保障
江苏省气象局	1. 制定《南京青奥会人工影响天气作业试验方案》 2. 负责南京青奥会人工影响天气作业试验实施
南京市人民政府	按照《南京青奥会人工影响天气作业试验方案》,负责南京青奥会人工影响天气作业试验的指挥调度

4.3.1.2 试验指挥中心

建立南京青奥会人工影响天气作业试验指挥中心,承担南京青奥会人工影响天气作业试验的运行、协调、管理。负责形成人工影响天气作业试验的决策意见,指挥作业试验。

负责单位:南京市人民政府

参加单位有:南京军区空军司令部、江苏省军区司令部、民航江苏空管分局、江苏省委宣传部、江苏省公安厅、江苏省交通厅、江苏省气象局、南京市委宣传部、南京市公安局、南京市气象局。

试验指挥中心下设6个执行小组:综合协调组、监测预报组、试验作业组、空域保障组、治安监管组和技术支撑组。

2014年6月25日，南京市委常委、南京青奥会人工影响天气作业试验指挥中心指挥长李世贵组织召开各成员单位领导和联系人会议，明确了南京市委宣传部、南京市公安局、南京市气象局的工作职责。具体任务分工见表4-3。

表4-3 南京市政府相关部门南京青奥会人工影响天气作业试验单位职责

成员单位	主要职责
南京市委宣传部	1. 制订南京青奥会人工影响天气作业试验宣传方案 2. 负责南京青奥会人工影响天气作业试验舆情处置与宣传引导
南京市公安局	1. 办理作业弹药运输手续 2. 保障南京市境内指挥、作业、弹药运输车辆通行 3. 负责南京市范围内作业现场秩序维持，协助意外情况的应急处置
南京市气象局	1. 负责南京青奥会人工影响天气作业试验实施 2. 负责南京青奥会人工影响天气作业试验后勤保障工作

4.3.1.3 各执行小组主要职责

4.3.1.3.1 综合协调组

负责监测预报组、试验作业组、空域保障组、治安监管组和技术支撑组之间的综合协调工作。

负责单位：江苏省人工影响天气办公室

参加单位：江苏省南京市人工影响天气办公室

组　长：商兆堂（江苏省人工影响天气办公室副主任）

副组长：张志刚（江苏省南京市人工影响天气办公室副主任）

成　员：孙建印（江苏省徐州市人工影响天气办公室主任）

　　　　康建鹏（江苏省人工影响天气办公室）

　　　　叶　剑（江苏省宿迁市人工影响天气办公室）

4.3.1.3.2 监测预报组

负责提供最新监测的气象信息和云宏微观物理特征变化趋势，制作人工影响天气作业条件预报，确定适宜作业区域、作业方式和时间。建立信息传输网络，保障监测预报信息和作业指挥信息的畅通。

负责单位：南京青奥会气象服务中心

参加单位：江苏省人工影响天气中心、江苏省气象信息中心

组　长：魏建苏（江苏省气象台副台长）

副组长：唐红升（江苏省气象信息中心副主任）

　　　　吴海英（江苏省气象台首席预报员）

成　员：王　佳（江苏省人工影响天气中心）

　　　　蒋义芳（江苏省气象台）

　　　　王卫芳（江苏省气象台）

　　　　李　聪（江苏省南京市气象台）

王　易(江苏省气象台)

4.3.1.3.3　试验作业组

负责制定作业实施方案,收集云微物理探测资料,组织完成飞机和地面火箭作业,并向指挥中心反馈作业信息。

(1)飞机作业组

使用北京市气象局租用的“空中国王”飞机、河北省气象局租用的“夏延Ⅲ”飞机、安徽省气象局租用的“运七”飞机,按照人工影响天气作业试验方案中不同防线的功能设置,及时组织实施飞机作业。

① 负责单位

江苏省人工影响天气中心。

② 参加单位

北京市人工影响天气办公室、河北省人工影响天气办公室、安徽省人工影响天气办公室、蚌埠机场、芜湖机场、南京市气象局以及参加人工影响天气作业试验的飞行机组。

③ 各单位职责

江苏省人工影响天气中心负责确定适宜飞机作业的区域和时段,飞机作业的总体协调和指挥。

蚌埠机场负责本场内作业飞机的空、地勤保障,为机组人员和作业人员提供必要的工作和生活条件。

芜湖机场负责本场内作业飞机的空、地勤保障,为机组人员和作业人员提供必要的工作和生活条件。

安徽省人影办负责协助蚌埠和芜湖机场做好作业机组人员和作业人员的后勤保障工作。

作业机组根据作业指挥中心的指令,执行飞机人工影响天气作业任务。

④ 人员分工

组　长:许遐祯(江苏省人工影响天气中心主任)

副组长:周学东(江苏省人工影响天气中心副主任)

张　蔷(北京市人工影响天气办公室常务副主任)

李宝东(河北省人工影响天气办公室主任)

袁　野(安徽省人工影响天气办公室副主任)

成　员:王可法(江苏省人工影响天气中心)

孙建印(江苏省徐州市人工影响天气办公室主任)

吴汪毅(安徽省人工影响天气办公室)

飞机机组及相关人员

(2)地面火箭作业组

按照人工影响天气作业试验方案中不同防线的功能设置,及时组织各个防线区域的火箭人工影响天气作业试验。

① 负责单位

江苏省人工影响天气中心

② 参加单位

江苏省南京、徐州、无锡、常州、苏州、南通、盐城、连云港、淮安、扬州、镇江、泰州、宿迁 13 个市气象局;安徽省滁州、芜湖、马鞍山、宣城 4 个市气象局。

③ 各单位职责

江苏省人工影响天气中心:负责确定适宜火箭作业的区域和时段,火箭作业的总体协调和指挥。

南京市气象局:负责作业组人员、装备的调配和弹药的供给;解决作业人员的食宿问题。

江苏省 13 个市气象局和安徽省 4 个市气象局:按照人工影响天气作业试验方案的要求,派出作业人员和作业装备到指定的作业点参加作业,服从指挥中心的指挥。

④ 人员分工

组　长:商兆堂(江苏省人工影响天气办公室副主任)

副组长:许遐祯(江苏省人工影响天气中心主任)

袁　野(安徽省人工影响天气办公室副主任)

陈　飞(连云港市气象局副局长)

严迎春(泰州市气象局副局长)

成　员:王　佳(江苏省人工影响天气中心)

宗鹏程(江苏省人工影响天气中心)

赵　光(安徽省人工影响天气办公室)

叶　剑(江苏省宿迁市人工影响天气办公室)

相关市气象局领队、火箭作业人员

4.3.1.3.4　空域保障组

负责协调南京青奥会人工影响天气作业试验的空域,保障飞机和火箭作业空域安全。

(1)负责单位

南京军区空军司令部航空管制处。

(2)参加单位

南京军区空军司令部作战处、气象处,民航江苏空管分局空管中心航务部。

(3)各部门职责

南京军区空军司令部航空管制处:按照人工影响天气作业试验方案的要求制定试验作业空管保障方案。根据指挥中心发出的指令,统一调配作业空域,保障作业飞机飞行安全和地面火箭作业空域安全。

南京军区空军司令部作战处:负责下达南京青奥会人工影响天气作业试验保障任务;派遣人工影响天气作业试验的作业飞机和机组;确定人工影响天气作业试验的作业飞机起降机场。协调相关机场做好作业飞机的空、地勤保障。按照部队有关规定,加强对飞机和机组的管理。

南京军区空军司令部气象处:按照作业飞机的适航条件,提供飞机作业的气象保障。

民航江苏空管分局空管中心航务部:负责作业区域内飞机、地面火箭作业的空域调配工作,制定民航飞机航路、航线避让方案,及时为人工影响天气作业试验提供作业空域。

(4)人员分工

组　长:邹　寒(南京军区航管处副处长)

成　员:蔡祖之(南京军区作战处)

兰　翔(南京军区航管处)

李　龙(南京军区气象处)

汤荣亮(江苏空管分局)

4.3.1.3.5 治安监管组

负责协调作业区相关部门做好弹药的运输、存储、保管等工作;保障指挥、作业、弹药运输车辆通行;维持作业现场秩序和安全监督,协助意外情况的应急处置。

(1)负责单位

江苏省公安厅。

(2)参加单位

江苏省军区作训处、江苏省公安厅治安局、南京市公安局治安管理支队和交通警察支队。

(3)各单位职责

省公安厅交通管理局:保障作业车辆、指挥车辆和弹药运输车辆通行。

省公安厅治安管理局:负责协调作业区内各市、县公安部门维持作业现场秩序和安全监督,协助意外情况的应急处置,办理作业弹药运输手续。

省军区作训处:协调作业区内相关市军分区、县武装部负责作业火箭弹、烟条的安全运输、存储、保管。

南京市公安局治安管理支队和交通警察支队:负责保障辖区内消雨作业车辆、指挥车辆和弹药运输车辆的通行及出现意外情况的应急处理;办理作业弹药运输手续。

(4)人员分工

组长:周咸杰(江苏省公安厅治安总队调研员)

成员:成员单位相关人员。

4.3.1.3.6 技术支撑组

负责作业方案制订,并对作业条件监测预报、作业决策和指挥提供技术支持。制订南京青奥会人工影响天气作业试验效果检验方案,并及时收集试验效果检验素材,完成南京青奥会人工影响天气作业试验效果检验报告。

(1)负责单位

江苏省人工影响天气中心。

(2)参加单位

安徽省人工影响天气办公室、南京市人工影响天气办公室。

(3)人员分工

组　长:许遐祯(江苏省人工影响天气中心主任)

副组长:袁　野(安徽省人工影响天气办公室副主任)

　　　　商兆堂(江苏省人工影响天气办公室副主任)

　　　　周学东(江苏省人工影响天气中心副主任)

　　　　张志刚(南京市人工影响天气办公室副主任)

成　员:裴道好(江苏省盐城市气象局台长)

　　　　王　佳(江苏省人工影响天气中心)

　　　　蔡　淼(中国气象局人工影响天气中心)

　　　　宗鹏程(江苏省人工影响天气中心)

　　　　刘端阳(江苏省无锡市气象局)

　　　　赵　光(安徽省人工影响天气办公室)

　　　　杨　杰(江苏省气候中心)

咨询专家:周毓荃(中国气象局人工影响天气中心副主任)

王广河(中国气象局人工影响天气中心副总工程师)
张　蔷(北京市人工影响天气办公室常务副主任)
李子华(南京信息工程大学教授)
濮江平(解放军理工大学教授)
银　燕(南京信息工程大学教授)
陈宝君(南京大学教授)
赵　坤(南京大学教授)

4.3.2 构建指挥体系

在人类经济社会发展过程中,人类遇到一次又一次的天灾与人祸。中国从公元206—1936年间,平均每年发生自然灾害3.0次,而发生的自然灾害中干旱和洪涝灾害次数占灾害总次数的约41%,居各类自然灾害发生频率之首,平均每两年就发生一次(姚亚庆,2016)。中国2011—2015年各灾害累积平均每年发生581次,每年发生洪涝灾害频次最高,占总灾害发生频次的53%(姚亚庆,2016)。应急救灾成了各国政府、机构、部门和社团必须关注的问题。在实施救灾过程中,人们发现救灾和打仗一样,要想保障成功,关键是指挥,所以构建指挥体系成了防灾减灾必须面对的话题。构建指挥体系(Building a command structure)就是为保障某项任务的顺利完成,建立符合高效运行、有效管理的指挥组织(王德存,2017)。人影作业是气象部门实施防灾减灾的重要手段,中国各级人影管理机构都建立了人影指挥体系,主要包括指挥组织机构、指挥业务系统、指挥管理规章等。南京青奥会人影保障工作是在省人影办的统一组织下进行,成立了指挥组织构机构(详见图4-13),指挥业务系统和指挥管理规章等在原有的基础上,细化了指挥体系工作流程。具体指挥体系工作流程如下。

4.3.2.1 报批流程

监测预报组:天气过程预报—云系条件预报—云条件监测—根据最新气象信息和云宏微观特征的变化趋势经过分析预报作业条件,并向青奥气象服务中心提出作业建议,青奥气象服务中心综合决策后向指挥中心提出作业申请,作业指挥中心综合决策后向作业试验组下达组织作业指令。具体流程见图4-13。

4.3.2.2 指令下达流程

指挥中心综合决策并下达作业指令(图4-18)。指令分为:

三号令:作业预指令,提前24～48小时发布。

二号令:进入作业准备状态指令,提前12～24小时发布。

一号令:各类具体作业指令。包括就位指令(7～12小时,以开幕式开始时间倒推,以下同)、飞机作业准备指令(5小时)、火箭作业准备指令(3.5小时)、飞机作业待命指令(3.5小时)、火箭作业待命指令(2.5小时)、飞机作业开始指令(3小时至保障时效结束)、火箭作业发射指令(2小时至保障时效结束)、飞机作业终止指令(1.5小时至保障时效结束)、火箭作业终止指令(2小时至保障时效结束)、撤退指令(保障时效结束后)。

通讯方式:无线电台、电话、网络。

4.3.2.3 指挥运行流程

指挥流程详细见图4-19。具体运行过程中,各种指挥指令对应的具体工作为:

4.3.2.3.1　三号令(根据监测预报组建议,青奥气象服务中心形成初步意见并上报指挥中心,由指挥中心启动人影保障试验意见后发布作业预指令)——发布时间:开(闭)幕式消(减)雨作业前48小时。

综合协调组:确认指令传达到各组,确认各组责任人到位,组织跟踪采集相关试验影视图片资料。

监测预报组:及时组织会商,滚动发布预测监测报告。

技术支撑组:及时为监测预报组和作业试验组提供技术支撑。

空域保障组:预排空域使用计划,划出空域窗口。

作业试验组:根据试验区象限和事先选择的相关集中点(试验区跨象限时,根据具体情况可使用多个预备集中点),通知江苏、安徽的火箭架(车)及所有人员到指定集中点集中(开幕式保障前,各作业车负责人或驾驶员至少1人应提前5天抵达预备集中点,进行预培训,熟悉各作业点位置、路线等),进行作业装备作业前安全检查。机组进入准备状态(开幕式保障前应于8月4日抵达,熟悉所在空域情况,青奥期间飞机需要返回进行其他工作的,应于8月25日返回试验待命机场),检查飞机、机上探测设备、催化系统。安排相关技术再培训。

治安监管组:巡查相关火箭作业点,确认作业环境没有安全隐患,火箭弹、催化剂运输车辆及安全人员确认。

4.3.2.3.2　二号令(根据监测预报组建议,青奥气象服务中心形成初步意见并上报指挥中心,由指挥中心发布作业准备状态指令)——发布时间:开(闭)幕式消(减)雨作业前24小时。

综合协调组:协调各组间工作,确保工作有序开展,组织跟踪采集相关试验影视图片资料。

监测预报组:及时组织会商,滚动发布预测监测报告。

技术支撑组:及时为监测预报组和作业试验组提供技术支撑。

空域保障组:安排人影试验空域计划,对火箭作业区域和时段实行临时净空管理。

试验作业组:根据最后确定的火箭作业点,组织分配安排火箭架小组,确认最终的作业小组长,并通报指挥中心及相关其他组,检查提前送达的火箭弹安全。机组安装催化剂,调试作业装备。检查作业用通信系统(地面人员手机、数据传输无线网络、空地通信系统等)。

治安监管组:将试验作业组需要的火箭弹、催化剂运抵指定位置,火箭作业区进行作业安全通告。

4.3.2.3.3　一号令(根据监测预报组建议,青奥气象服务中心形成初步意见并上报指挥中心,指挥中心发布具体作业试验执行指令)——发布时间:开(闭)幕式消(减)雨作业前12小时以内,分就位指令、作业指令和撤退指令。

(1)就位指令(指挥中心下达)

所有组工作就位,处于临战状态。

(2)作业指令(指挥中心下达)

所有组进入实战状态,并根据飞机作业组指令和火箭作业组指令做好相关工作。

①飞机作业组指令(飞机作业组根据指挥部下达的作业指令,根据飞机作业细化方案,分别下达准备指令、待命指令、开始指令、终止指令,各小组按不同指令做好相关工作)。

A. 飞机作业准备指令

监测预报组:提交最终飞机试验作业方案。

空域保障组:安排落实飞机飞行计划,确保飞机按时起飞。

试验作业组：机组及飞机作业人员做好作业相关各项准备，并报告指挥中心起飞进行试验准备情况，等待飞行计划批准。

B. 飞机作业待命指令

监测预报组：跟踪天气系统变化情况，及时下达飞机作业指令，通报具体作业位置。

空域保障组：保持与指挥中心沟通，及时协调飞机放飞。

试验作业组：机上待命，舱门关闭，随时准备起飞进行试验作业。

C. 飞机作业开始指令

监测预报组：持续跟踪天气系统变化、作业效果反映等，根据需要及时向试验作业组提出调整作业方案建议。

空域保障组：保持与指挥中心沟通，根据需要协助完成必要的飞行计划调整。

试验作业组：如有具体实施方案变化，及时通报指挥中心、空域申报组和机组；飞机作业组（机组）开展作业，进行空（云）中观测，及时传输数据或者通报观测结果，根据指挥中心调整作业方案及飞行计划，听从空中管制及机长飞行建议。

D. 飞机作业终止指令

监测预报组：根据天气系统条件变化及时提出终止飞机作业建议。

试验作业组：根据飞机作业计划、指挥中心指令和技术支撑组建议，终止飞机作业，按计划或者通知空管中心提前返航，机场继续待命。

② 火箭作业组指令（火箭作业组根据指挥部下达的作业指令，根据火箭作业细化方案，分别下达准备指令、待命指令、开始指令、终止指令，各小组按不同指令做好相关工作）。

A. 火箭作业准备指令

监测预报组：确定最终地面火箭试验实施方案及参数调整意见。

试验作业组：根据指挥中心意见，完成火箭作业点最后调整，完成现场其他所有准备工作。

B. 火箭作业待命指令

监测预报组：跟踪天气系统变化情况，及时下达火箭作业指令，通报具体参数（包括需要进行试验的作业点、作业具体时间、方位、高度、仰角等）。

空域保障组：保持与指挥中心沟通，及时审批空域申报，天气系统复杂时，应保持火箭作业区持续净空条件，申报火箭作业空域。

试验作业组：作业点实时待命，及时关注天气系统变化，尽可能预判需作业的云系，及时调整发射方位、仰角，做好接收作业指令后最短时间内发射的准备。

C. 火箭作业发射指令

监测预报组：持续跟踪天气系统变化、作业效果反映等，根据具体情况提出需要安排后续批次作业等建议。

空域保障组：保持与指挥中心沟通，及时处理空域申报信息，天气系统复杂时，应保持火箭作业区持续净空条件。

试验作业组：根据需要确定具体进行作业的地面火箭作业队伍进行作业，根据需要安排后续作业任务；各作业点火箭作业组在规定的时间内完成发射任务，并及时报告发射结束及工作情况。现场火箭弹不足时及时向综合协调组反馈，向治安监管组提出补充火箭弹要求。

D. 火箭作业终止指令

监测预报组：当前批次火箭作业期间，根据天气系统条件、空域变化等原因及时需要终止火箭作业，第一时间通知试验作业组。

空域保障组：保持与指挥中心沟通，及时处理空域申报信息，空域需要紧急停止空域使用时，应及时通知指挥中心。

试验作业组：根据指挥中心指令，地面火箭作业组应立即终止火箭作业，某批次火箭作业规定时间到，火箭作业应正常终止。火箭作业终止后，继续原地待命。

(3)撤退指令(指挥中心下达)

监测预报组：及时收集相关工作情况，组织宣传和上报材料。

技术支撑组：及时给出技术总结重点及关键技术问题，指导完成、上报技术总结等。

空域保障组：撤销空域使用计划。

试验作业组：及时汇总作业信息并按规定上报指挥中心和中国气象局，组织进行技术总结；有序进行火箭装备撤回工作，返回集中点，剩余火箭弹临时保存在集中点，作业装备进行简单检查并进行除湿等保管工作；飞机作业催化剂回收，作业装备安全检查，飞机进入停机区，机组返回集中点。

治安监管组：主动收集处理作业区域掉落火箭弹对民众的影响，次日安排集中点多余火箭弹运回仓库。

4.3.3 集成信息支持

随着人类经济社会发展，信息的作用显得越来越重要，尤其在军事领域，运用信息不对称取得胜利的案例太多了。同时，随着科技发展，信息的来源、种类越来越多，信息综合应用能力急待提高。信息流将决定物质流、兵力流和能量流，成为战斗力的主导要素，渗透到战场的每一个角落；争夺信息优势，把陆、海、空、天、电等多维力量链接在一起，已成为信息化战争对抗焦点(孙强银等，2018)。由此可以，现代战争的实质是信息战，信息战的成败决定了战争的成败。因此，指挥信息系统是作战体系间的“黏合剂”和战斗力的“倍增器”，是作战指挥的重要工具，指挥信息系统工程化应用的发展趋势日渐重要；“战场情报侦察与监视数据、作战指挥控制数据、作战综合保障数据”的综合应用显得极为重要；为了保障战争的胜利，要求实现数据信息与战场的一体化、实时化、自动化、智能化(崔智超，2018)。管理信息集成及信息平台构建是一个复杂而庞大的系统(包含多个目标，且各目标之间既相互独立又彼此联系)，这项工作又叫集成信息支持。集成信息支持(Integrated information support)是指按一定的指导思想，通过集成技术措施，实现信息对决策、运行过程的全程支持，以取得最佳效益。为了保障南京青奥会人影保障工作的成功，把集成信息支持作为重点工作来抓，具体情况如下。

4.3.3.1 工程措施

为方便信息收集、传递、使用，确保南京青奥会人影保障工作的顺利完成，集成信息支持主要通过“一双眼、一张图、一部机”的3个“一”工程措施来实现。

(1)一双眼

建立高分辨率卫星、新一代天气雷达、自动气象站为代表的天气系统运行实时动态监控系统，通过综合自动化指挥系统的应用，实现对可能影响主场馆天气系统的云团的智能监测和对作业效果的自动化评估，监测云团的移动和演变。

(2)一张图

建立作业分工任务图和通讯保障图。正面作业分工任务图，对作业力量的布置分配、增援等标识非常清晰的兵力分布图。反面为通讯保障图，每个部门、每辆车的通讯保障图，明确了什么情况下打什么电话，联系谁。通过这张图，将所有部门、人员、设备联络成有机整体；实现指挥部命令、作业、特发事件等信息快速准确传播。每个作战人员一图在手，人人清楚现在自己干什么，将要干什么，有事找谁。

(3)一部机

每个作业车辆和指挥人员配备了专用手机，这部手机具有群呼、视屏电视电话等功能，并用自己的普通手机作为备份通信手段。在实际作业中充分发挥了高科技气象等设备的作用，面对复杂天气系统，现场指挥镇定，信息畅通，实现根据天气系统的变化和作业效果动态评估结论，指挥与作业联动，保障了作业效果。

4.3.3.2　集成信息

主要将对天气系统演变的实况监测信息、指挥部的决策信息、作业信息、云团生消预测信息、作业效果预评估信息 5 类信息通过综合指挥平台集成。在指挥部的综合指挥平台的大屏上直接将这些集成信息显示出来，方便指挥者实时决策动态指挥。

4.3.3.3　主要集成的业务系统

根据南京青奥会人影业务需求，基于先进的云降水精细分析系统(CPAS)，结合双参数中尺度可分辨云数值预报系统、飞机通讯定位及观测系统、地面通讯及指令传输系统、专家视频会商系统，建立了南京青奥会人影业务综合平台。

(1)云降水精细分析系统(CPAS)

云降水精细分析系统(图 4-21)是国内最先进人工影响天气作业条件综合分析平台。通过江苏本地常规、特种观测数据、本地飞机实时轨迹接入显示等，实现了 CPAS 系统的本地化移植。系统基于天基、地基、空基等多种观测资料和云反演产品、雷达产品、探空产品、模式产品等，实现南京青奥会人影作业条件监测识别、地面作业预警、飞机作业方案设计、效果分析、产品制作等功能。在业务使用期间，业务人员根据南京青奥会人影服务实际需求，对系统显示、操作、功能进行了改进，经业务检验，该系统可为跟踪识别播云作业条件、分析催化作业效果等工作提供平台支撑。

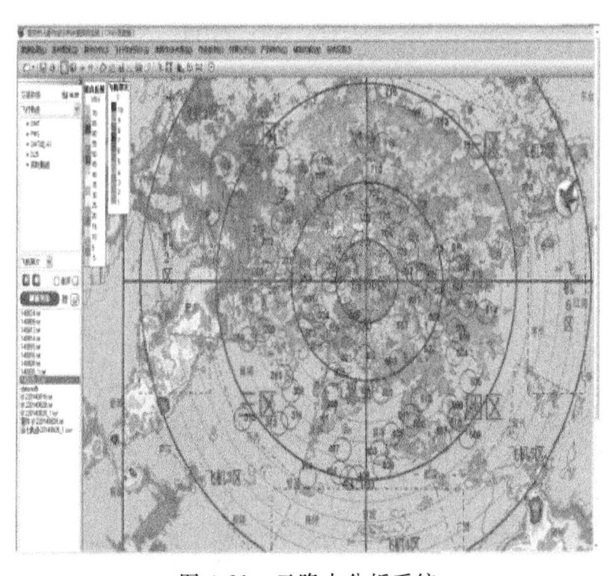

图 4-21　云降水分析系统

(2)双参数中尺度可分辨云数值预报系统

南京青奥会人影演练及开(闭)人影保障幕式期间,中国气象局人影中心推出处于业务试运行的 WRF-CAMS 双参数中尺度可分辨云数值预报产品。江苏省人影中心也发布了 WRF-Morrison 双参数中尺度可分辨云数值预报产品,与原有 MM5-CAMS、GRAPES-CAMS 双参数中尺度可分辨云数值预报系统一起,提供预计作业区的云宏(微)观特征和降水 48 小时多模式预报产品。产品主要包括云带、过冷水含量、云水积分、各温度层冰面饱和区等(详见图 4-22)。为南京青奥会人影作业条件分析、作业方案制定提供科学决策依据,降低模式预报的不确定性。

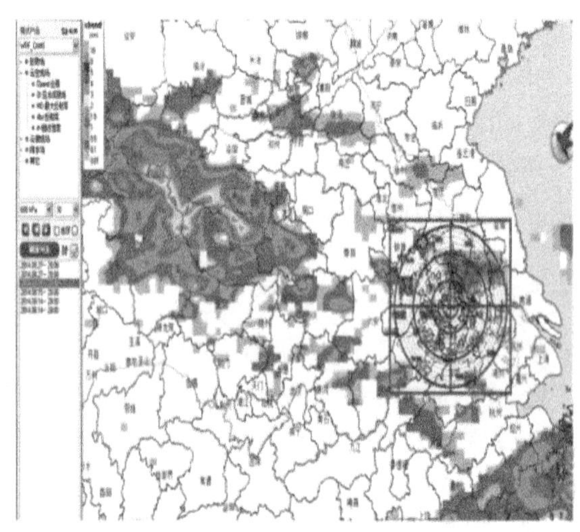

图 4-22 双参数中尺度云数值预报系统

(3)飞机通信定位及观测系统

飞机作业分系统由作业飞机平台、机载大气探测子系统、机载催化作业子系统以及空地通信子系统构成(图 4-23)。其中,作业飞机平台包括机载设备系统集成和小型作业飞机改装;机载大气探测子系统包括大气环境探测设备和云宏观影像分析设备;机载催化作业子系统包括烟条播撒设备、焰弹播撒设备以及制冷剂播撒设备;空地通信子系统包括甚高频电台通信和北斗短报文通信。

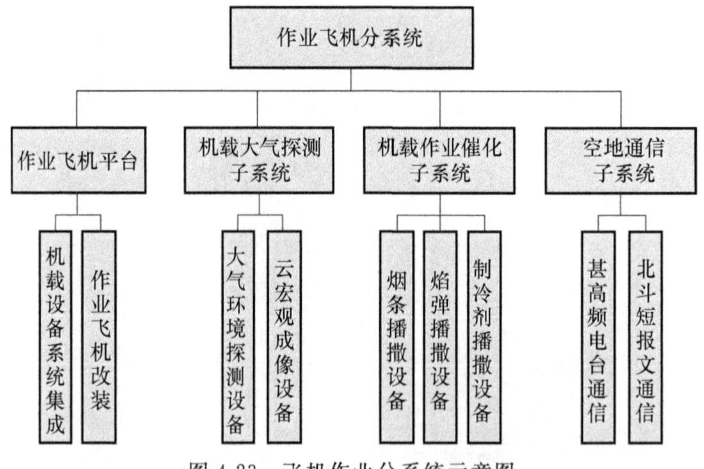

图 4-23 飞机作业分系统示意图

飞机作业空地通信子系统的逻辑结构可分为机载通信部分、空地中继部分、数据接入部分以及地面指挥平台一共四大部分(图4-24)。空地中继部分使用甚高频地面中继站和北斗导航卫星;所有数据将通过气象信息网实现在地面中继站和地面指挥平台之间的传输。

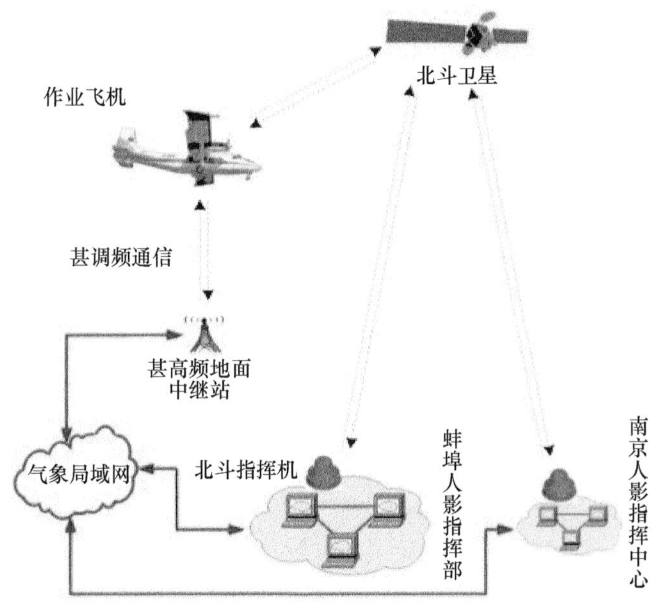

图4-24　空地通信子系统示意图

(4)地面通信及指令传输系统

为确保指令下达、接收准确及时,所有参与试验人员(以作业点、工作组为单位)开通具备点对点、点对面语音传输功能的手机对讲功能,并自主研发一套操作简便、效率更高的群组短信收发系统(详细见图4-25)。建立覆盖整个作业全过程的双向通信网络,确保信息传达准确及时。

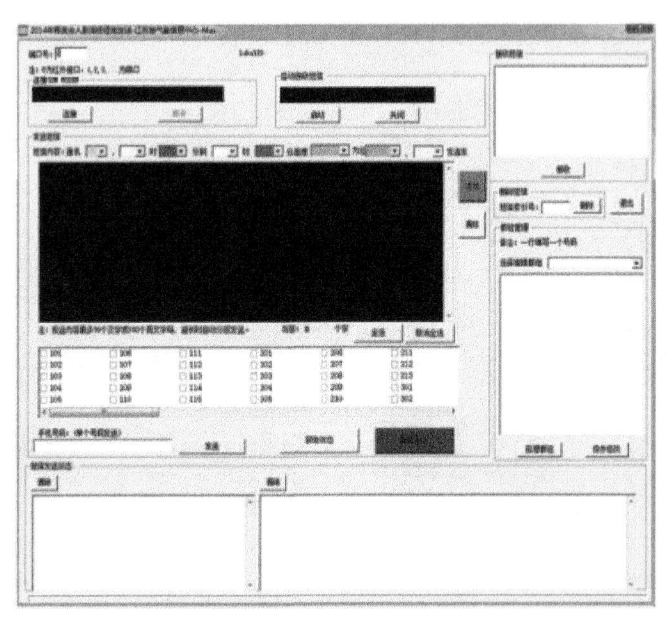

图4-25　地面短信通讯及指令传输系统

(5)专家视频会商系统

通过视频会商系统,中国气象局人影中心与南京青奥会人影指挥中心每天 10:30、16:00 进行 2 次人影作业条件分析会商。会商邀请了中国气象科学研究院、南京信息工程大气、南京大学等国内知名的云物理专家,与预报员一起就人影作业云系条件、重点作业区、重点作业时段、作业预案设计进行讨论。

4.3.4 实施实战演练

"中国湖南省株洲市攸县吉林桥矿业公司 2017 年'5·7'有毒有害气体重大中毒窒息事故造成 18 人死亡、37 人受伤。主要原因之一就是应急处置不力,盲目组织自救,造成事故扩大,甚至组织救援的矿长也在自救过程中死亡"(陈飚,2019)。血的教训告诉我们,只有通过实战演练,提高应急处置能力,才能保障生产安全,并且发生安全事故后能将损失降低到最小。实战演练(Actual combat rehearse)是指按实战场景组织的演练。实战演练现在已经成为军队的常规培训模式,各部门、行业进行安全管理的重要措施之一。实战演练的核心是实战背景,演练过程是模拟真实的战争过程,而不是按预先编写的演练剧本演练,但并不是没有演练剧本。实战演练经常采用"集中培训、桌面推演、实战演练、评估总结"四个步骤来实现,南京青奥会人影保障服务也采取这四个步骤进行,具体如下。

4.3.4.1 集中培训

(1)通过全省天气会商系统集中组织技术和安全培训。在前期分批次培训的基础上,2014 年 7 月 25 日组织集中培训,召开全省南京青奥会人影保障技术和安全视频培训会议(图 4-26),对所有参与南京青奥会人影保障工作的人员进行人影业务技术和安全应急保障技术培训。

(2)集中组织技术和安全培训。在分批次和视屏培训的基础上,将所有参与南京青奥会人影保障工作的人员进行岗位集中培训。理论培训和技能操作培训相结合,重点是操作培训,火箭作业队伍详见图 4-27,每个人对自己的岗位工作现场操作一遍,其他同志看别人操作和听指导导师讲解,并自己实际操作,提高专业技能。

图 4-26 2014-07-25 人影安全视频培训

(对应彩图见 209 页)

图 4-27 2014-07-26 火箭作业和安全集中培训

(对应彩图见 210 页)

4.3.4.2　桌面推演

(1)分组推演。7 月中旬,试验指挥中心下设的 6 个执行小组(综合协调组、监测预报组、试验作业组、空域保障组、治安监管组和技术支撑组),分别组织组内工作的多次推演。

(2)集中推演。人影部于 7 月 20 日和 7 月 24 日组织了南京青奥会人影保障综合推演,模拟开(闭)幕式人影消(减)雨保障全过程进行演练。

详细内容见附录 5《第二届夏季青年奥林匹克运动会人工影响天气作业试验演练方案》。

4.3.4.3　实战演练

(1)分组演练。按人影部的统一布置,6 个执行小组组织了组内多次实战演练,尤其试验作业组,每辆发射车、每个机组多反复组织实战演练。

(2)实战演练。在分组演练的基础上,人影部于 2014 年 7 月 26 日和 8 月 12 日,组织了 2 次实战演练,所有操作和保障开(闭)幕式正常的消(减)雨操作全程一样。

详细内容见附录 5《第二届夏季青年奥林匹克运动会人工影响天气作业试验演练方案》。

4.3.4.4　评估总结

所有的演练都进行技术总结,重点从"人员、装备、技术、保障、安全"5 个方面,每个基本单元(车辆、机组)、每个分工小组、人影部,通过 3 级总结,找出共性和个性问题,分类、分事项明确专人负责解决。如 2014 年 8 月 12 日的演练中,洪泽车队(在 201 发射点),提出:"发布指令最好两部手机同时发短信(一个专机、一个人手机)";徐州作业组提出"……对讲声音略小,容易错失重要指令,建议指挥中心对重要指令提前、多次重复发布,同时下发短信指令。……建议由专业车辆将作业火箭弹运输到作业点所在县(区)气象局,作业车辆运输火箭弹,容易对火箭架产生较大影响。";安徽省人影办提出"……大量作业装备跨市、县布设,增加了协调指挥以及后勤保障的难度,建议能够优化设点、布局方案,尽量减少装备、人员跨区域调动。……有 11 支江苏省作业队伍进入我省境内马鞍山、滁州两市实施作业,这些队伍指挥、机动、保障以及安全责任如何界定在方案中未明确………"等等,通过实战演练发现 5 类 40 多个问题,大家都一一分析原因,组织整改,保障了正式作业时没有出现任何问题。实践证明,反复实战演练,是提高战斗力,保障实战成功的关键。

4.3.5　动态推演实战

所有的战争准备都是为了实战,通过实战才能产生战绩,战绩是评价实践成功与否的唯一指标。南京青奥会人影保障取得了圆满成功,除了充分的准备外,实战的过程中采取动态推演实战方法是保障成功的重要措施之一。所谓动态推演实战(Dynamic deduction actual combat)是将兵棋推演与实战理论相结合,根据战场态势动态调整实战力量布局,组织战争的方法。南京青奥会人影保障具体做法是根据天气系统现状、人影作业影响天气系统可能的改变,制订新的作业计划并组织实施。

4.3.5.1　开幕式人影作业保障

根据会商建议、防线布局、弹药储备,专家联合磋商制定了飞机和火箭作业预案,确定防区西部为重点作业区,飞机 16 日 15—18 时开展作业,作业采用 3 架飞机接龙不间断催化,同时

15 日下午调动原布设在东部的 36 支火箭作业队伍增援至西北到西南方向，强化重点区域的防御。16 日上午，指挥中心基于 CPAS 平台，综合利用卫星、雷达、探空等高分辨加密观测资料，跟踪监测防区及上游云系变化，与外场飞机组专家共同修订飞机作业实施方案。最终确定飞机 16 日 15:00 起在 2～3 区对西-西南方向的云系进行催化作业，3 架飞机起飞间隔 40～50 分钟，轮番催化作业；18—22 时实施地面火箭消减雨作业，同时派专人进驻部队、民航空管部门协调空域，保障人影作业及时实施。8 月 16 日 15 时 41 分起至 18 时止，三架作业飞机间隔 20 分钟先后从蚌埠机场起飞，在南京的上游合肥—铜陵—南陵—无为—含山—全椒一带开展飞机作业，三架飞机累计作业时间近 9 小时，作业区域近 13000 km^2。8 月 16 日 18 时 20 分起至 22 时止，针对影响南京奥体中心的降雨回波，在距离奥体中心西部和西南部 20～100 km 范围内持续开展火箭作业。每次作业后立即进行作业效果评估，根据评估结论和对天气系统发展趋势的预测，及时调整作业计划，并及时组织实施，如此反复进行，直到保障结束（图 4-28、图 4-29、图 4-30、图 4-31）。

图 4-28　2014-08-16，17 时飞机作业效果动态评估（对应彩图见 210 页）

图 4-29　2014-08-16，17 时研究火箭作业方案（对应彩图见 210 页）

图 4-30　2014-08-16，18:45 研究火箭作业方案（对应彩图见 210 页）

图 4-31　2014-08-16，19:12 分析火箭作业效果和研究新作业方案（对应彩图见 211 页）

4.3.5.2　闭幕式人影作业保障

8 月 27 日，专家组根据人影多模式集成预报结果，闭幕式人影专题会商意见为受高空槽影响，闭幕式有一次降水过程，影响云系自西-西北方向向东移动，降水主要以冷云机制为主，0 ℃层高度 5000 m，−10 ℃高度 7000 m。8 月 28 日上午，飞机组制订了飞机探测计划，“空中国王”上午开展防区云系自然本地观测，包括云底、云顶高度、温度分布、云层分层情况等，探测结果发现降水主要以冷云机制为主，局部可能有不稳定的暖云降水；根据预报会商和飞机观测，自 8 月 28 日 09 时 30 分—18 时，三架人影作业飞机先后从蚌埠机场起飞，在南京的上游定远—合肥—肥东—含山—全椒—长丰一带开展飞机作业，针对西北和西部两块云系进行过量催化作业，并在局部选择暖云进行硅藻土催化作业，三架飞机累计作业时间 13 小时，作业区域近 15000 km^2。28 日 18 时—21 时 30 分，根据雷达回波探测情况，针对可能影响南京奥体中心的降雨回波，在距离奥体中心西部和西北部 20～100 km 范围内持续开展火箭作业。每次作业后立即进行作业效果评估，根据评估结论和对天气系统发展趋势的预测，及时调整作业计划，并及时组织实施，如此反复进行，直到保障结束（图 4-32、图 4-33、图 4-34、图 4-35）。

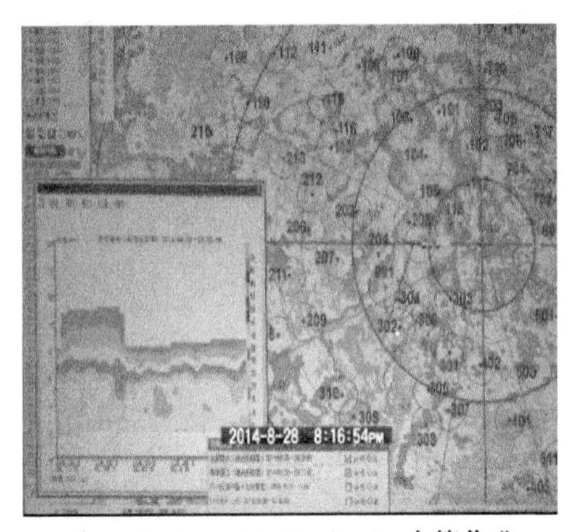

图 4-32　2014-08-28，20:16 火箭作业效果动态评估

图 4-33　2014-08-28，18:23 准备火箭作业方案（站立：左 1 商兆堂、左 2 李世贵）（对应彩图见 211 页）

图 4-34　2014-08-28，19:23 分析火箭作业效果研究新作业方案（对应彩图见 211 页）

图 4-35　2014-08-28，19:56 分析火箭作业效果和研究新作业方案（对应彩图见 211 页）

第5章　众说纷纭　功过难评

5.1　人影效果评估

5.1.1　人影评估方法

人们为了评价某项工作取得的成效如何，建立了评估体系，效果评估（或绩效评价）已经成为现代化管理技术措施之一（董哲颖，2019），人影业务工作倍受社会各界关注，所以对其进行效果或效益评估成了社会关注的热点。从人影工作刚开始，学者们就对如何科学客观地进行人影作业效果和效益评估进行了探索。其基本方法仍然是“经验法、统计法、机理法”三种基本方法，只是根据人影工作的自身特点，研究出了更细化的评估技术方案，对每次作业效果进行定性和定量的评估，为改进作业技术、科学发展人影事业提供技术支持。目前，主要人影评估技术方法有“统计检验技术、物理检验技术、数值模拟检验技术”三种检验技术方法（郭学良等，2009）。本书从这三种检验方法的具体实现技术措施的角度，将其分成“实况降水比较法、理论降水比较法、云团参数比较法、数值模拟比较法”四种基本人影作业效果评估方法，具体如下。

5.1.1.1　实况降水比较法

实况降水比较法（Comparison of actual precipitation）就是通过作业影响区降水量与非作业区降水量的统计特征比较，评估作业效果，主要有“区域、时段、云团”比较法。

（1）最常用的是“区域比较法”。区域比较法是根据气象历史观测资料，通过区域回归方法找出一个或数个与作业区对应的可比较区域，通过作业区域与确定的对比区域的降水量实况进行统计特征比较，分析人影作业效果（许焕斌等，2006）。这种方法对阶段性（如连续5年……）作业效果评估较好。世界上得到大部分学者认可的人影作业效果评估是以色列人工降雨试验，它是通过作业与对比区域间统计结果分析，得出了人影作业有6%～11%的增雨效果，这个结论被全世界人影界作为公理在引用。随着众多学者将研究重点转向以色列人工降雨试验的整个研究过程的细节分析研究，有不少学者认为，区域比较统计的显著“增雨”效果，实际情况可能是降水时空分布不均所造成的，而非人影作业的结果，对这个结论开始持否定态度（李大山等，2002）。目前，具体人影作业业务单位采用区域比较方法评估人影作业效果时，用于评估比较的区域常常选择在影响作业区的天气系统的上游区域。由于天气系统在移动的过程会发生变化，直接导致单次作业效果评估结论稳定性较差。但是，“区域比较法”人影作业效果评估方法很容易被社会上非人影专业业务技术人员接受，是基层人影作业单位最常用的方法，是一种简单、直观、实用的人影作业效果评估方法之一。南京青奥会人影保障结束后，评估开（闭）幕式作业效果时也把这种方法作为评估手段之一。

（2）时段比较法就是采取作业前的降水量实况与作业后的降水量实况进行比较，评估人影作业效果的。这种方法很适合小天气系统的单个降水过程的人影作业效果比较分析，基层人影业务单位应用也较多。南京青奥会人影保障结束后，评估开(闭)幕式作业效果时也把这种方法作为评估手段之一。

(3)云团比较法是设定作业云团对应的非作业云团，将两个云团在移动过程中的某个时间段的固定区域内的实际降水量进行比较。这是目前在人影消(减)雨保障中最实用的动态作业效果评估方法，被专业人员大量使用。南京青奥会人影开(闭)幕式作业保障时，主要采用了这种人影作业效果评估方法进行实时动态作业效果评估，为及时调整作业方案提供技术支持。

5.1.1.2 理论降水比较法

理论降水比较法(Theoretical precipitation comparison method)就是首先计算某个区域(或云层)的理论降水(雹)量，与人影作业后的实际降水量进行比较，评估作业效果。常用的具体方法如下：

(1)预报值比较。每次天气过程，气象部门的气象台站都会进行降水量的定时、定点、定量预报，在作业开始之前预报出没有人影作业的前提下天气系统的自然降水量。这时，将预报的自然降水量视为正常自然降水的实况值，将作业后的实际降水量与之进行统计特征比较，分析人影作业效果。目前，是“天有不测风云”与“天有可测风云”并存的年代，天气预报每天人们都听、都用，但又都不相信它是准确无误的。“天气预报看似简单，实际是一个浩大的系统工程。每个环节都存在某些不确定性，不可能每一次的预报结果都与实际一致。提高天气预报的准确率，现在仍是一个世界性的难题”(刘成成等，2013)。把一个公认为不准确的降水量预报结论作为可能的降水实况来看待，无论从心理上还是技术上都难以让人信服。这种方法，由于降水客观定量化预报的误差较大，评估效果公认性较差，应用相对比较少。南京青奥会人影作业效果评估也没有应用这种方法。

(2)降水效率比较法。是将一个云团的理论降水效率与人影作业后的降水效率进行统计比较，分析人影可能的作业效果的方法。所谓降水效率(Precipitation efficiency)是指一块云或者一个风暴系统中，实际产生的降水总量除以理论上可能的最大降水总量(蔡淼，2013)。这种技术方法比较适宜进行云水资源和降水效率的评估研究，在具体的人影作业效果评估中应用较少。南京青奥会人影作业效果评估也没有应用这种方法。

5.1.1.3 云团参数比较法

云是孕育降水的母体，通过人影作业影响天气的过程就是影响云的发生、发展的过程。人影效果评估很重要和现实可行的方法是对云进行评估，即对表征云演变的云参数进行统计特征描述来评估作业效果，这种技术方法叫云团参数比较法。云团参数比较法(Cloud body parameter comparison method)就是对同一云团的作业前后的云参数特征量进行统计分析，通过计算人影作业引起云团云块参数的改变量来评估人影作业效果。云的基本描述是“云状、云量、云高”，但更细化的是云的物理和化学特征描述。对人影作业效果评估而言，主要关注的是云的物理结构变化参数，主要包括云状、云量、云高、云厚、移向、移速、垂直速度、雷达回波强度、滴谱特征、冰晶组成等。这些参数特征，目前主要通过新一代现代天气雷达、雨滴谱仪、探空仪等实时观测获取。通过云团参数比较方法评价人影作业效果已经成为人影业务部门的日常业务工作之一。南京青奥会人影开(闭)幕式作业保障时，主要采用了这种人影作业效果评估方法进行实时动态作业效果评估，为及时调整作业方案提供技术支持。

5.1.1.4　数值模拟比较法

根据基础理论，建立机理型模型，通过运行模型输出数值结果进行评估，是客观定量化评估技术的发展方向（商兆堂等，2018）。数值模拟比较法（Numerical simulation comparison method）就是对人影作业前和作业后两种状态下，数值模型输出结果之间的差异进行统计分析，通过对数值结果的差异比较来评估作业效果的方法。这种方法的最大优点是可以不通过实际作业获取作业情况，只要调整模型输入参数就能模拟作业情况，这样可以通过计算机参数动态调整，不断模拟作业效果，通过反复演算得出最佳的作业方案。对人影作业效果而言，它已经不单纯是一种评估，事实上已经具备了预报预测作业效果的功能，所以被广泛应用于人影的科研和业务中。如北京市人影办用数值模拟方法检验层状云，通过评估液氮催化增雨的效果表明，液氮催化增雨是有效果的，为在国内率先使用液氮作为催化剂提供了理论依据（张蔷等，2011）。通过云一降水微物理过程机理模型的参数化方案，实现通过参数改变来模拟人影作业的效果（李大山等，2002）。南京青奥会人影开（闭）幕式作业保障时，也采用了这种人影作业效果评估方法进行作业效果评估。由于机理模型的建立是基于对天气过程的机理的研究结论，尤其是机理模型的参数化过程，事实上，机理模型的参数化过程人为性影响很大，造成了所有天气系统机理模型经过参数化后实际运行时，其准确率都不是100%的。机理模型理论先进、可靠，但实际运行的机理模型却精度有限。数值模拟比较法同其他人影作业效果评估技术方法一样，进行具体人影作业效果评估时有误差，并且这种误差带有一定的人为性，即不确定性。

5.1.2　人影评估素材

5.1.2.1　选取评估素材的重要性

人影作业全球已经进行了数十年，积累了大量的科学研究和实际业务作业个案，针对个例的评估报告随处可见。可是具有代表性、权威性的人影效果评估方面的技术文献少之又少。究其原因，主要与评估个例的科学选取和对个例进行评估的技术方法有关。

所有学术观点的研究，评估报告的好坏关键是选取一个支撑这种研究的有效评估素材样本。通过选取城市新失业群体的兴起背景、政治心态和政治行为的基本特征指标体系，系统分析了“民主观、冲突观、变革观、政府满意度、政治信任、社会公平感”等话题，得出了“要加强和创新社会治理，维护社会和谐稳定，确保国家长治久安、人民安居乐业”是确保中国稳定和转型升级的重要措施（彭勃，2018）。基于1303个师范生样本的综合研究，得出职业能力和职业规划对师范生的创业意愿的影响均呈现出负向关系，因此要“明确传递教育目标，促进师范生对创新创业的主动关注。整合政社企校资源，构建新师范通识教育培养体系。创新师范专业职业价值体系，为全社会植入创新创业基因奠定基础”（崔惠斌等，2018）。由上分析可见，由样本作为代表进行某项目研究，项目的结论主要依赖于选取样本的代表性。因此，抽样调查成为社会上通用的调查方法。“现阶段，抽样调查方法是获取我国‘三农’领域数据的最主要手段。抽样框的设计是抽样调查的基础，如果基于不完善的抽样框进行调查，所得到的统计推断结果往往质量不高”（贺建风，2018）。要抽样具有代表性，关键是制定一套抽样的规则标准。

从上分析可见，人影评估报告要具有客观公正属性的关键性技术也是选取对比样本素材的技术方法。人影作业的许多评估报告没有得到大家认可的主要原因，也是选取对比样本的技术方法的合理性让人质疑。最典型的事例，近年来，以色列人影作业效果评估结论的权威性受到质疑主要原因是，许多专家认为，以色列人影作业效果评估中选取的参照样本，具有在不同区域降水量不一样的可能性，没有绝对可比性，即，选取的对比样本可能有问题。以色列人影作业效果评估结论由全世界公认，转向受到质疑，这是全世界人影作业效果评估中一道难以跨越的鸿沟。

虽然人影作业效果评估在学术上争论不断，但进行人影作业了，总是要进行效果评估的。中国国家人影协调会议办公室、中国气象局应急减灾与公共服务司等管理部门；中国气象局人影中心、相关高校等业务和研究部门每年都要组织大量的人影作业效果评估，并选出人影作业成功的典型事例。

5.1.2.2　选取素材进行评估的人影个例

张蔷等(2011)选择了俄罗斯、中国的重大社会经济活动保障、保护生态安全的多个实例，分成“人工消(减)雨、人工增雨、森林防火、人工防雹、机场消雾”四类，对其作业技术和作业效果进行了专门论述，结论是人影作业是有效果的。其中，最典型的是 2009 年 10 月 1 日首都国庆 60 周年庆祝活动的人影消(减)雨保障服务，通过人影作业，削弱了云团强度，保障了活动期间没有降水。

2017 年 4 月 30 日至 5 月 5 日，在内蒙古大兴安岭发生森林火灾。从 5 月 3 日 14 时 19 分起，气象局人工增雨作业队伍在毕拉河林业局北大河火场进行四次地面增雨作业，发射火箭弹 39 枚，作业效果比较显著，火场已全线降雨，降水量不足 2 mm，对降低火险等级、提高扑火效率起到较好作用(张棣等，2017)。

通过选取人影作业成功的典型个例的评估素材，及时组织人影作业效果专题评估和宣传报道，让更多的人了解人影作业的作用和效果。让更多的人认识、理解、支持人影事业发展，人影事业才能不断向前推进；制约人影作业效果评估的技术问题才能逐步解决，才能让人影工作在生态文明建设中发挥更大的作用。

5.1.3　青奥人影效果

前面已经讨论过，人影作业效果评估，由于不同的专家选择的评估素材、评估技术方法的差异，形成同一次人影作业过程不同的专家对评估结果的认同有差异。南京青奥会人影保障活动是中国近 10 年来进行的重大社会经济活动的人影作业保障活动，对其作业效果评估以江苏省人影办和人影中心的评估素材为基础，具体介绍如下。

5.1.3.1　开幕式人工消(减)雨作业效果简述

(1)云系特征和降水实况

由 2014 年 8 月 15 日 08 时—17 日 08 时，连续几天的探空资料(图 5-1)分析表明：15 日 08 时—17 日 08 时南京上空中高空云系随时间的变化主要特征是不断发展加厚，在中低层有明显的夹层，低层 1.8 km 以下有雾或低云覆盖，0 ℃层高度在 5000 m 左右。由 2014 年 8 月 16 日的卫星监测反演资料(图 5-2、图 5-3)分析表明：南京青奥会主场馆上游区域有南北两条主要云系，自西南向东北移动，云顶不高，云顶温度大多在－20 ℃，云水含量非常丰富，光学厚度大多在 36 左右。主场馆区 2014 年 8 月 16 日 20—22 时累计雨量达 2 mm，其周边区域均大于 5 mm（图 5-4）。

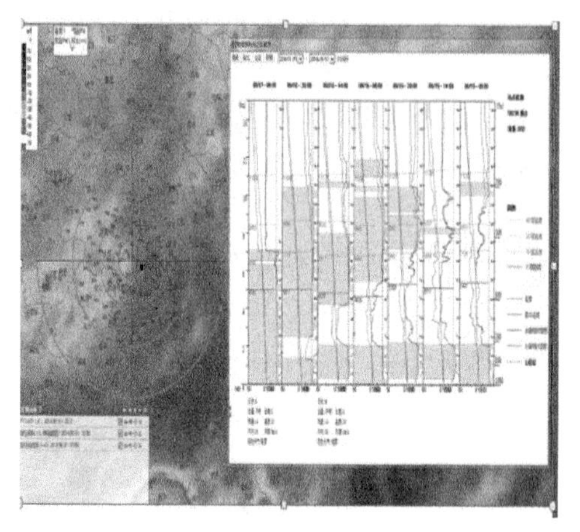

图 5-1　2014 年 08 月 15 日 08 时到 17 日 08 时南京探空云分析

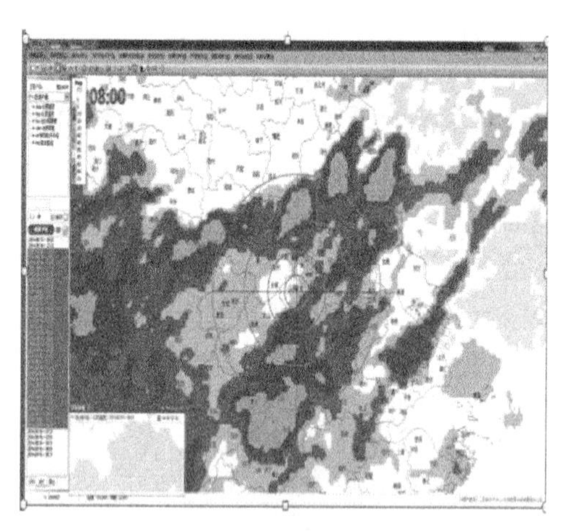

图 5-2　2014 年 8 月 16 日卫星反演云顶温度

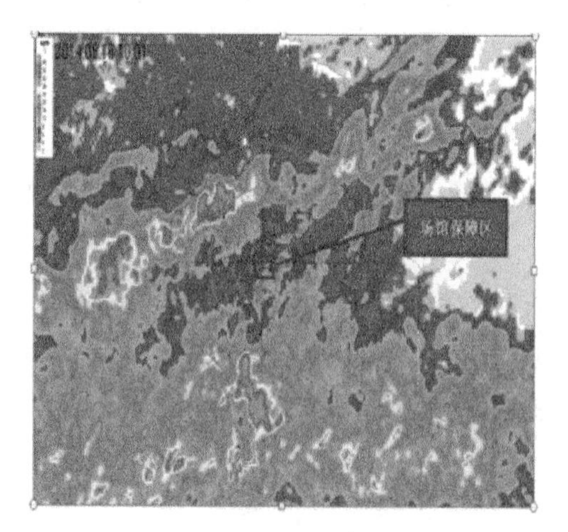

图 5-3　2014-08-16 卫星反演云光学厚度

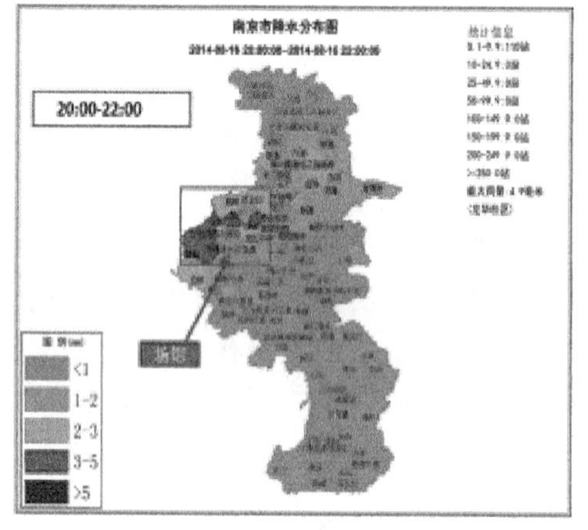

图 5-4　2014-08-16，20—22 时南京地区降水分布图（单位：mm）

（2）各作业时段作业区域和保障区降水量统计对比分析

由 2014 年 8 月 16 日 18 时 30 分开始作业到 21 时 30 分最后一批次作业，共计 3 个小时，对不同作业时段的多个作业区域和保障区域降水量，进行区域逐时统计对比分析，结果显示作业后作业区降水强度 2.3～3 mm/h；主场场馆保障区内实际逐时降水量分别为：19—20 时 1 mm，20—21 时 0.8 mm，21—22 时 0.2 mm；作业后保障区域（主场馆内）的降水强度仅有 0.2～1 mm/h。通过对可能影响主场馆的上游地区云团的高强度人影实时针对性作业，明显减弱了云团的降水强度（图 5-5a、图 5-5b、图 5-5c）。

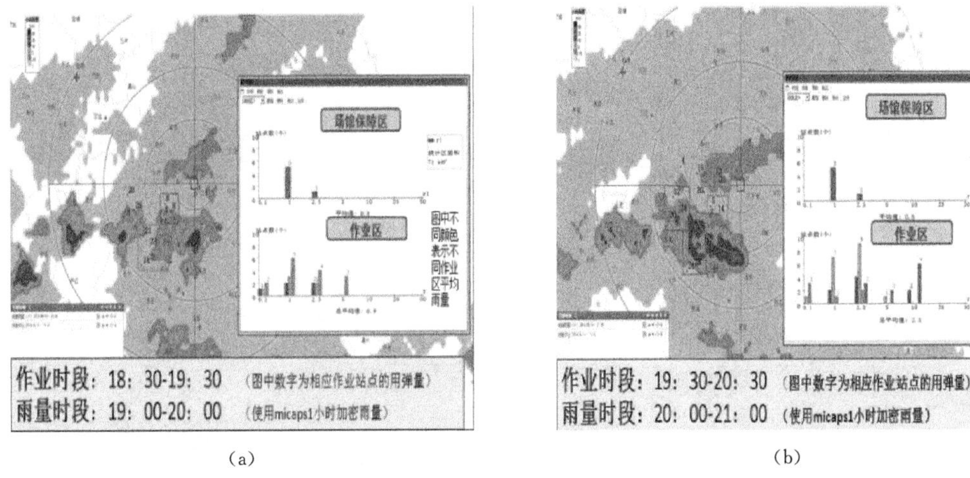

(a)　　　　　　　　(b)

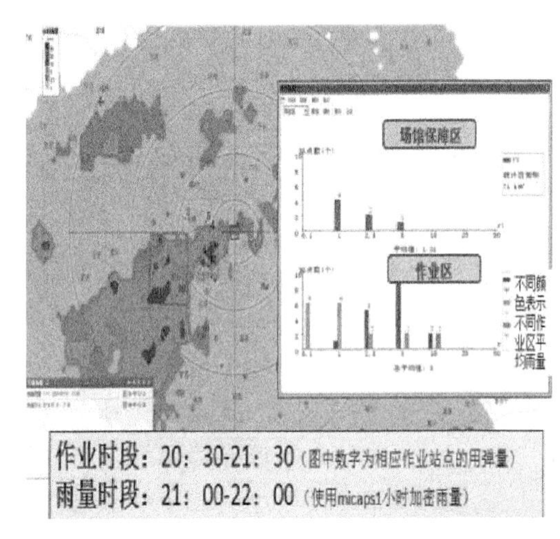

(c)

图 5-5　2014-08-16 作业区与场馆保障区 1 小时降水量对比

(3)作业区域和保障区雷达回波统计对比

将 2014 年 8 月 16 日 18 时 30 分开始作业到 21 时 30 分最后一批次作业，共计 3 个小时期间内的人影作业前后的雷达进行动态实时对比分析。根据常规作业经验，正常情况下，人影作业 20 分钟后，催化才明显显现出来，选取保护区(主场馆)作业后约 20 分钟时的雷达回波分析作业效果，结果表明：保护区的云团的雷达回波强度比作业影响区的雷达回波强度大约要小 20%～40%(图 5-6)。

(4)作业区和保护区雷达回波垂直结构变化分析

2014 年 8 月 16 日 18 时 30 分开始作业到 21 时 30 分，在进行人影作业前后的雷达进行动态实时对比分析时，同时进行回波垂直结构动态情况分析。通过对主要作业区域，不同时段，作业后影响区和场馆保护区雷达回波垂直结构的变化特征分析发现：从回波垂直结构上看，催化作业后大部分时段，场馆附近云团的较强回波都在云团上部(0 ℃层以上)，云团与作业对比区最大的不同是雷达回波没有及地，直接导致地面降水很少。说明在保护区上游的云团冷区过量催化作业后，导致大量冰晶争食云中过冷水，形成云团中的冰晶均长不大，下落速度变缓慢或下落过程中，一下降到暖区，因个体太小，而很快蒸发，形不成接地的降水，让降水云团飘浮在空中通过保护区上空，实现保护区不直接降水的目标(图 5-7)。

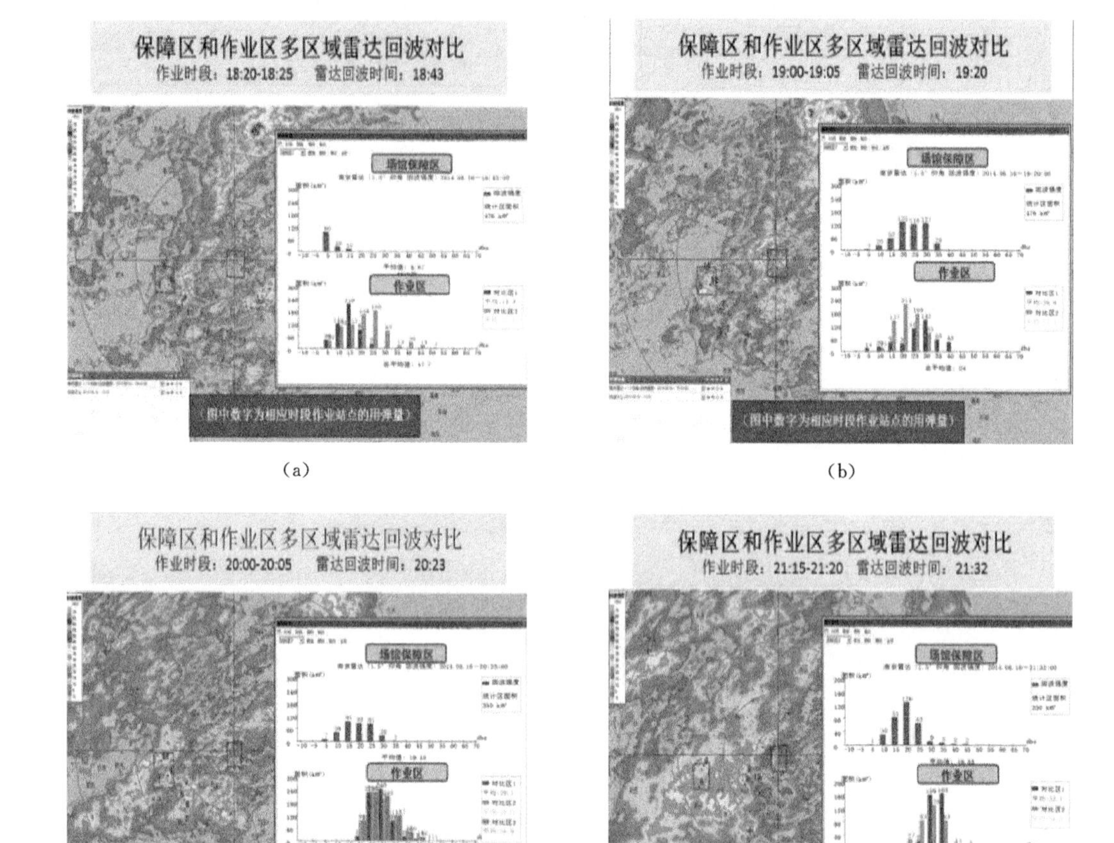

(a) (b) (c) (d)

图 5-6 2014-08-16 作业区与场馆保障区雷达回波强度对比

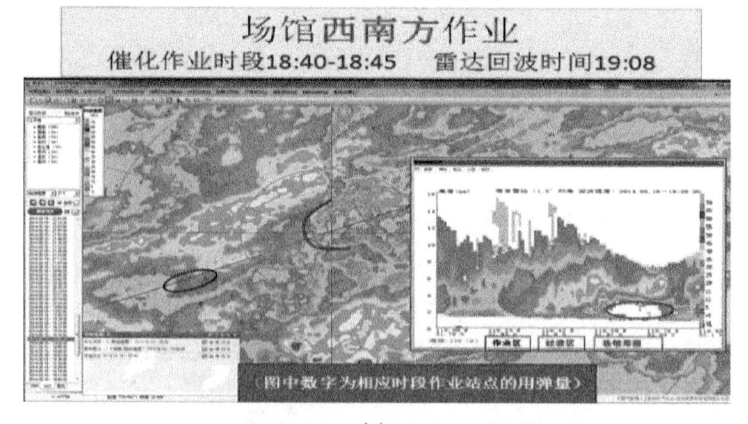

(a)

(b)

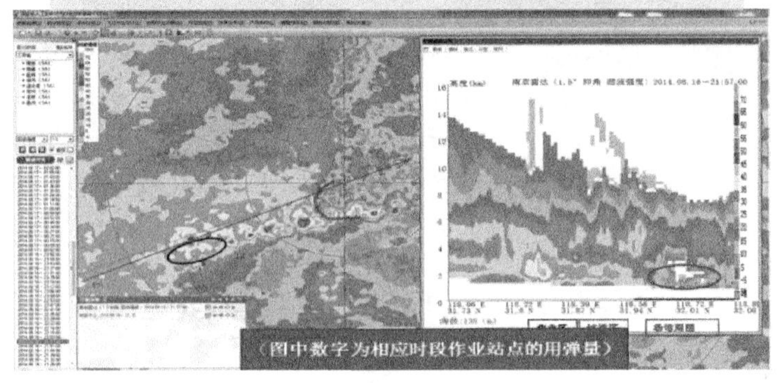

(c)(对应彩图见 212 页)

图 5-7　2014-08-16 作业区与场馆保障区雷达回波垂直结构对比

(5)X 波段双偏振多普勒雷达观测

由 X 波段双偏振多普勒雷达观测资料(图 5-8)可见，通过连续针对保护区上游重点云团的动态作业后，南京青奥会开幕式期间(2014 年 8 月 16 日 19—22 时)，从上游区域移过来的连片云区，到保护区(主场馆)前方呈现为“Y”型，分成南北两支强云团从上方空中移过，保护区像一个大饼被人咬了一口，呈现一个“月牙”型洞，而保护区就在这个弱回波的洞中。真是应了中国一个古语“洞中方一日，世间已千年”，保护区内平静地进行着各类活动，人们完全沉浸在祥和、喜气的气氛中，闻不到一点“硝烟”的味道。而保护区外，全体人影作业人员，人人如履薄冰，拼命一搏，火箭连天，惊心动魄。正是这些默默无闻，奋战一线的广大气象科技人员，关键时刻冒风顶雨、尽忠职守、无私奉献，保证了南京青奥会开幕式的正常进行。

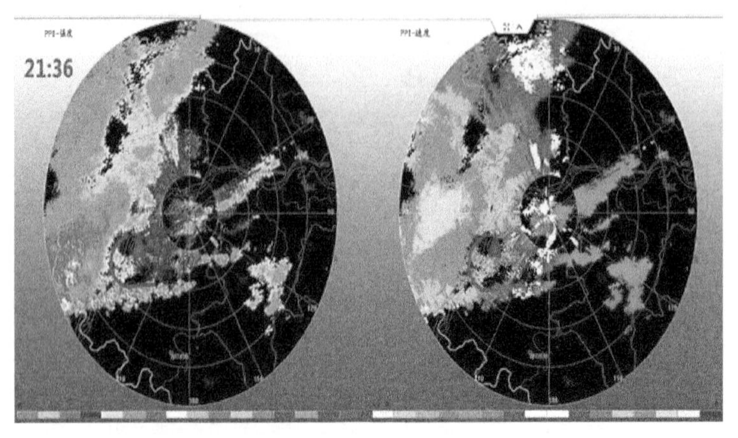

(a)

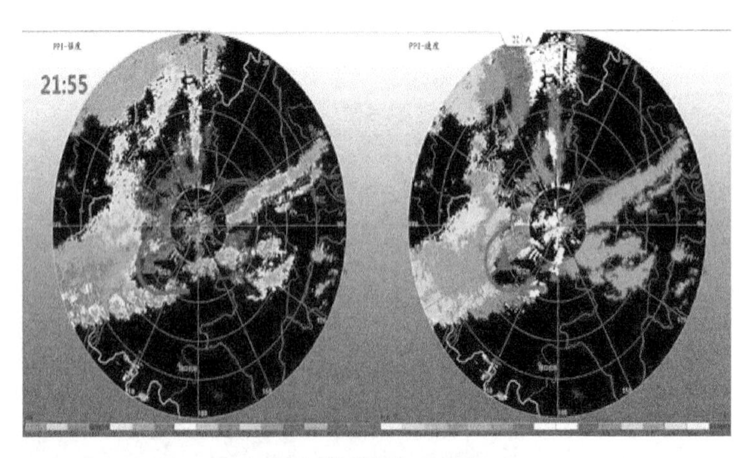

(b)(对应彩图见 212 页)

图 5-8 2014-08-16 作业后场馆保障区 X 波段双偏振多普勒雷达观测

(a)21:36;(b)21:55

5.1.3.2 闭幕式人工消(减)雨作业效果简述

(1)闭幕式人工消(减)雨作业概况

飞机作业情况。2014 年 8 月 28 日 09 时 30 分—18 时,三架人影作业飞机先后从蚌埠机场起飞,在南京的上游定远—合肥—肥东—含山—全椒—长丰一带开展飞机作业,三架飞机累计作业时间 13 小时,作业区域近 15000 km^2。

火箭作业情况。2014 年 8 月 28 日 18 时—21 时 30 分,根据雷达回波探测情况,针对可能影响南京奥体中心的降雨回波,在距离奥体中心西部和西北部 20~100 km 范围内持续开展火箭作业。为更好地开展人影作业,气象指挥中心与军队、民航等部门通力合作,为克服南京空域紧张等情况,飞机人影作业组、地面火箭发射队伍克服诸多困难全力以赴开展作业试验,在空域条件允许的情况下,开展了人工影响天气作业试验,作业区域 12000 km^2。具体作业概况见图 5-9。

(2)闭幕式期间云系特征

根据南京气象观测站的 2014 年 8 月 28 日 08 时、14 时、20 时的探空资料(图 5-10)分析表明,从 28 日 08 时—20 时南京上空,中高空云系随时间不断发展加厚,在中低层有明显的夹层,夹层厚度 2 km，0 ℃层高度在 4600 m 左右。由卫星监测反演资料(图 5-11、图 5-12)分析可见，在防区西北方向有一西南-东北云系，自西向东移动，云顶温度大多在－20～－30 ℃，云水含量非常丰富，有利于在保护区(南京青奥主场馆)闭幕式期间(2014 年 8 月 28 日 08－22 时)产生降水。

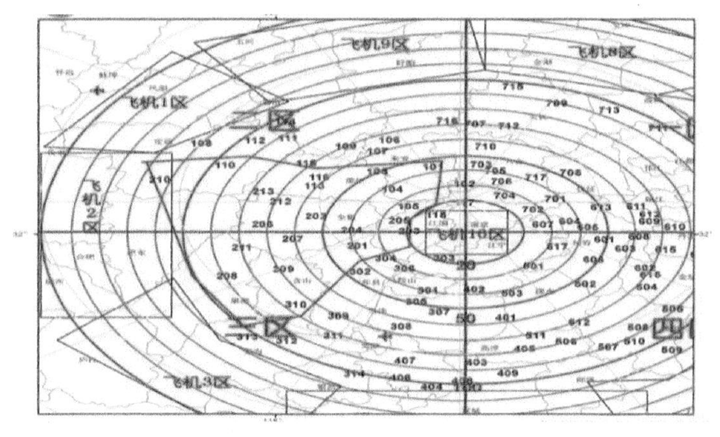

图 5-9　2014-08-28 闭幕式作业区域(多边形框内)

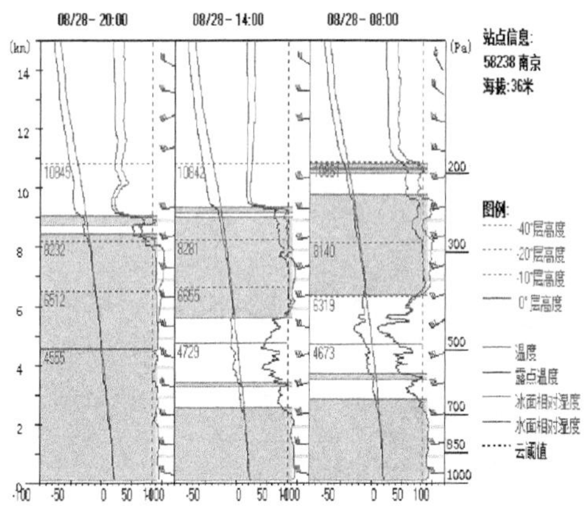

图 5-10　2014-08-28，08-20 时探空曲线

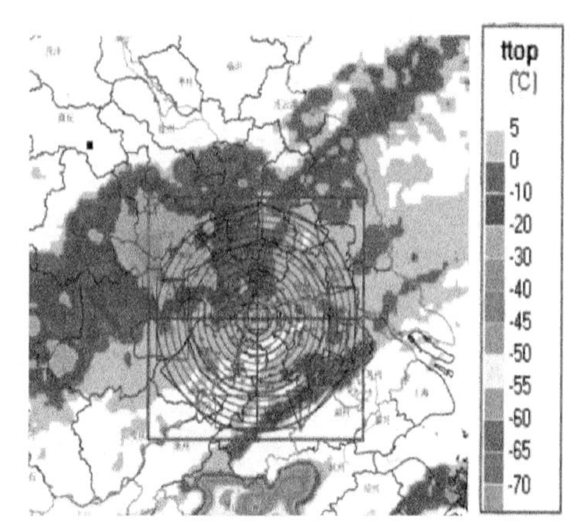

图 5-11　2014-08-28，14 时云顶温度

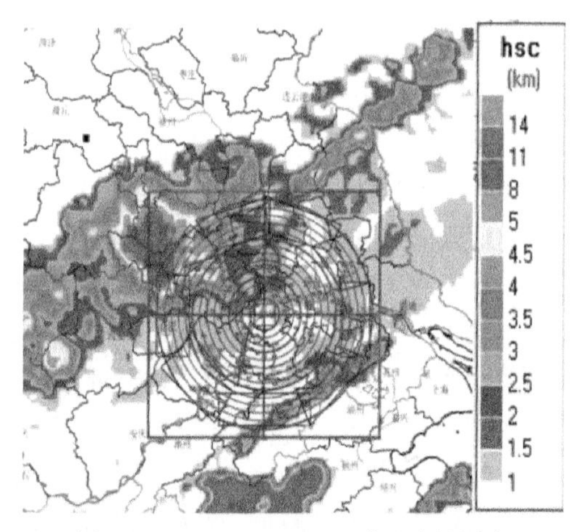

图 5-12　2014-08-28，14 时过冷层厚度

(3)飞机作业后云系变化

2014 年 8 月 28 日下午飞机作业后,保护区西北区域的云系明显消散减弱,最大云顶高度 6～7 km,比飞机作业前下降了 3～4 km,云层厚度约减少了 30%～40%,并且云体总面积也有了明显收缩减小(图 5-13)。

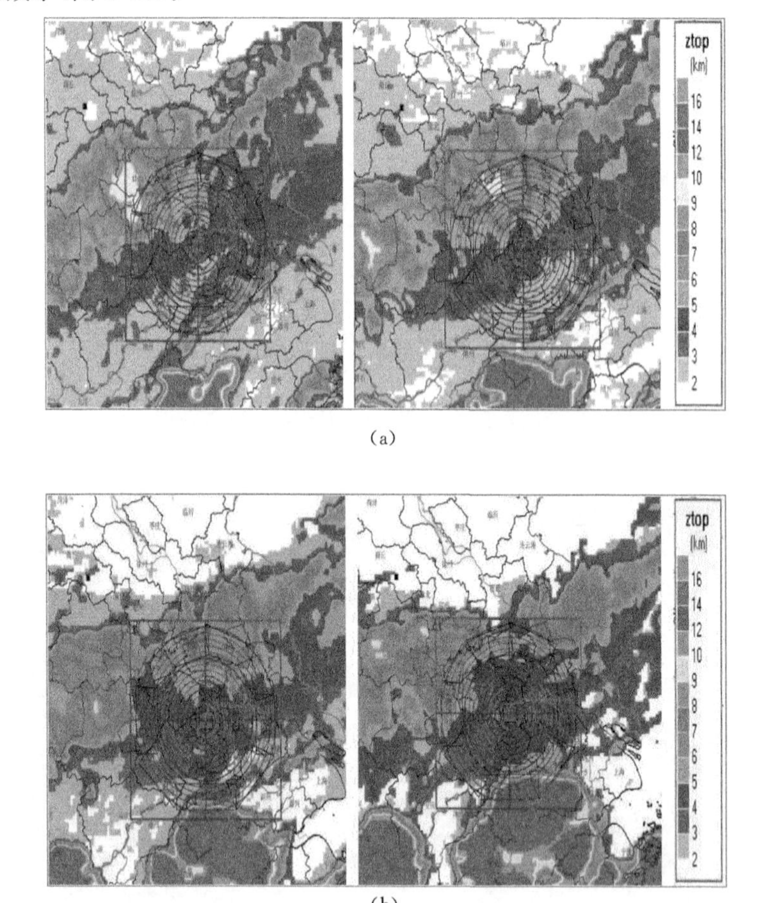

图 5-13　2014-08-28,14 时(左图)和 15 时(右图)云顶高度(a);
2014-08-28,16 时(左图)和 17 时(右图)云顶高度(b)

(4)火箭作业后雷达回波变化

开幕式保障结束后,对整个实战过程进行了全方位的技术总结,通过实战,实现了“从战争中学习战争,从怕战到敢战”的思想转变。闭幕式人影保障作业的整个指挥和作业要比开幕式从容了许多,指挥者谈笑风生,作业者从容淡定。闭幕式保障从 2014 年 8 月 16 日 18 时开始作业起,到 21 时 30 分最后一批次作业完成止。期间根据对每个可能影响主场馆云团的动态评估,实时明确重点作业云团和作业量,并对人影作业前后的雷达进行动态实时对比分析,重新确定新的重点打击目标,具体如下。

18 时 23 分,在保护区西部的西西北方向(作业点 210 附近(黑框),见图 5-14a),不断有雷达回波加强发展的云团,最大回波强度达 30～35 dBZ。根据云团移向,它将移到保护区上空,并且可能会产生降水。为此,对这块雷达回波较强的云团,进行了针对性的过量催化作业,作业后,到 19 时,这块云团的雷达回波强度明显减弱,最大回波强度仅有 20～25 dBZ,减少了约 30%(图 5-14b)。

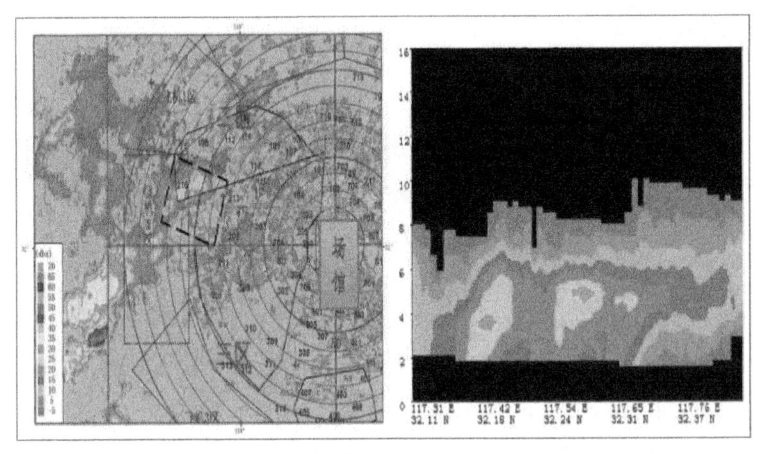

图 5-14a　2014-08-28，18:23 闭幕式作业后雷达回波及剖面(黑色框)变化

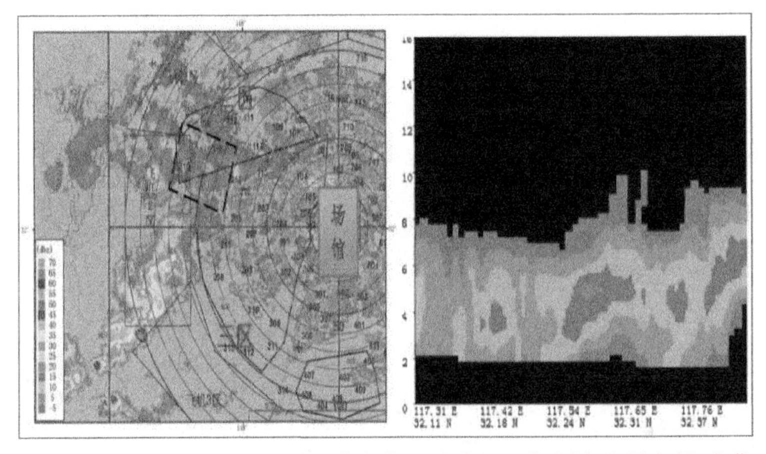

图 5-14b　2014-08-28，19:00 闭幕式作业后雷达回波及剖面(黑色框)变化

19 时 31 分，在保护区西部的西到西南方向(黑框中，图 5-14c)，这个西南一东北向的强回波带以 60 km/h 的速度快速向保护区袭来，移动中强度不断增强，沿途降水明显，预测到保护区后将产生明显降水，中心雷达强回波已经达到 40～45 dBZ。人影指挥中心和火箭作业指挥分中心立即气氛紧张起来，经过人影作业效果预评估和可能降水的预测，经过专家组快速研判，火箭作业指挥下定最后决心，立即调整作业力量布局，重点加强西南地区作业点(208、207、211 等作业点)的打击力度，采取多架齐射，突击打击其纵深，让其失去后援的方略。这套“黑虎掏心”战略，很快见到效果。通过连续高强度打击后，大约 1 个小时，到 20 时 34 分，原来的长条状雷达回波带出现了明显的断裂，雷达回波强度明显减弱(图 5-14d)。保护区(主场馆)上空出现了很细毛毛雨，20 时 1 小时降水量 0.1 mm，没有影响整个室外的闭幕式活动正常进行，惊心动魄的时刻终于过去，指挥中心全体人员终于松了一口气，大家感到为保障成功走出了关键性的一步。通过继续作业，到 21 时 30 分，保护区附近的回波基本消散减弱，云团得到抑制，胜利的喜悦已经在指挥部每个人的脸上显现出来。到 21 时 35 分，指挥中心经过专家组的讨论认为，为了节约保障成本，已经没有继续作业的必要，应立即停止作业，并预测大约 1 小时后南京城(包括保护区)将可能开始强降水，要求所有南京青奥会服务团队，尤其室外团队，闭幕式结束后要快速撤离。到 22 时 14 分，保护区上空云系不断加强发展，出现明显对流云

团，最大回波强度达 45～50 dBZ(图 5-14e)。22 时保护区 1 小时降水量 0.2 mm，而到了 23 时，保护区 1 小时降水量已经达到了 6.3 mm，降水强度增加了 30 倍(图 5-15)。

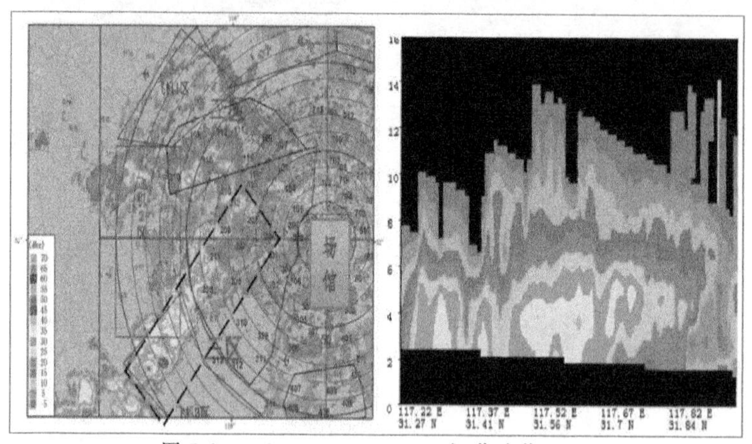

图 5-14c　2014-08-28，19：31 闭幕式作业后

雷达回波及剖面(黑色框)变化

(对应彩图见 212 页)

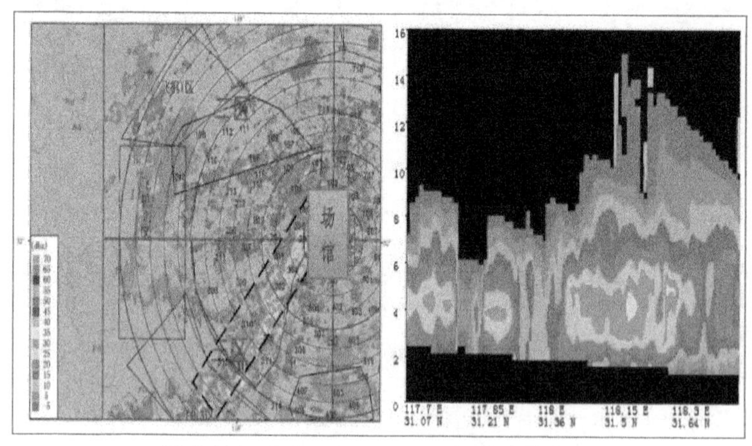

图 5-14d　2014-08-28，20：34 闭幕式作业后

雷达回波及剖面(黑色框)变化

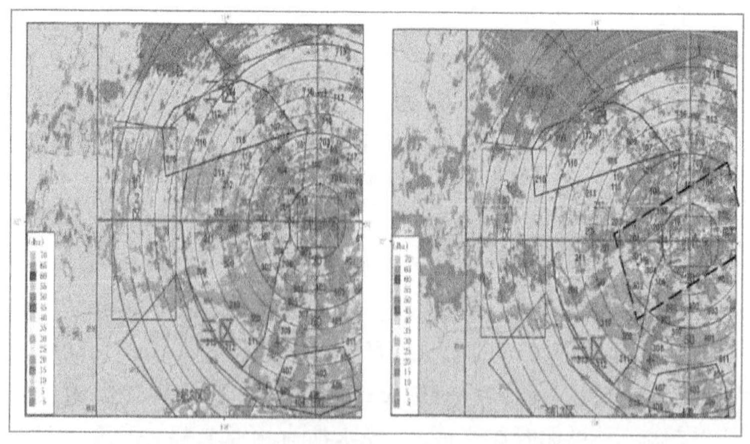

图 5-14e　2014-08-28，21：30(左)和 22：14 闭幕式作业后

雷达回波及剖面(黑色框)变化

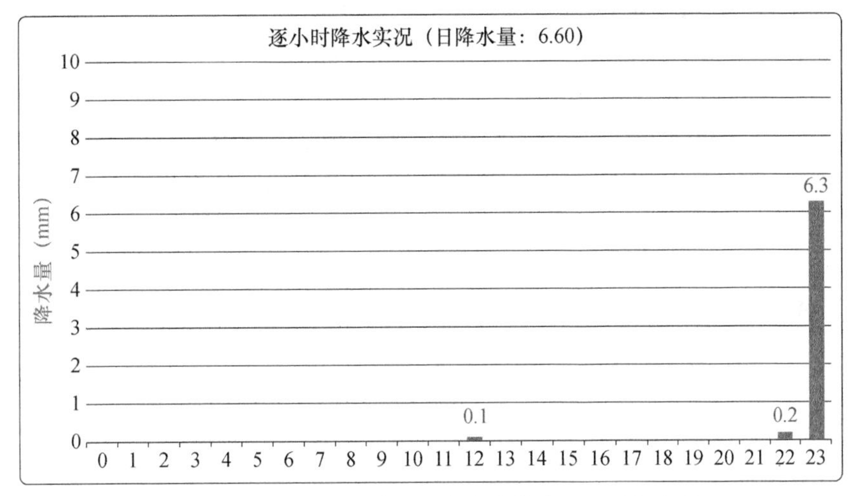

图 5-15　2014-08-28 南京青奥会奥体中心逐时降水量

5.2　人影社会反应

5.2.1　社会反应描述

5.2.1.1　社会

人类的发展就是从个体有机组成若干群体的过程，这个有机组成形成的过程是各种关系通过自然或人为形成的过程。社会(Social)是人与人关系的总和，是指在特定环境下共同生活的人群，能够长久维持的、彼此不能够离开的相依为命的一种不容易改变的结构形式。人类的生产、生活、科研、政治、军事、教育等相关活动都属于社会活动的范畴。

由上分析可知，社会是一个统称，从小的方面看，可以是为了共同利益而形成的人与人的联盟，大到国家组织形式，联合国、地球村等。即，其内涵和外延并没有明确界限，是一个范畴。所以，人们在社会经济活动中时常要提到“社会”这个概念。

5.2.1.2　反应

反应(Reaction)是指有机体受到体内或体外的刺激(影响)而引起的相应的活动或物质受作用而引起变化的现象和过程。“反应”从人的意识上讲是被动的，是被迫接受的过程。人们经常讲什么反应，如研究化学的人讲什么化学反应，研究生理的人叫什么生理反应，研究社会的人称为什么社会反应。研究社会对人影作业的反应，可以叫“人影社会反应”。

5.2.1.3　描述

描述(Describe)向人们表示某一事物的方法，即用什么方法将事物展现在人们的视野中。因此，为了更好地展示事物，描述经常会用到夸张的手法。

5.2.1.4　影响

社会反应描述(Social response description)是社会对某件事情反应的真实写照。社会、反应、描述三者之间相互作用、相互影响。

反应是被动的,没有选择的,所以往往是对社会的负面影响者居多。有的人会因特殊刺激而精神失常等,整个社会也会因某个事件反应过度,引发灾难。2011 年 2 月 10 日凌晨 2 时许,才到正月初八,一条"化工厂发生泄漏,即将爆炸"的信息,将江苏响水陈家港及其附近 40 多个村庄的民众,从春节团圆吉庆祥的美梦中惊醒,所有人的第一反应是快速逃亡,没有人有心思去证实消息的来源和真实性。世纪大逃亡的真实版电视剧上演了,在寒风凛冽的雪夜中,到处是举家惊慌失措拼命逃亡的人群,人们在恐慌和无助中奔跑着,心中只有一个理想,快点再快点离开陈家港……无序混乱的"万人大逃亡",直接导致 4 人因发生交通事故身亡。经过这次逃亡的人,有谁这辈子能够忘却?事情发生后,政府部门立即通过手机短信、电台、电视台、网站等,向社会发布"既没有发生泄漏,也没有发生爆炸"的信息,并举行了新闻发布会,事态逐渐平息。由这个实例充分说明,社会反应的巨大影响。事后有许多人士想不通,有记者到逃亡者家中走访,民调结果表明,许多村民的选项是以后听到这种消息还是首选立即逃亡,更有村民认为"其实,这也不能算是谣言……村子对面就是生产氯气的厂家……以前死过人的,要是现在有人给你说毒气要泄露了,你跑还是不跑?"即,只要听到"要……"就跑,而不是"是……"就跑,由此可见一斑,社会反应的作用有多大。

人影是一项气象科学业务工作,而对大部分老百姓来说,披着一层神秘的外衣,对其科学原理,尤其安全性不了解,经常会因人影作业引发人们的质疑,做出强烈反应。如 2018 年夏天,江苏高淳区气象局根据区政府的工作安排,组织进行了人工增雨作业,作业过程中,一枚人影火箭弹的残骸落在一个蟹塘中,本属正常现象。但是,到了秋天,蟹农找到高淳区气象局提出要求:"你们的火箭弹有毒,影响了蟹的生长,我当时只是不知道,现在有×××专家说是有毒的,我才知道真相,减产……经济损失……必须赔……"

我们在日常工作中经常容易把"反应"与"反映"搞混淆,其实两者的区别很大。反映(Reflect)是指把事物描述表现出来,指有机体接受和回答影响的活动过程。我们日常应用"反映"最多的是要加强基层调研,把基层的真实情况反映上来,要把我们的真实情况反映上去……"反应"与"反映"有时是对立性的,时常成为一对矛盾。如某一职工正在给领导反映基层工作,领导一听很不开心,马上大加批评……在人影工作领域,"反应"与"反映"这对矛盾有时表现得更加突出。南京青奥会开幕式结束后,《京华时报》于 2014 年 8 月 17 日 3 时 31 分快速反应,报道多么及时,可见其反应灵敏,发表了记者毛烜磊在采访总导演陈维亚关于开幕式情况的报道。报道说"陈维亚说……下午 3 点还针对可能下雨的情况开了临时会议。而且当地下午还发射了 3000 发炮弹进行人工清雨,但可能雨太大,没能做到……"并标题"南京发 3 千发炮弹清雨未奏效"进行正式报道(图 5-16)。这篇报道一出来,立即引起社会强烈反应,因为标题太吸收人了,"3 千发炮弹清雨未奏效"足以让人产生无穷的遐想。许多报纸、网络在最显眼的地方加以报道(图 5-17、图 5-18、图 5-19、图 5-20、图 5-21)。当时笔者看到网上这个报道后,立即通过读者反馈信箱向《京华时报》反映了"一是 3000 发炮弹的信息来源,第二未奏效的依据,第三表演现场能不能算大雨"三个问题,并要求给予答复(是典型的反映问题),遗憾的是石沉大海,至今没有答复(并没有对应的反应),但是这并不影响社会对这个报道的反应。"反映"与"反应"有时相关甚远,根本搭不上边。南京青奥会人影业务的保密工作做得比较好,所有的资料都实行了保密,到底打了多少火箭弹的资料是保密的,总导演陈维亚是不可能知道的,且下午根本没有发射火箭弹,火箭弹开始发射是 18 时之后的事了。但社会的反应就在那,更有夸张的报道,将 3000 发炮弹与北方干旱联系起来,用标题

“北方大旱与青奥会 3000 发炮弹清雨与官员座下冰砖”进行报道(图 5-21),让读者参与猜谜,让你想象……你不想都不行……这对南京青奥会气象服务中心人影部所有工作人员而言,一下子从保障成功的喜悦中落入了万丈深渊。笔者整整几天彻夜无眠,不知道还会发生什么,怎么应对……闭幕式人影保障怎么办?

南京发3千发炮弹清雨未奏效

2014
08/17
02:31

昨天,第二届夏季青奥会开幕式在南京奥林匹克中心举行。图为主火炬点燃瞬间。新华社发

第二届夏季青年奥林匹克运动会昨晚在江苏省南京市隆重开幕,国家主席习近平出席开幕式并宣布运动会开幕。南京青奥会是继2008年北京奥运会后,在我国举办的又一项具有国际影响的奥林匹克盛事。未来12天中,3700余名青年运动员将在竞技场上追求卓越、收获友谊。

图 5-16　南京青奥会开幕式
人工消(减)雨后的《京华时报》报道

图 5-17　南京青奥会开幕式
人工消(减)雨后的网络消息

人民网
people.cn

人民网 >> 旅游频道_权威全面报道旅游

南京发3千发炮弹清雨未果 青奥开幕式雨中上演

2014年08月17日08:58　来源:京华时报　手机看新闻

打印　网摘　纠错　商城　分享　推荐　人民微博　　字号

原标题:南京发3千发炮弹清雨未果 青奥开幕式雨中上演

图 5-18　南京青奥会开幕式
人工消(减)雨后的人民网报道

3000发炮弹消雨未奏效开幕式上演雨中浪漫

陈维亚透露，开幕式当天下午，3架气象飞机已经在安徽、山东的周边起飞进行作业，3000发炮弹射向天空阻止下雨。但是由于云团太大，并没有完全阻止雨天。"所有演职员都冒雨演出，不利因素的雨，反而成为一种浪漫，仿佛想折射出圣火的光芒。所有演员在大雨中久久不愿离去，为自己欢呼，为这个辉煌的夜晚欢呼，我非常感动。"陈维亚说。

根据南京青奥会气象服务中心在17时发布的最新预报，预计奥体中心开幕式期间18时至22时将有阵雨。19时30分之后，南京就开始下起了雨，几乎是贯穿了整个开幕式。很多人问，为什么不能"人工消雨"？16日晚上的降雨是系统性的，江淮之间有大范围降水云系东移南压，这样的降雨强度，人工消雨是很难做到的。有气象专家分析说，开展人工消雨作业首先需要满足一系列严苛的前提条件。目前在全世界范围内，无论科技水平有多高，人工影响天气仍然是个难题，不能保证百分百有效。

当天晚上气象分析师倪欣也发微博说，从科学角度来说，当不具备降水条件时，人工是不可能制造降雨的。反过来，当降水条件很好的时候，也是消不掉的，最多是消减。

图 5-19　南京青奥会开幕式人工消(减)雨后的《海安日报》报道

图 5-20　南京青奥会开幕式人工消(减)雨后的微博报道

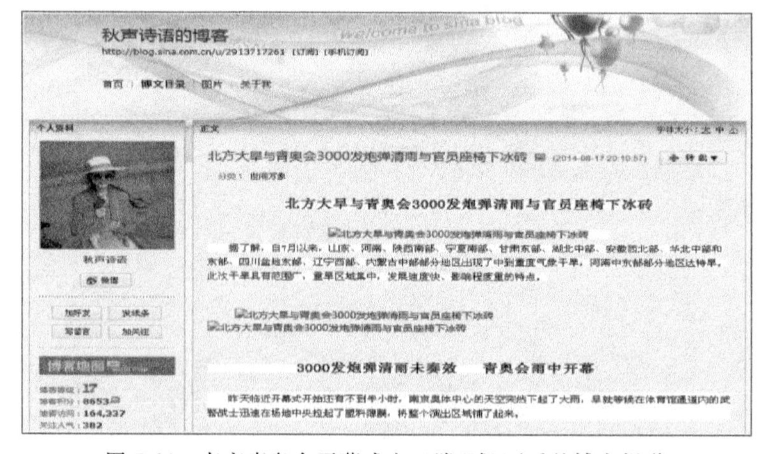

图 5-21　南京青奥会开幕式人工消(减)雨后的博客报道

其实，南京青奥会人影作业发射的是火箭弹，没有发射炮弹，炮弹和火箭弹是有明显区别的。但是"南京发 3 千发炮弹清雨未奏效"这个标题更让人们想象出，群炮齐射的壮观场景。

更有“北方大旱与青奥会 3000 发炮弹清雨……”这是两件不相干的事，但通过放在一个标题下进行描述，让人产生浮想联翩。所以，如何准确描述一件事件非常重要，对同一件事情的不同描述会产生相反的社会反应，引发不同的效果。

从人类伦理的角度，要求人们对事物的描述要尊重事实，客观公正。部分人为了吸引别人的眼球，总要标新立异，通过描述来彩涂事实。即，人们常说的“过度包装”。“过度包装”的目的是让人们的好奇心得到充分发挥，但是，过度抽象、发散思维去描述一件事情，只能对社会造成巨大危害。我们每个人平时都要注意自己的言行，不要因自己的随意，而无意识地去伤害别人，上面谈到的陈家港逃亡事件就是实证。人影作为气象行业的一个新型业务，正处在快速发展阶段，和其他新型业务技术一样（如人工智能、生物技术），一直在人们的争议中艰难前行和发展。因此，对其进行科学的描述，让人们公正客观地认识这项业务显得极为迫切。如何正确进行人影社会反应描述，目前是摆在人影业务技术人员面前的一个重要课题。现在通用的保守人影作业描述是每次人影作业后都讲，通过人影和自然降水……显然是一种模糊作业效果的描述方法，但还有什么更好的方法吗？没有权威的社会反应描述，就是放纵非理性社会反应描述，典型实例，就是“北方大旱与青奥会 3000 发炮弹清雨……”由上分析可知，强化人影作业的每次作业效果评估和作业效果评估结论的适时性和权威性发布是人影业务不可回避的一个现实话题。

5.2.2　社会反应方式

5.2.2.1　反应范例

方式（Way）是指处理事情所采取的方法，即，通过什么形式来处理事情。社会反应方式就是社会反应用什么形式表现出来。

晚清是中国数千年来的重大变革时期，民族危机四伏，人民生活在水深火热中，各种社会矛盾、各种思想相互交错，各种势力相互博弈，各种社会反应层出不穷。“……晚清开始并日益加深的中国近代最为险恶的危机，它缘于列强的侵略”（董丛林，2016）。这种民族危机，引发了社会不同阶层的不同反应。由于所处的阶级或阶层不同，对民族危机所采取的反应方式也不同。

（1）有的人认为，晚清是政府无能，百姓麻木，小说《祝福》《故乡》等应运而生，通过新文化运动来开化民智，唤醒民众的方式（非暴力模式）。

（2）有的人认为，晚清是改革国家制度的时候了，只有改革国家体制才有出路，出路在共和，必须通过革命来建立共和国，于是“武昌首义”暴发了，后期“南昌起义”暴发了，即，暴力反应方式（暴力模式）。

（3）有的人认为，晚清国家改革是上层的事，与百姓无关，只要变领导，略加调整就行，于是“戊戌变法”粉墨登场了，即，和平过渡反应方式（“非暴力＋暴力”模式）。

从以上对晚清实例的分析可以看出，对一件事情的社会反应方式主要分成非暴力、暴力和非暴力与暴力相结合三种方式。同一件事情，因处理方法不同，社会影响力（有许多学者将其定义为社会关注度）不同，会引起三种社会反应方式的相互转化。最典型的是晚清的“教案”事件，本来一般都是普通民众不满意外来洋教，抗议一下的一个非暴力反应方式。但由于反洋教人士将其与民族危机联系起来，当年湖南反洋教狂人周汉说“每逢一宗教案起，丧权辱国输到底”（董丛林，2016），立即激化了社会矛盾，大多数“教案”事件都“发酵”成了暴力反应方式。由此可见，这就像气象上常讲的，强对流天气暴发一定要有一个促发机制，同样，非暴力到暴力反应方式的转变也要有一个促发机制，尤其要有一个推动力，及时发现和制止这个机制的启动是防止非暴力转向暴力反应方式的关键，找到了推动力就找到了制止相互转化的源头。

5.2.2.2 社会舆情

随着信息技术的发展，媒体在引导社会反应方面的作用越来越大，尤其引导非暴力社会反应方式向暴力社会反应方式的转变方面作用甚至更大。所以，现在全世界各国都非常关心舆情，各行各业都重视舆情。

事实上，舆论战已经成为各国斗争的重要社会反应方式之一。最典型的是美国，通过强化的宣传手段，把自己粉饰成世界民主自由的化身。把对美国不利的政府组织都描绘成社会的毒瘤，人民的公敌，如将伊朗的革命卫队（正规国家军队）定义为恐怖组织。通过舆论引导其他国家的人民起来反政府，推翻对美国不利的政权，就是中国常说的“不战而屈人之兵”（《孙子兵法·谋攻》）。

由上分析可知，通过舆论引导，已经成为引起社会反应方式转变的重点措施之一。加强人影作业工作的舆情论研究，规范人影作业信息发布渠道，通过舆论引导人们科学认识人影作业，理性关注人影作业情况，显得非常必要。同时，随着融媒体技术的发展，人人都是媒体记者、新闻稿编辑人、发言人的今天，科学引导人们对人影作业进行客观公正的报道显得更为迫切。要实现“人们对人影作业进行客观公正的报道”的目标，最好方式是让大众了解人影、关注人影、喜欢人影。气象部门，尤其人影工作者必须加强人影科普宣传、普及人影知识。让人们真正了解人影的价值，理性看待人影作业效果，对人影作业的社会反应方式保持在非暴力模式，促进人影事业健康发展。

5.2.3 社会反应结论

5.2.3.1 结果与结论

前面已经论述过了，社会反应对事件相关者而言，是一个被迫接受的过程，没得选择。尤其对事件相关的决策者而言，考虑最多的是这件事现在的状态和后面怎么办。最典型的是当笔者看到“南京发3千发炮弹清雨未奏效”的报道后，主要考虑的是现在社会对这个报道的反应，后面怎么做。现在的状态就是事件的结果，结果（Result）是指事物发展的后续影响或阶段终了时的状态。后面怎么办？就要分析这件事件的结论，结论（Conclusion）是从一定的前提推论得到的结果，对事物做出的总结性判断。

社会反应结论要做的主要工作就是某件事情的未来发展趋势做出研判，即，得出具体结论。气象行业应用最多的是根据现有天气系统运行的实况资料，对未来天气气候演变趋势做出预测研判。对人影业务工作而言，要做的主要工作是人影作业效果的预测评估，预测评估结论直接影响是否组织人影作业的决策。人影作为一项气象部门为社会服务的民生工作，人影作业前既要研究是未来天气演变状态是否适合人影作业，还要研究社会反应是否适合人影作业，两者缺一不可。而后者往往容易被人影业务单位的领导和技术人员忽视，必须引起人影行业从业人员的高度重视。

5.2.3.2　人影与关注度

随着中国社会经济快速发展，生态问题已经成为人们的一个热点话题。近几年来，随着生态文明建设的推进，生态环境得到了明显改善。同时，也促使越来越多的领导、群众认为，可以通过人影改善生态环境，人们对人影的期望值越来越高(这方面的相关内容在前面章节已有详细论述)。

人们主动改善生态环境的期望，使人影作业从简单的防灾减灾手段变成了生态环境改善手段。立即将其应用范围扩大了许多，导致关注的人越来越多，即社会关注度明显升高。关注度(Attention)是指对某件事情关注的程度，是近阶段社会上的流行词汇，关注度表示对现在所有的对象(人物、事件等)的眼前状态和热度，是某件事件社会关心的现实现状，即人们关心的程度。虽然它仅仅是一个现实表现，并不是对事件未来发展状态的预测，但是，事实上它会影响事件的未来发展方向。所以，世界各国、各种行业对关注度的研究都非常重视。据此，关注度研究已经成为社会反应结论研究的一个重点方向。因此，人影工作的社会反应结论研究中必须增加人影社会关注度的研究内容。

5.2.3.3　关注度与舆情

综上所述，要加强关注度的研究，关注度是一个定性的词，如何定量，尤其进行关注度的定量化研究呢？不同的学者，根据自身研究的角度采取了不同的专业方法，但核心是构建一个关注度指标体系或综合指数，通过对指标体系或综合指数的统计特征分析，研究关注度的变化特征。

柳建坤等(2018)认为“……只要书籍资料库在规模性、时间跨度和代表性方面都获得可靠保证，我们便可以合理地假定某一词汇出现在其中的相对频次，能够近似地刻画这个词汇本身及其蕴含的公众关注度……”，选用 1949—2008 年，每年“阶级类或阶层类”关键词在样本书籍中出现的次数与样本书籍中全体词汇总量的比值作为关注度指数，研究中国社会分层的关注度，得出“阶级”在社会分层的话语体系中逐渐消退，“阶层”在公共话语中的重要性不断提升，并提出：“要保持社会稳定，……必须改进公共舆论的引导机制，将公众意见更多地纳入主流舆论导向和重大决策之中……”

在现阶段，在关注度研究中，有一部分学者非常重视舆情研究。其实，中国对舆情的重视有传统的历史，最典型的是“水能载舟亦能覆舟”。中国共产党更加重视舆情，立党之初就提出自己与百姓的关系是水与鱼的关系，现在更是提出执政为民，一切以人民为中心。

“舆情”一词最早见于唐昭宗于 897 年发诏书称：“朕采于群议，询彼舆情，有冀小康，遂登大用”，但真正进行理论化研究始于 2003 年，而网络舆情研究的第一篇文献则出现于 2005 年(李明等，2019)。舆情(Public opinion)是舆论情况的简称，是民众(或被管理者)对一定范围内发生的某件或数件事情，对社会组织、管理者等持有的社会态度，是较多群众关于社会中各种现象、问题所表达的信念、态度、意见和情绪等表现的总和。中国经过改革开放，解决了许多历史遗留问题，同时也出现了新情况，中国社会主要矛盾已经转化为人民日益增长的美好生活需要和不平衡不充分的发展之间的矛盾。这时人们不仅对物质文化生活提出了更高要求，而且在民主、法治、公平、正义、安全、环境等方面的要求日益增长。舆情形势更加复杂，急需增强舆情快速研判和处理能力，对舆情的研究水平迫切需要提升。

为了分析中国研究舆情的状况，用中国知网搜索“舆情”关键词，分析每年发表的与这个词相关的研究论文发现，从 2005 年开始到 2015 年，每年发表的与舆情相关的研究论文数量呈现指数型快速上升，2015—2018 年基本趋于平衡(图 5-22)。这充分说明，2015 年开始，中国对舆情的研究正在从数量型向质量型转变，即，研究舆情的能力和水平在不断提高。同时，为了分析人们对不同舆情的关注度，以研究者中发表论文数占总论文数作为人们对舆情的关注度指标。2019 年 4 月 11 日，通过中国知网，搜索“舆情”关键词，并按中国知网的自动分类，分成“网络舆情、突发事件、网络舆论、突然事件、舆情事件、舆论引导、新媒体、舆情信息、舆情应对、舆情分析、高校网络舆情、司法机关、舆情传播、舆情监测、中华人民共和国、意见领袖、企业管理、思想政治教育、政务微博、舆情引导、公安机关、自媒体、网络舆情管理、媒体时代、大数据、网络舆情危机、舆情危机、群体事件、自媒体时代、舆情管理、网络舆情事件、社会舆情、微博舆情”33 类(图 5-23)，统计分析结果表明，网络舆情占 25.8%，绝对排在第一位，是第二位的 5 倍

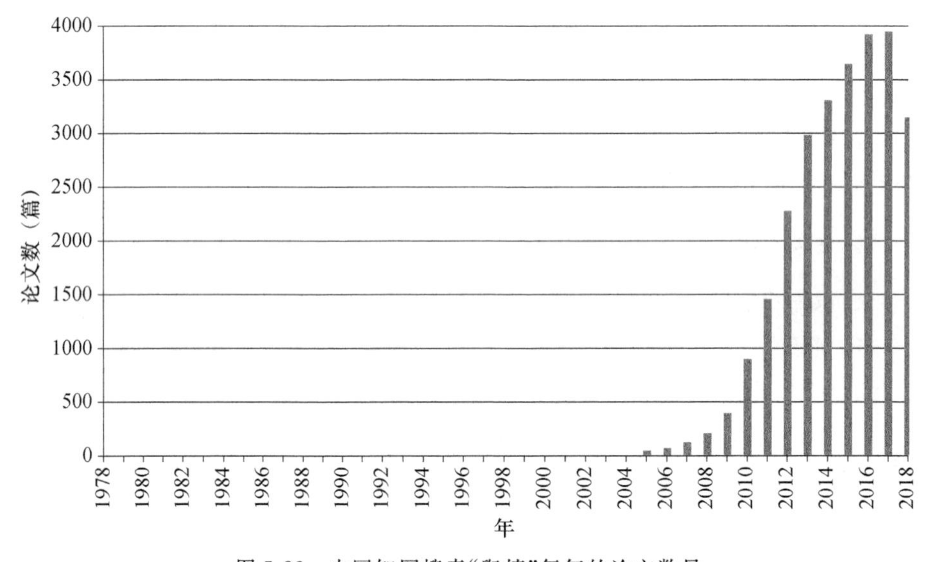

图 5-22 中国知网搜索“舆情”每年的论文数量

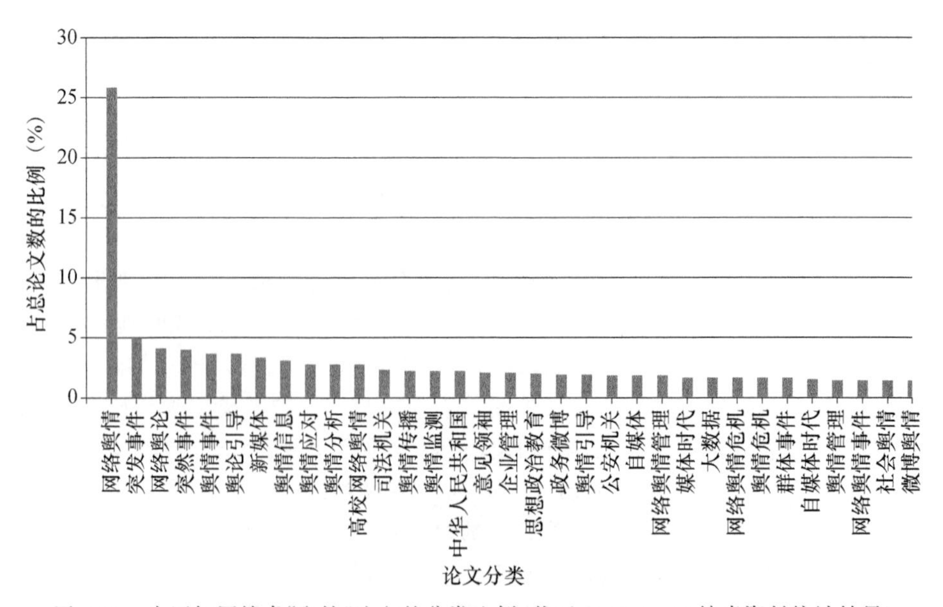

图 5-23 中国知网搜索“舆情”论文的分类比例(截至 2019-04-12 搜索资料统计结果)

以上;将与网络有关的舆情合计则达到37.4%,说明通过网络化传播的舆情是社会关注的热点,必须高度重视,处置慎重。排在第二位的则是突发事件,占5%,加上处第四位的突然事件,也达到了9.1%,即,特殊事件(突发+突然)也是人们关注的重点之一,必须重视对这类事件的舆情及时处理,防范事态扩大。

目前,国内对网络舆情的研究主要是从网络舆情的构成要素出发的,有学者将网络舆情的构成要素分成“主体、客体、信息、场”四个要素,也有学者将其分成“主体、客体、本体、传播媒介及演化进程”五个要素进行研究。其实质是“信息源、传播、受众反应”,而受众反应更应是研究的重点内容,应当重点建立综合指标体系,进行细化研究,充分发挥舆情的正能量,将舆情的负面作用降到最低。

为了分析人们对人影的关注度,同样以发表人影相关的论文数量作为评估指标。在中国知网上搜索“人影”关键词,统计每年发表的论文数(图5-24),统计分析结果表明:中国从1959年开始发表第一篇人影相关的论文,直到1993年后论文数量才明显上升,尤其1965—1979年没有搜索到1篇论文,1959—1965年,每年也就0～2篇,直到1993年后论文数量才直线上升,2008年后论文数量年际间逐渐趋于稳定。这充分说明,在1949年到改革开放前,中国人影业务基本没有发展,人影业务在中国快速发展不到30年的时间,趋于成熟是近10年的事情。人影是一个新型业务领域,人们近年来关注度上升很快。这充分说明,研究舆情对人影其业务发展的影响十分重要,更需要用舆论引导社会对人影业务发展的关注点,让人们理性看待人影事业发展。

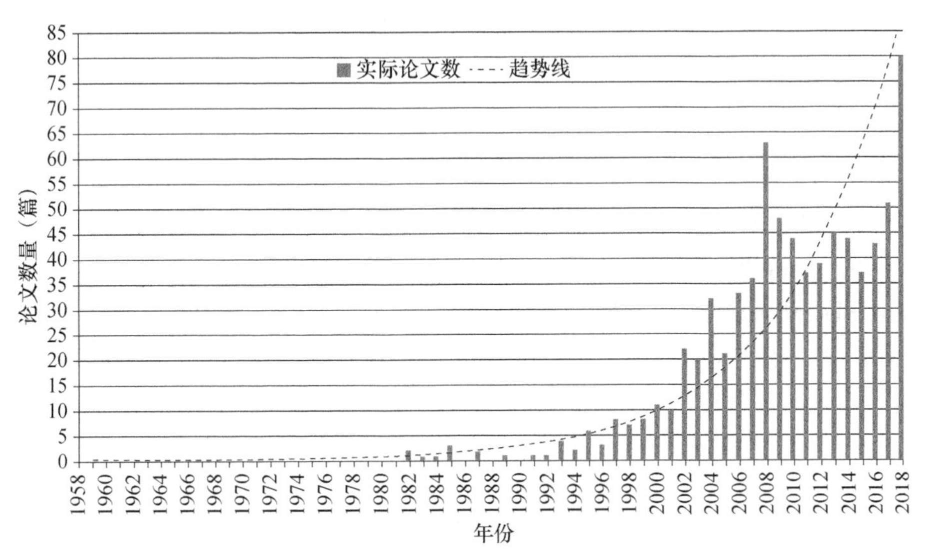

图5-24　中国知网搜索“人影”每年的论文数量

5.3　青奥个人感觉

5.3.1　精神状态良好

5.3.1.1　精神与心理

精神是一个民族、国家、行业、部门、个人的精气神,自古以来受到大家的重视。中国是世界上唯一长期存在的四大文明古国，所以，精神在中国一直是受到上至国家领导人，下至普通平民百姓的重视。什么是精神呢？精神(Spirit)是指人的精气、元神(《吕氏春秋·尽数》、汉·王符《潜夫论·卜列》)。即，精神是指人的意识、思维活动和一般心理状态。

从哲学的作用上分析，精神主要由"精神是大自然的相对体，是人最为自然舒适的状态。精神实质追求的是自由。精神实质中的力量，重点是原本人在自然中所独立存在个体，转变成作为伦理存在的'大体'。"精神是思想与意念的有机统一，精神其实指的就是中国传统道德哲学语言描述的"知行合一"(夏振华，2018)。

心理(Psychological)是指人内在符号活动梳理的过程和结果，心理状态(State of mind)是指人在某一时刻的心理活动水平，心理状态是联系心理过程和心理特征的过渡阶段，常常表现为平静、紧张、激动等。有好的精神就能促进事情向好的方向发展，这也是大家重视精神的主要原因。

5.3.1.2　精神与传承

中国炎帝神农时代虽然尚未出现国家的形态，却已经具备成立国家的条件，这时就已经出现了爱国精神的雏形(高有鹏等，2019)。正是这种爱国精神的不断发扬光大，成为中华民族的精神核心。中华民族在爱国这个核心精神支撑下，每当国家危难之时，就有无数的人为了国家命运，前仆后继，出生入死。杨靖宇、黄继光、邱少云……在国家危险的时刻，体现出了高度的爱国精神，牺牲自我、保全国家，中华民族才能数千年生生不息。

由上分析可以认为，精神是一个民族的脊梁，梁启超说："天下岂有无魂之国哉?"，习近平总书记指出："精神是一个民族赖以长久生存的灵魂，唯有精神上达到一定的高度，这个民族才能在历史的洪流中屹立不倒、奋勇向前。"。张圯姣等(2017)如何借力新媒体，传承中华民族精神与时代精神时认为："做好中华民族精神与时代精神的传承、创新与发展工作，是进一步发挥两者对社会主义建设的思想引领作用的必然选择。以爱国主义为核心的中华民族精神和以改革创新为核心时代精神是引领我国经济社会全面发展的精神保障。"。景耀强等(2018)研究"红军精神与民族复兴之路"后认为："红军精神在其后的革命战争时期衍生的其他精神、抗日战争精神、第三次国内革命战争时期的革命精神、以抗美援朝精神为代表的共和国成立后的革命战争精神等，均是红军精神在不同具体历史任务下的时代性反映和阶段性深化。"。冯骥才(2019)研究认为："所谓人文精神，在我看来，是指人类共同信奉的那些真理性的精神。如我们常说的科学精神、体育精神、民主精神、爱国精神、社会公平与平等的精神、人道主义精神等，这些精神确保人能自由、幸福且有尊严地活着，有利于人的幸福与社会的进步和文明，其重要性不言而喻。"。

5.3.1.3　精神与行业

由上分析可以认为，精神不但是一个民族的脊梁，也是一个行业的立业之本，个人的人生支柱。因此，许多行业都要求建立自己的行业精神。

近代，德美日等国凭借严谨、认真、专注、耐心、独具匠心、精益求精、追求极致的敬业精神成为制造业强国。而我国目前正处在产业转型升级的关键阶段，必须学习先进国家的管理技术，同时，弘扬中华民族的传统，建立符合时代、符合中国国情的创业精神。2016年，李克强总理在政府工作报告中首次正式提出了"工匠精神"，指出："鼓励企业开展个性化定制、柔性化生产，培育精益求精的工匠精神，增品种、提品质、创品牌"(谢丽萍等，2019)。工匠精神是精湛的技艺、审美情趣与无私奉献的精神有机结合，蕴含了真、善、美三个最基本的哲学要素，对我们做好每一项业务技术工作都具有重要的现实职业教育意义。

为了提高公民素质，培养"有理想、有道德、有文化、有纪律"的四有新人，1982年召开的党的十二大首次提出了社会主义精神文明建设，并构建了社会主义精神文明理论的初步框架是文化建设和思想建设两个方面。文明(Civilization)是有史以来沉淀下来的，有益人类对客观世界的适应和认知、符合人类精神追求、能被绝大多数人认可和接受的人文精神、发明创造以及公序良俗的总和。文明与人类发展历史密不可分，世界认同的有"西方文明、阿拉伯文明、东方文明、古印度文明"四大文明，而东方文明的中心在中国。2018年3月11日，第十三届全国人民代表大会第一次会议通过的宪法修正案"推动物质文明、政治文明、精神文明、社会文明、生态文明协调发展，把我国建设成为富强、民主、文明、和谐、美丽的社会主义现代化强国，实现中华民族伟大复兴。"以培养社会主义新人作为目标和归宿的社会主义精神文明建设是将东方文明和中国爱国精神的有机结合，必将为人类命运共同体建设提供中国方案、中国精神。因此，精神文明建设任务是中国各行各业非常重要的工作任务之一，人影行业也必须建立自己行业的精神文明建设细化指标体系，通过精神文明建设树立人影精神，推动人影事业健康发展。

5.3.1.4　精神与人影

1946年11月13日，美国通过飞机对马萨诸塞州西部Graylock山上空的一块过冷层云上部播撒干冰，实施了人类首次对云的催化试验(李大山等，2002)，开创了人影业务的先河，人影从实验室走向了业务，到今天也仅有不到80年的历史。1956年10月毛泽东主席批准的全国发展规划纲要中将"人工降水、人工消雾、人工消除冰雹"列为研究任务(李大山等，2002)，正式启动了中国人影业务，到今天仅有60多年的历史。

由上分析可知，人影业务从研究→业务→服务，历练的时间太短。但是，在生态文明建设作为中国国家战略重点的今天，大家都期望通过人影调节水资源分配，实现生态环境友好，人影直接从台后站到了台前，必须要有一个人影人的职业精神支撑这个行业的发展。在南京青奥会人影保障期间，笔者一边干一边思考人影人的职业精神问题。在看到"3千发炮弹清雨未奏效"报道彻夜不眠之后，在问自己怎么办时，突发灵感。其实我对南京青奥会人影保障工作，一直有一个精神支柱。正是在这种理念支持下，精神状态良好。这个精神支柱，就是"直面问题，直言实战"。

"直面问题，直言实战"就是当代中国人影人的职业精神。由于人影研究、业务、服务的历程太短。大家对人影作业技术的认知和认可，差异巨大，争议多多。社会上支持的人少，反对的人多。尤其是重大社会经济活动的保障，议论更多，许多人士都不能理解其社会经济和人文价值。南京青奥会人影工作安全协调会上，有人当面向笔者提出："你们为了政绩，不问科学上可行不可行，答应青奥组委会进行人影作业消雨。为什么要其他人为你们去承担作业安全风险，出事谁负责，最好先讲清楚……"空域协调时，有人提出："其他飞机停飞可以，给你空域保障。让你放心打火箭弹，责任谁负，经济损失谁承担?"等等，问题成堆，要想把火箭弹打上天，有时真的比登天还难。人影人只有直面问题，一个一个下功夫解决，才可能正常开展人影作业保障服务。敢于"直面问题"是开展人影作业保障重大社会经济活动的前提。人影什么条件下作业，如何作业有效果，要回答这些问题，尤其在决策怎么办时是非常困难的。中国国内人影界对重大社会经济活动人影保障服务有一句流行语"人努力，天帮忙"。问题是有谁要真能知道天会帮忙,就没有必要组织重大社会经济活动人影消(减)雨(雾)活动了,那都是"事后诸葛亮",对开展重大社会经济活动人影保障工作没有任何实际指导意义。特别是南京青奥会开幕式的人影作业保障服务,只有敢于组织实战,才可能保障成功,一切理论讨论只是纸上谈兵。敢于"直言实战"是人影作业保障重大社会经济活动成功的关键。

由上分析可见,直面问题、直言实战的人影人职业精神是中国以爱国主义为核心的中华民族精神和以改革创新为核心的时代精神在人影领域的具体体现。人影人必须用全新的"工匠精神"去开创人影事业的未来,为中国的人影事业发展做出自己应有的贡献。

5.3.2 技术措施较好

5.3.2.1 技术措施概述

人类的发展历程本质上就是一个技术的发展过程,人类在发展过程中追求技术进步的步伐从来没有停止过。中国改革开放以来,技术的发展速度加速,推动了整个人类技术的发展。北京外国语大学丝绸之路研究院对"一带一路"沿线 20 多个国家的国外青年"最想把中国的什么带回国"的采访中,评选出"高铁、支付宝、共享单车、网购"为中国的"新四大发明"。

技术这么重要,什么是技术呢？技术(Technology)是解决问题的方法及方法原理,是指人们利用现有事物形成新事物,或是改变现有事物功能、性能的方法。技术应具备明确的使用范围和被其他人认知的形式和载体。如原材料(输入)、产成品(输出)、工艺、工具、设备、设施、标准、规范、指标、计量方法等。技术是"制造一种产品的系统知识,所采用的一种工艺或提供的一项服务,不论这种知识是否反映在一项发明、一项外形设计、一项实用新型或者一种植物新品种,或者反映在技术情报或技能中,或者反映在专家为设计、安装、开办或维修一个工厂或为管理一个工商业企业或其活动而提供的服务或协助等方面"(世界知识产权组织,1977)。

措施(Measures)是指针对问题的解决办法,通常分为"非常措施、应变措施、预防措施、强制措施、安全措施"五种,是管理工作中必不可少的内容之一。

技术措施(Technical measures)就是在一定时期内为改进生产技术和完善生产管理而制订的方案及其实施办法。由上分析可见,所有业务技术工作中,尤其业务技术管理工作中都要研究技术措施。

5.3.2.2 技术措施保护

技术措施既然这样重要,各行各业都对其进行了具体细化研究。法学界为了加强对技术措施的保护,提出了从纯技术角度看,任何能够起到特定作用的技术性手段都可以称为"技术措施"(王迁,2015)。最常见的是在网络上设置用户密码,就是一项技术措施。

目前,立法保护技术措施,尤其如何保护技术措施、保护到什么程度已经成为各国在科技领域争议的焦点。即,知识产权保护方面的争议。世界各国都非常重视知识产权保护和知识产权的科学应用方面的工作,最典型的事件是 2018 年开始,中美等世界强国都强化 5G 话语权的争夺,都想让自己的企业在这方面占据主导地位。

2001 年经全国人大常委会修改后的《著作权法》中,第 47 条规定了禁止避开或破解技术措施及其法律后果。2006 年国务院公布的《信息网络传播权保护条例》就网络环境下技术措施的概念、类别、保护范围、合理使用以及法律后果等事项进行了规定,该条例也是中国第一次较为详实地规范技术措施的立法(谷川,2014)。我国在知识产权保护方面从立法到实践的时间太短,还有很多技术性问题有待解决。

中国人影业务是新型的业务体系,大量的技术措施还处于边研究边应用阶段。这明显增加了知识产权的保护难度,如何科学保护这些新研发的人影技术措施是一个全新的学术课题。急需人影业务和科研管理部门加强人影技术保护措施的保护,启动研究和细化人影知识产权保护的专项立法工作,保障人影事业健康发展。

5.3.2.3　青奥人影技术措施

技术措施对一个国家、行业到一项具体业务科研工作都是非常重要和必不可少的。南京青奥会人影保障服务也必须有自己的技术措施。南京青奥会人影保障服务的具体技术措施是"纵深打击,消弱势力;重点打击,消除隐患"和"点、线、面"相结合确定打击对象的具体技术措施,简介如下。

(1)纵深打击,消弱势力。就是对距离南京青奥会人影保障的主场馆 100 km 以外的目标区域,通过飞机反复作业,削弱上游区域整个云层的强度。通过反复作业明显降低了云体厚度和云层中的对流强度,让云层整体势力减弱。

(2)重点打击,消除隐患。对距离南京青奥会人影保障的主场馆 100 km 以内的目标区域,根据计算确定的隐患云体,通过火箭进行重点打击。通过拔点作业,削弱可能影响主场馆的云体强度。通过两次削弱,使通过主场馆上方的云体整体强度明显降低,实现消(减)雨的目标。

(3)"点、线、面"。以主体天气系统云层的移动方向对应南京青奥会人影保障的主场馆方向的矢量分量为矢量轴,这根轴线称为"线"。沿轴线方向 100～200 km,轴向正负 45 °角之间的一个扇形区域叫势力范围(简称为"面"),是纵深打击,消弱势力的人影作业区域,轴向为重点,打击对象是这个区域内的云层。沿轴线方向 100 km 以内,轴向正负 15 °角之间的一个扇形区域叫隐患范围(简称为"隐患"),是重点打击,消除隐患的人影作业区域,轴向为重点方向,打击对象是这个区域内的强对流单体云块(简称为"点")。

通过以天气系统动态演变的雷达回波为主体的动态实况分析和预测分析,根据每次作业效果和作业效果预评估,不断计算出新的"点、线、面",确定新的打击目标。

应用这套技术措施,实现了南京青奥会开(闭)幕式人影精准作业,既实现了有效保障,又减少了盲目作业,节约了作业成本。通过实战证明,这套技术措施,思路清晰,技术可行,应用效果较好。

5.3.3　预期效果很好

5.3.3.1　预期问题概述

前面专门谈论过,长生不老是人们的不死之梦,预知未来一直是人们追求的梦想。现有技术条件是不可能实现长生不老的和准确预测未来的,那么,我们计划安排各项工作时怎么办呢?以什么样的标准来评估这个计划好呢?

南京青奥会人影保障方案,如何评估这方案是可行的还是不可行的?有人会说,这不简单,与结果对照一下不就好了。新问题又来了,还没有进行人影作业怎么有人影作业的结果呢?作业结束后,这个问题同样没法解决。因为到底实际降水量是人工增雨过后的降水量,还是人工减雨之后的降水量呢？这个问题前面也已经详细讨论过了，人类还没有掌握可靠的人工影响和自然降水量的分离技术，即，仍然没有一个准确的结果。

世界各国都在进行预期方面的研究，只有科学预期发展计划、方案等的效果，才能制定一个好的实施方案。预期(Expected)是对未来情况的估计，预期效果(Desired effect)是指计划或方案或事件发生或实施之前，人们对发生或实施后形成的效果的一个预测结果。期望这种事件能够达到某种效果。它绝不是事件发生发展的真实效果，仅仅是人们期望的一个效果值。

目前，世界上对人的寿命预期研究非常多，最有代表性的是库茨魏尔(陈京，2019)，通过研究人类进化以来，不同国家或区域的类群人的寿命统计学变化特征后认为，随着科学技术发展，预期人类长生不死问题一定会解决。从表面看，现代人通过增加营养、保健、应用药物和机械力量(如假肢、假牙……)，预期寿命一直在延长，将来，完全可以通过超微机器、生物工程等技术，清除人体内的病原体、杂物、重新转录正确的 DNA，使人的预期寿命无期限。对于这种预期效果人人都非常满意，其实这与谎言没有质的区别，只是表达方式差异而已。典型的是现在争议最大的转基因人、换头人的道德伦理问题。以大家常用的汽车为例，世界很多国家对汽车都有强制性报废年限，按现在的技术，完全可以做到什么坏了换什么，一直使用，为什么不这样做呢？因为，不断换部件的结果是造成此汽车非彼汽车。不停止更换汽车零部件的结果是各部件间的配合会不断出现新的问题，有重大安全隐患，而且有的问题是致命的，谁敢用呢？人也一样，永不停止地去换部件的结果，事实上会形成人与机器的组合体(如现在加装心脏起搏器，其实你的心脏就是一个人与机器的组合器)，人体中的机械部件越来越多，人与智能机器人越来越没有本质区别。如果给人安装一个机器头脑，人还是人吗？当 95%以上的身体器官不是你的，你自己还认为是你吗？所以，做任何事情，预期效果要有一个度。预期目标要符合现在的道德、伦理、价值观和科学技术水平。世界上绝大多数研究预期寿命的人，并没有研究人的永生预期，而是研究随着社会经济发展，不同人群的预期寿命。公民健康已经成为国际公认的人类社会进步与发展的标志，已经成为现代战争或地区的综合实力和发展水平的主要衡量标准之一。其综合评价指标体系中重要的指标之一，就是预期寿命。为了构建健康中国的发展战略目标，国家卫生计生委卫生发展研究中心与统计信息中心通过梳理国内外主要健康战略指标体系，结合我国建设健康中国的目标任务和工作要求，构建了健康中国 2030 的核心指标和工作指标。对其中的中国居民人均预期寿命，以第四、五、六次人口普查完整寿命表中死亡率数据为基础，采用指数回归方法进行我国居民人均预期寿命推算，预测结果显示：“2030 年我国居民人均预期寿命约 79.04 岁，较 2015 年的 76.34 岁增长了 2.7 岁。其中男性预期寿命为 76.28 岁，女性为 82.12 岁，男女性别差异扩大至 5.84 岁。预计至 2030 年，我国居民预期寿命将高出全球平均水平 5.0 岁”(肖月等，2017)。

5.3.3.2 人影预期技术

预期效果分析对制定国家、区域、行业、部门或单位的发展战略、工作计划和实施方案都非常重要。军队作为维护国家政权的武装力量，自然更重视预期效果的研究工作。用什么方法来确定预期效果呢？目前主要采用兵棋方法。

所谓兵棋(War game)是指“运用形象化的表示战场环境和军事力量的地图和棋子，依据从战争经验、演习和研究实验中抽象积累的规则和数据，通过建立行动概率表体现战场不确定性，运用随机方式体现战场偶然性，用回合制抽象作战时间和指挥周期，对博弈各方一系列决策活动进行模拟推演和分析研究的工具”(周健，2014)。

在中国古代，根据战场态势，客观分析形势，得出最大可能的结果，并据此预期结果，采取调整战场力量布局的方法早就已经有了。中国古代的“解带为城”“积米为山”等都被学术界认为是兵棋的雏形。目前，绝大部分学者认为，“现代兵棋起源于19世纪初，是普鲁士人赫尔·冯·莱斯维茨创造的一种正规的作战模拟方法”（路钊等，2015）。近200年来，运用现代先进科学技术，通过兵棋推演预测效果来安排实战已经成为军队的一项重要工作。

兵棋推演（War game exercise）是“运用统计学、概率论、博弈论等科学方法，对战争过程进行仿真、模拟与推演，并按照兵棋规则研究和掌控战争局势”（周健，2014）。1905年德军总参谋部通过兵棋推演得出，东线俄军作战部署会因马祖里湖区而严重割裂。湖区南北的俄军两个集团军实施作战协同很难，可以各个歼灭。俄军通过推演得到了相同的结论，但没有重视。结果，因两集团军难以协同而被分割围歼（张舒阳等，2016）。其实，通过实战证明兵棋推演正确的实例太多了。

许多学者将兵棋推演的方法引用到防灾救灾的实战中，美国联邦紧急事务管理署（FEMA）将兵棋推演引入到灾害危机管理的经济事务管理中。陈鹏等（2018）应用灾害理论、GIS技术、决策树等技术方法建立了城市内涝灾害应急救援兵棋推演模型，并应用于哈尔滨市道里区的城市内涝灾害应急救援工作中。

南京青奥会开（闭）幕式人影保障是一个连续的人影作业保障过程，天气系统不断演变，非常像战争情景。据此，我们应用兵棋理论、人影理论、人影和信息技术等建立了南京青奥会人影作业兵棋推演模型。兵棋推演的核心是兵棋规则的制定和应用，用什么方法来建立人影作业指挥兵棋规则呢？我们主要应用了动态数值模拟作业效果分析结论、雷达动态监测实况、自动站降水监测实况资料和指挥人员的实战经验作为制定人影作业兵棋规则的核心指标体系内容，并按人影作业效果预评估最佳为规则组织了南京青奥会人影作业兵棋推演模型的建立。通过南京青奥会人影作业兵棋推演模型的动态运行，及时调整作业力量，科学作业，实现了“安全、有序、高效”的人影工作目标和保障开（闭）幕式正常进行的人影保障预期目标，即，南京青奥会人影保障工作预期效果很好。是中国首次将兵棋推演理论应用于人影实战，通过实战也反映出“南京青奥会人影作业兵棋推演模型”技术上还有很多不足。主要表现为：在实际南京青奥会开（闭）幕式人影作业指挥的具体操作过程中，这个模型明显显得技术性不强，人为性偏重，处处有经验为主的影子。据此，加强人影兵棋推演技术的研究对提高人影作业指挥的科学性，对人影“三适当”的人为性概念走向数值化概念显得极为重要。是人影指挥重大社会经济活动保障作业的科学工具，是科学评估人影作业预期效果技术的未来发展方向。

第6章　大彻大悟　苦思涟漪

6.1　人影技术热议

6.1.1　理论依据热议

6.1.1.1　“波论”

人类社会是在自然中生存、发展、进化和演变的，所以，对自然的认识中对天气的认识自然是必不可少的历程，尤其应对天气方面。最典型的是盖房和服装，先民做这两件事主要是为了应对天气气候。就是人类前进到了现代社会，住房建设和服装更新仍然是伴随人类一生的必不可少的重要活动内容之一，要耗费一生中许多宝贵时间和精力。因此，人们对天气气候的关心程度从来不是减轻，而是随着社会经济发展越来越重视。人们真心期望天遂人愿，天气气候能对人们生产生活有利。人类除了追求更准确的天气气候预测外，一直追求影响甚至控制天气。于是，人工影响天气从符咒(祈祷)→鸣锣(打鼓)→炮轰(火炮、火箭……)逐步展开了。在人影作业的实际中，人们也在不断进行人影作业的基础理论研究。这种人影作业技术的改进，其实就是对人工影响天气理论研究的进展结果。显然现在人影作业技术仍然处于炮轰阶段。

关于这个阶段的起源，说法很多。有的学者认为最早是中国人开始的，依据是中国人最早发明了火药。有的学者认为最早是西方国家，首先在战争中发现，炮轰后天气异常的现实作用，并开展了相关打炮影响天气的试验研究。这些都不是问题的关键，关键是当时人们还没有认识到降水中的人工凝结核问题。显然，当时，人们认识到炮轰的作用主要还是动力作用。即，通过人类在大气中额外增加的动力活动(波动等)扰乱了天气的正常演变，引起天气演变改变，这些理论依据是“蝴蝶效应”。据学者(许焕斌等，2006)研究认为，爆炸后主要有“气体、飞溅物、波(冲击波、声波、重力波)、扰动气流”等四种产物。通过大量爆炸实证试验数据和爆炸数值模拟分析，结果表明，爆炸中所产生的气体和爆炸飞溅物对气流的影响可以忽略不计。

由上分析表明，主要是爆炸所产生的波和扰动气流对天气系统的影响为主。人影波动理论既有理论基础，又有试验数据，还有数值模拟支撑，是得到许多学者认可的，尤其在消雹方面，许多人影工作者认为高炮效果最好。所以，时至今日，中国仍然有大量的人影业务一线技术人员，坚持要使用高炮消雹方式进行人影作业。

6.1.1.2　“核”论

我们先不讨论爆炸对人影有没有用这个话题，有用也好，没用也罢。有一个基本事实是，人影是人工影响大气的自然演变过程。所以，讨论人影时，必须要讨论一下人们对大气的认识问题。

人们对大气的定量认识，应该是从气象定量观测仪器研制成功开始的。1592年，伽利略发明了一个类似今天温度计原理的设备，这个设备同时也可以测定气压。随后不断有学者对其进行技术改进，Daniel Fahrenheit（1686—1736）于 1713 年，在温度计上安装了显示温度数值大小的刻度标尺，真正的温度表产生了。有了温度表后，随着人们对大气温度观测积累资料的详细研究分析，人们对大气与天气系统逐渐有了认识。巴普蒂斯特－约瑟夫·傅里叶于 1824 年发表了《地球及其表层空间温度概述》，人类首次确认了大气的温室效应（商兆堂，2013）。

大气具有温室效应，这个结论引起了人们对不同大气成分研究的无穷兴趣。大气成分（Atmospheric composition）是组成大气的各种气体和微粒，主要包括干洁空气、水蒸气、尘埃。经过许多学者对大气成分的细化研究发现，天气变化主要是由大气中的水蒸气、尘埃决定的。人们认识到了大气中水蒸气的变化决定了天气的演变，决定了是否会下雨。而大气中水蒸气的各种变化还与大气中的尘埃数量和质量有一定的关联性，即，认识到了大气凝结核的问题。

对凝结核的深入研究发现，凝结核的物理和化学特性直接影响天气演变，从而决定具体云层是否降水。人们从古代的熏烟影响天气直接转变到了人工向天空增加凝结核，通过改变大气中的凝结核的数量和质量来影响天气的人影作业技术上的质的转变。通过向云中施放凝结核影响天气成了人影的重要技术手段，如飞机燃烧烟条……“核”论从理论走向了实战。

6.1.1.3　“波”与“核”

通过以上分析可知，现阶段人影的主要理论依据是通过波动和改变凝结核的数量和质量来影响天气演变，许多学者做了大量的试验研究，得出了许多研究结论。目前人影研究的主要方向都是针对波动或凝结核单一理论依据为基础展开进行的，对波动或凝结核的协同作用研究甚少，尤其对两者在人影中的是相互作用比较研究更少。

一次作业过程中到底是以波动影响为主，还是凝结核影响为主呢？将多元混合信息分离成多项单元信息，目前，没有理论上可靠的方法（前面已经详细讨论过，这里不再讨论）。目前，被国际上许多人影学者认可的以色列人影作业试验个例，也只是分析了人影作业的凝结核影响效果，这种效果是波动（作业飞机飞行的扰动）还是凝结核的作用也没有学者进行过认证。

事实上，人工消雹的效果并不一定是炮弹爆炸起了主要作用，可能就是凝结核起了主导作用。假设真的是凝结核起了主导作用，为什么不用技术上更加先进，安全更加可靠的火箭呢（如中天火箭作业系统）？37 高炮技术上早已经落后，是部队淘汰产品。操作和维护过程复杂，非常容易出现事故，且每次事故影响重大，炸伤人员重大事故时有发生。假设人影作业是波起主导作用，火箭发射引起的波动效果又比炮弹如何呢？可不可以通过增加发射数量来代替高炮呢？当发射的火箭数量接近炮弹时，波动还不如炮弹吗？到底怎么办？

无论高炮还是火箭发射引起的波动对人影作业是有价值的。但人影作业产生的噪音，对生态环境而言，事实上是一种突然增加的噪音，是一种新型污染源。这种噪音的强度有多大？噪音的扩散模式是什么？对人、动物……有多大危害？随着生态文明建设进程的加快，人们对生态环境的要求越来越高，为保护生态人影作业量直线上升，人影作业发射的火箭弹数量快速增加，是该让人影业务技术回答这个问题的时候了。尤其中国南方发达省份，保障重大社会经济活动作业需求多，所有保障人影作业活动都必须高强度发射大量的火箭弹等。同时，城市群已经形成，工厂随处可见，人口密度高；人们对人影作业的噪声污染问题，社会反应越来越强烈。然而，目前有关人影作业噪声等技术问题，并没有看见相关的理论研究报道。这些理论研究的不足，不但引起具体应用什么技术进行人影工作的争议，还增加了作业纠纷处理的难度。

中国境内已经发生多次发射火箭弹(炮弹)后,有养殖户认为人影作业的噪声引发非正常死亡和直接导致减产的纠纷。而处理这些人影作业纠纷时,因为没有理论依据支持,绝大多数得不到有效解决,直接影响了基层人影业务单位以后开展正常人影业务作业的积极性。

由分析可知,由于人影作业技术理论研究的不足,已经影响到了人影的未来业务技术发展方向和业务能力建设。人影业务的支撑基础性理论研究急需加强,是从事人影研究工作者不得不面对的话题,应引起人影管理部门的高度重视。

6.1.2 工程技术热议

6.1.2.1 工程技术概述

“天河工程”引起了中国社会各界的热议,引起中国许多气象,尤其从事人影的科学家的联名反对(包存宽,2018)。虽然存在争议,但并没有影响“天河工程”的前期工作,据网上搜集,2016年9月9—11日,“天河工程”论证启动会暨第一次专家组会议在青海省西宁市举行。“天河工程”需要的专用水汽监测卫星和人影火箭工程已经调动,2018年11月6日至11日举行的第十二届中国国际航空航天博览会上,“天河工程”卫星模型首次公开亮相。什么是天河工程呢?按方案制定专家的说法,“天河”是在大气边界层到对流层范围内存在稳定有序的水汽输送通道,基于大气空间的跨区域调水模式就是“天河工程”。即,大气边界层到对流层范围内存在稳定有序的水汽输送通道进行动态监测,掌握水汽输送通道中水汽“迁徙”规律(如研究雁的季节迁徙规律一样),在其迁徙途中,选择“三适当”通过人影降水,解决或缓解北方地区地表水资源短缺的局面。

前面专门讨论过水与人类社会经济、生态文明发展的关系,水对干旱区域社会经济发展的制约性,所以,通过人影解决干旱问题,一直是人影科技界的重点研究方向。因此,设想通过“天河工程”来解决中国西部干旱是没有问题的,有大气运行规律、人影理论等理论和技术依据。问题是将一项试验性业务——人影,直接进行工程建设,其科学可行性值得商榷。

工程是人类应用科学技术,使自然界的物质和能源能够通过各种结构、机器、产品、系统和过程,高效产出对人类有用的东西。即,是各种各样的“人造系统”,如建筑物、轮船、铁路工程、海上工程、飞机……工程的广义可以定义为是由一群(个)人为达到某种目的,在一个较长时间周期内进行协作(单独)活动的过程。工程的狭义可以定义为是以设定目标为依据,应用科学知识和技术手段,通过组织生产,将现有实体(自然的或人造的)转化为具有预期使用价值的人造产品过程。由上分析表明,所有计划要实现主要靠组织工程建设来完成,如中国“十三五”规划纲要草案提出,为实现制造强国战略,未来五年中国将实施高端装备创新发展工程,包括航空航天装备等八大行业(赵志春等,2019)。中国气象局为了加强中国人影的能力建设,更好地服务地方社会经济发展,组织了东北区域人工影响天气能力建设项目(工程)、中部区域人工影响天气能力建设项目等工程建设。即,组织国家级、区域级、甚至省级的人影工程建设已经成为中国人影业务的一个常态。启动人影工程学研究已经显得非常必要,人影的工程学研究成了人影研究的又一个新的领域。

工程学是应用自然科学原理来设计有用物体的进程。通过研究和应用基础学科的知识,优化或改良各行业中现有建筑、机械、仪器、系统、材料和加工步骤的设计和应用技术。目前,在中国高等教育中将工程学分成了“地矿类、材料类、机械类、仪器仪表类、能源动力类、电气信息类、土建类、水利类、测绘类、环境与安全类、化工与制药类、交通运输类、海洋工程类、轻工纺织食品类、航空航天类、武器类、工程力学类、生物工程类、农业工程类、林业工程类、公安技术类”21类，显然与人影业务具有明显关联度的主要有“材料类、机械类、仪器仪表类、能源动力类、电气信息类、测绘类、环境与安全类、交通运输类、航空航天类、武器类、工程力学类、农业工程类、林业工程类”等13类，即人影业务与60%以上的工程学学科有关，研究人影工程技术是人影技术研究中需要关注的重要内容之一。目前，工程技术研究中的重点领域是技术与管理两个方面。人影工程技术方面的研究重点领域是人影的波和凝结核的生产技术，管理方面重点研究领域是生产安全管理技术。

6.1.2.2 人影工程技术

(1)“波”工程技术

人影专用波的工程技术研究，说白了就是产生波的专用设备研究。中国华云气象科技集团公司按此原理生产了HY-R型增雨防雹燃气炮(以下简称“燃气炮”)。“燃气炮”是利用可燃气体(乙炔或天然气)与空气按照一定比例混合，通过气体燃烧爆发出向上爆轰气流达到影响云动力结构和输送催化剂的作用。

2015年7月17—18日安徽省人工影响天气办公室在寿县观象台(32.4364 °N,116.7878 °E)组织开展了该型号“燃气炮”的性能测试。结果表明“燃气炮”的产物是爆炸气体射流、冲击波、声波，这都是压力或气流信号，它们通过气流扰动或介质密度来影响电磁波的传播被C-MFCW雷达检测到。波动信号高度范围为1～11 km，最高信号高度在8 m时探测到，“燃气炮”点火时的炮轰效应可以影响云盖，在正对着炮轰击的方向，云系会被逐渐打散削弱，天顶逐渐变亮。本次试验参加测试人员为袁野(安徽省人工影响天气办公室，正研)、黄勇(寿县观象台/安徽省气象科学研究所，高工/博士)、吴林林(安徽省人工影响天气办公室，高工/博士)、朱士超(安徽省人工影响天气办公室，工程师/博士)、许焕斌(北京应用气象研究所，研究员)、华云集团公司相关技术人员。技术顾问阮征(中国气象科学研究院，研究员/博士)、吴俊(四创公司，C-MFCW雷达总设计师)。相关试验情况由袁野提供。

通过这个个例说明，深入研究人影专用波的工程技术是非常必要的，应用波动理论进行人影作业的工程技术研究是一个全新的议题，必须加强这方面的研究。

(2)“核”工程技术

人影专用凝结核的工程技术研究，生产是凝结核生产厂商负责的。人影业务研究人员的研究重点是凝结核的凝结特征和应用技术研究。目前，中国人影界凝结核的研究重点放在碘化银(AgI)、干冰(CO_2)、盐粉(NaCl)这三种凝结核的凝结特征研究方面。张蔷等(2011)认为盐粉的凝结特性与盐粉粒径有关，通常加工成平均直径15 μm的盐粉粒。对液氮，尤其硅藻土和水泥等凝结核的凝结特征和应用技术研究甚少。要加强新型凝结核的工程技术研究，不同类型凝结核的工程应用效果差异研究，尤其不同云系对不同凝结核的应用工程技术研究，为不同类型天气系统人工影响作业科学选择凝结核提供工程技术支持。

由上分析可见，人影凝结核应用的工程技术研究已经细化，而波动工程技术研究才刚刚起步，对两者的工程技术差异性研究还没有开展。

(3)生态工程技术

随着生态文明建设的快速推进，所有的业务技术发展必须考虑对生态环境的影响问题。而人影作业本身就改变了天气环境，所以，研究人影作业对生态环境影响的保障性工程措施势在必行，但如何减轻凝结核对环境影响的工程技术研究处于空白。以盐粉为例，张蔷等(2011)

仅提出"盐粉对一些金属具有腐蚀作用,在使用中应注意",这与高度重视环境保护的社会需求相距甚远。同时,对"燃气炮"产生的噪音对环境的污染更是没有进行过试验,防范人影噪音的工程技术处于空白。加强人影对环境影响的工程技术研究是必须要重视的全新人影业务研究课题。

(4)安全工程技术

人影生产安全工程技术管理方面,重点是通过人工智能技术在人影领域的推广应用来实现的。如江苏建立了人影智慧作业指挥系统,这个系统由"智能库系统、车联网系统、自动化作业系统、智慧指挥系统"4 个子系统组成。实现对硬件(车辆、发射架、火箭弹……)、人员(驾驶员、作业人员、指挥人员……)、系统(所有人影相关的业务系统)的有机组成;通过减少人工操作和对人工操作的全程监控和提醒,减少人为性失误,提高管理的科学化水平和增强安全性。

6.1.3 实施措施热议

6.1.3.1 改革动力

人类进行大量人影科学研究的目的,主要是为了让自然的天气气候变化服务于社会经济发展。在中国全面推进生态文明建设的今天,通过人影改变局地天气气候是中国人长期的奋斗目标。科学应用和改造自然在中国有着悠久的历史传统,远的是对待洪水的态度,不是逃跑而是治理(前面详细介绍过),近的是治理沙漠和植树造林。中国 2015 年发布的第五次全国荒漠化和沙化监测数据显示,2004 年开始已经连续保持"荒漠化土地面积年均缩减 2424 km^2,沙化土地面积年均缩减 1980 km^2"的"双缩减"现象,治沙走上了产业化运行的良性循环(吴平,2018)。习近平总书记说"绿水青山就是金山银山""义务植树不仅是我们的义务,也是我们的道德要求"(靳新辉,2019)。正是这种先进的生态理念,义务植树在中国坚持不懈,人工林保存面积达 6933 万 hm^2。中国的森林覆盖率由新中国成立初期的 8.6%,提高到现在的 21.66%,提高了 1.5 倍之多。

由上分析可见,以上这些生态环境改善成果的背后,同样有着人影工作者默默无闻的大力协助。"如今榆林郁郁葱葱的山林风景甚至让人想到风光秀美的江南……据不完全统计,在近 15 年里,榆林人影办共组织和协调飞机增雨作业 200 多架次,其中跨区域联合作业 70 多架次,不仅让树木、草地能够有水'喝',也让榆林人的'神湖'——红碱淖慢慢恢复生机"(唐宇琨,2017)。据此,人影在生态环境保护、修复等方面是必不可少的一项重要技术工作。在中国生态优先的发展过程中,人影业务必将长期存在,并且随着社会经济快速发展需求还会增加。通过什么实施措施或方案来完善和发展这项业务就是人影业务和管理人员必须面对的新的研究领域。

6.1.3.2 改革依据

《中华人民共和国气象法》中关于人影工作有专门的一条(第三十条　县级以上人民政府应当加强对人工影响天气工作的领导,并根据实际情况,有组织、有计划地开展人工影响天气工作),并且明确了任务分工(国务院气象主管机构应当加强对全国人工影响天气工作的管理和指导。地方各级气象主管机构应当制定人工影响天气作业方案,并在本级人民政府的领导和协调下,管理、指导和组织实施人工影响天气作业。有关部门应当按照职责分工,配合气象主管机构做好人工影响天气的有关工作),并对业务实施提出了要求(实施人工影响天气作业的组织必须具备省、自治区、直辖市气象主管机构规定的资格条件，并使用符合国务院气象主管机构要求的技术标准的作业设备，遵守作业规范）。中国气象局正是按照《中华人民共和国气象法》来制定人影工作具体实施措施的，中国人影业务主要由气象主管机构负责管理和气象部门业务单位负责组织实施。

人影作业业务是一个跨学科和部门的专业性、时效性特强的研究型业务，在具体业务实施过程中有许多现实问题需要解决，由气象部门负责，难以满足社会经济发展对人影业务服务的要求，必须按《中华人民共和国气象法》的要求进行改革，实现管办分离。

6.1.3.3　改革内容

(1)管理组织形式

大部分省由政府成立人影办，负责代表政府组织人影业务的实现。有的省人影办是省级气象主管机构的内设机构，也承担了组织全省人影业务的实现。不管是政府设置机构还是部门设置机构，都由法定的政府领导变成了事实上的部门组织领导，直接导致了当涉及相关部门时（如公安、交通、民航等），由法定的配合气象主管机构搞好人影天气的有关工作，变成了事实上的气象部门协商其他部门做人影业务工作，由多部门联合办变成了气象部门一家办。

最典型的是全国气象部门各省每年都要召开各类人影协调会，具体作业单位都要与相关单位（如机场）签订合作协议，严重制约了人影业务的正常开展。如重大社会活动保障、生态保障作业等空域协调，没有政府协调，气象部门是没有能力解决的。今天人影作为一种生态和防灾减灾的主动手段，人影作业的及时性问题更加突出，而要能及时快速组织人影作业，空域、运输等保障要求更高，各部门间的协同更重要。

由上分析可见，人影业务应当按法要求，改变这种管理模式，实现管办分离。由各级政府分管气象的领导担任人影办主任，负责行政领导，气象部门负责具体人影业务的组织与实施。

(2)作业队伍建设

队伍建设是进行各项业务工作的基础性、保障性工作，没有专业化的人影团队，要高质量完成各项人影工作任务显然是不可能的，目前，中国人影从事人数有数万之多。虽然各省每年都组织人影上岗专业技能培训，少数地方还组织业务技能竞赛（如江苏省徐州市人影办），但整体而言，由于绝大部分是兼职人员，尤其北方省份，许多由当地民兵或居民兼职，形成了这支队伍成分复杂（不同职业、不同文化教育程度……），业务技能不稳定等一系列问题，给开展正常作业和安全生产埋下了隐患。

内蒙古自治区赤峰市（辖区市）非气象部门职工兼职人影工作人数达400名，绝大多数为农村留守人员，50岁以下仅占总人数的10%，50～60岁约占70%，60岁以上约20%（刘志辉等，2017），让这支队伍来完成这种技术要求高，安全风险大的高炮人影作业。有谁敢相信这个业务能长远发展，生产安全有保障？根据中国气象局相关业务管理要求，根据宁夏人影业务量，省级人影中心至少需要17～22名工作人员，而实际只有工作人员6名（田磊等，2017），满员率约30%，只能完成社会经济发展的人影服务需求工作量的30%。

由上分析可见，中国人影的队伍问题到了非解决不可的阶段，而要通过气象部门自身解决，受编制等的制约显然是不现实的，唯一出路，只有加快推进建立社会化的人影作业专业公司，通过政府或企业购买服务的方式来解决。

(3)人影业务保障

根据中国气象局的要求，全国人影作业单位都要进行人影作业站建设，按全国每个县级区域建设三个人影作业点计算，2851县（市、区、旗），要建设8000个以上的人影作业站。人影作业站要有永久性建（构）筑物，足够作业空间，配备相应的观测和指挥场所（QX/T 329—2016）。人影作业站要实现“有场所、有设备、有人员、有制度”。设备（高炮/火箭、炮弹、车辆……）的日常管理必不可少，尤其安全管理一定要有人，按1天3班，每班1人计算，则全国人影作业站正常日常值班就需要约2.4万人，显然，是不现实的，造成事实上，许多人影作业站平时大门紧闭，没有人值守。在这种管理模式下，日常管理安全隐患太多了。设备没有人日常管理，没有人日常维护，人影作业变成了事实上的应急处置，根本不能保障业务正常运行。为了解决此类问题，江苏省人影办主要采用基地建设来解决基础保障问题。根据江苏南北长，东西窄的特点；将江苏全省分成南、北、中三块建设三个基地；在基地建立作业站，这样全省仅三个作业点，集中力量建设标准化作业站并规范管理，每个作业站负责责任区域内的作业。

由上分析得出，“基地＋专业＋市场”为未来人影作业实施措施的主导方向。建立分区域专业化人影作业基地（基地建立标准化综合作业站），代替每个作业点建设作业站的零散模式。建立移动作业点（江苏已经建立），仅仅作为临时人影作业用途。将分散的资源高度集中，统一调度使用，提高人影作业资源使用效益。培养专业化的作业队伍（像其他部门建立应救援队伍一样，全国分省建设精干高效的专业化作业人员队伍），建立专业化和机动化的作业设备，逐步淘汰落后的高炮，全部建成车载智能火箭发射系统（江苏全省已经实现），实现动机化作业，提高作业设备和人员的使用效率。通过市场配置人影作业力量，按谁要求作业，谁付账的原则，提高作业的效益。通过“基地＋专业＋市场”新型人影实施模式，实现人影作业由数量型向质量型转变，由粗放式向现代化转变，提高作业的精准水平和社会经济效益。

6.2 人影作业异议

6.2.1 作业方案异议

6.2.1.1 作业方案设计的核心

为了科学合理完成某项工作任务，在该项工作开始之前都要进行具体实施方案的制定，这个具体实施方案一般统称为“作业方案”，制定作业方案是各行各业在具体业务实施中的一项常规工作。如为了保障海上石油平台建设中的工作安全，专门编制了“吊装作业方案与应急预案编制原则”（高立洪等，2018）。人影作业是人影业务的主要工作，所有人影作业前必须制定具体的作业方案。

作业（Homework）是为完成生产、学习等方面的既定任务而进行的活动。方案（PLan）是从目的、要求、方式、方法、进度等都部署具体、周密，并有很强可操作性的计划。作业方案（Homework plan）就是为了完成某项工作任务而制定的实施计划，或行动实施方案。作业方案设计是一个富有创造性、艺术型的工作，它涉及设计者的专业知识水平、丰富的工作经验、灵感和丰富的想象力等，只有具有丰富工作经验的人，才能设计出符合专业需求的好的作业方案。

作业方案是直接去实施执行的，因此，其设计水平和质量如何，直接决定了这项事件的成败。具体设计人员要根据工作任务的具体要求，充分发挥自己所掌握的知识和经验，选择科学可靠的技术支撑系统，构思出既能满足工作要求，又要易于操作的技术手段和实施途径的作业方案。

作业方案和战争中的作战计划一样，纯粹是一个人为制订的作战计划，因人而异，很难有统一标准。人影重大社会经济活动保障期间，参与人影保障活动的领导和专家很多，会提出各种各样的人影保障想法或行动实施方案。显然，实施不同的人影保障作业方案，结果可能会差异巨大，面对这种情况怎么办？人影保障工作任务的顺利完成，由谁来设计或决定具体执行什么样的人影保障作业方案，就变成了能否完成保障任务的关键因素。因此，决定某项作业方案的人，必须是准确、及时、圆满完成某项工作团队的核心。所以，每次人影作业之前，关键是指定这次人影作业团队的核心人物，这是本次人影作业成败的关键。最能说明这个问题的是中国红军的发展历程，用惨痛的军事失败事实说明了制定和决定行动实施方案决策人的重要性。

由上分析可以得出这样的结论，人影作业方案的核心是决定人影作业方案的设计者和决定者，而不是具体的技术问题。

6.2.1.2　作业方案设计的技术

人影作业方案的核心是决定人影作业方案的设计和决定者，并不是说，具体设计时不要考虑技术问题。制定行动实施方案的总原则是按“剧本”格式编写，主要围绕“时间、场景描写、人物、对话和动作”五个要素来编制行动实施方案。以时间为主线展开，具体事情以场景描写为主线展开。为了做好南京青奥会开幕式人影保障服务工作，于开幕式的前一天（2014 年 8 月 15 日），对飞机和火箭作业方案进行了专题设计，以飞机为例（详细见：附录 6　南京 2014 年青奥会飞机作业预案设计专报（第 06 期））简介如下。

（1）时间：作业时段为 15:00—18:00。

（2）场景描写：根据 16 日影响南京的天气系统和云系性质和结构的预报，主要考虑对南部影响云系进行人工催化作业。

（3）人物：“空中国王”和夏延飞机机组、作业方案设计员（王佳、蔡淼）、方案批准人员（濮梅娟）、其他协助人员（略）。

（4）对话与动作。作业空域（飞机 1 区，飞机 2 区，飞机 3 区，飞机 4 区）……空中国王：15 时起飞，采取冷云催化作业，催化剂类型：碘化银，作业高度：－7 ℃附近……

为了方便执行，实际编写时不一定严格按“时间、场景描写、人物、对话和动作”五个要素来编写，而是按作业事项分类写，但包含了“时间、场景描写、人物、对话和动作”五个要素，还以上例（详细见附录 6），实际编写时是按以下格式编制的飞机作业方案。

（1）方案编制依据：根据 16 日影响南京的天气系统……

（2）飞行航线方案：对飞机飞行线路规定清楚（飞机机型、起飞和降落机场、飞行航线、拐点坐标等）。

（3）催化作业方案：作业范围、作业时段、作业高度、催化方案（如：“空中国王”：16 时起飞，采取暖云催化作业，催化剂类型：硅藻土，作业高度：2 ℃层以下。）

（4）编制人、批准人、联系方式。

由上分析可见，作业方案设计的技术关键是写清楚“由谁决定，以什么理由，在什么时间，让什么人，去做什么事”的一个个落实去做每一件事情的通知文件，而不是怎么科学完成这件事的技术型方案。具体如何做好这件事是执行者必须考虑的技术问题，是他们需要重新设计的实施技术方案（如：飞机什么时间开始播撒……），而不是作业方案，这不是方案编制者应当考虑的事情。在编制作业方案时，事实上要编制 2 套方案，一个是作业方案，另一个是作业方案的实施技术方案。

6.2.1.3 作业方案设计的难题

前面已经分析过，一个人影作业方案的设计需要前提，而完全依靠常规天气预报设计是不科学的。如何加强设计前景的科学展望呢？江苏省人工影响天气中心开发了“人影作业条件预报”服务指导产品(详细见附件7：人影作业条件预报)，对未来什么时段，那些区域适宜人影作业做出预报，给计划进行人影作业的单位在编制作业方案时参考。

根据江苏省人影中心的指导产品，2019年3月19日22—23时，徐州市人影办编制作业方案，组织在丰县、沛县、邳州市及铜山区进行增雨(抗旱与降低森林火险)人影作业，效果明显。其实这种预报仍然具有准确性的问题，而且也只能给编制人影作业的预备方案提供参考。对已经临近了作业时间后，可以通过对具体云层的遥感资料(卫星、雷达、探空等)、飞机观测实际资料结合地面气象自动站的观测数据，系统分析云层的水平和垂直结构特征规律，得出云系的宏微观特征，设计出针对性的作业催化技术方案。并根据实施催化技术方案的需要，设计出作业方案。

云系一直在演变，等设计好作业方案后，再组织飞机上天去进行实际作业，云系可能早就面目全非了。通过火箭作业更是来不及，车还没有到具体作业点，云早就跑了。设计作业方案还是要有时间提前量。据南京青奥会人影保障的经验(在飞机准备好，待机的情况下)，飞到想要正常作业的区域并开始实施作业最少得1小时以上；如果进行火箭作业则必须提前数小时。

对作业条件的预报是作业方案设计必须面对的问题，而作业条件预报虽有成功的先例，但人影作业条件预报技术仍不成熟，技术水平还不能完全满足业务需求，这就是作业方案设计面临的首要技术难题。其次，人影作业技术方案的设计还受人影作业业务水平的限制，形成了事实上的经验主义(“三适当”)，形成人影作业技术方案设计的不确定性增加，无形中增添了设计人影作业方案的困难和具体实施作业技术方案的偏差。

6.2.2 作业技术异议

6.2.2.1 作业技术的理论依据

作业技术(Operation technology)就是完成某项作业所采用的主要技术手段。人影作业的目标是通过人工技术措施影响局部天气过程，人影作业技术是人工影响天气过程的主要技术手段，包括人工影响天气的媒介(如凝结核……)、让这些媒介发挥作用的技术(如火箭弹的发射高度、发射的火箭弹……)。目前，人影作业技术的发展主要依据“波”(冲击波等)和“核”(凝结核)展开的，人影作业技术研究主要围绕如何实施“波”和“核”对天气系统的影响而全面展开。现阶段，进行的所有人影作业业务技术研究主要是按“核”论进行的，对人影“核”论研究的时间较长，试验次数多，积累了丰富的人影作业技术经验。“人工防雹作业技术的重点是准确、快速、高效地将人工晶核引入雹胚生长区，与自然雹胚共同争食过冷水并扰乱雹云中有序的流场，抑制大冰雹的生成”(梁谷等，2010)。“每次开展人工增雨作业时所需的用弹量，应结合作业云块情况进行选择，若催化云体的面积不足50 km^2，可以发射1～2枚火箭弹或三七高炮25～35发；若催化云体的面积在50 km^2以上，则可以发射2～4枚火箭弹或三七高炮弹35～45发”(高伟，2019)。

目前，人影作业技术的理论依据，就是让人工“核”在自然天气系统演变中发挥最佳作用，增强天气系统(人工降雨……)或抑制天气系统(人工消(减)雨(雹)……)。即,通过人工"核"改变天气系统的自然演变过程。主要包括影响人工影响天气系统的时间、地点(范围)和程度三个要素,人影作业技术的研究主要也是围绕这三个方向展开,三者之间不是离散的,而且有机的整体,自然增加了人影作业技术研究的难度。

6.2.2.2 作业技术的应用现状

为了解决人影作业技术问题,世界上的人影大国(美国、中国、俄罗斯等),各自根据本国国情,进行了大量的人影科学试验研究。

美国怀俄明地形云催化试验(怀俄明人工影响天气试验项目,由怀俄明州水利局和美国自然基金委员会出资,并由美国国家大气研究中心设计)、美国地形云降雪碘化银催化效果研究(2012—2013年在美国怀俄明州南部开展了碘化银催化效果研究,试验区是与怀俄明地形云催化试验同样的两个山头,对冬季地形云降雪开展地面燃烧炉成冰剂催化试验)、加拿大飞机防雹试验(1996年加拿大人工影响天气公司开始利用3架飞机开展防雹作业试验,2008年第四架飞机加入。)、法国地面燃烧炉AgI催化防雹试验(法国防雹外场试验项目从1952—2015年,前20年研究了防雹地区自然大气的冰核浓度,并一直改进地面燃烧烟炉并扩大数量和范围,到2015年已有838个催化点,覆盖面积达7万km^2)等(段婧等,2017)。这些研究的核心是提高人影作业的理论水平和装备水平,通过研究,重点提升了人影作业条件监测水平(如怀俄明大学的人影专用飞机,可以探测对流层中层的下部云体特征,其核心装备是机载WCR怀俄明云雷达为95 GHz极化多普勒雷达,雷达反射率因子和多普勒速度的剖面图可用来描述云降水的结构)、改进了作业装备(重点是烟炉、无人机系统)、优化了评估技术(催化数值模式模拟技术、示踪技术……)等。即,国外主要以人影技术研究为主,人影作业为辅。

目前,中国83%的县级区域开展人工影响天气作业,从事人影工作的业务人员达4.77万人,人工增雨防雹高炮6761门、火箭发射架7632台、地面燃烧炉414台,使用飞机44架,建成标准化作业站点5471个,年人影作业规模居世界首位(福建省气象学会,2016)。在每年大量的人影作业中,中国人影工作者将科研与业务结合,对人影作业技术进行了大胆的探索。"根据试验分析表明,若多普勒雷达回波强度在40 dBz上,回波项高在10 km以上,云内液态含水量超过15 kg/m^2,维持时间超过20 min,此时对于人工增雨作业较为有利……若出现大范围的积雨云和雨层云,此时选择火箭增雨作业的效果最佳;若是单体对流云团,选择三七高炮作业的效果最为明显……将高炮与火箭进行结合的作业效果远远高于单一作业方式……"(高伟,2019)。"4个地面烟炉作业点均位于山体迎风坡,在垂直高度3 km内催化剂浓度较高,可以借助山体上升气流将暖云催化剂带入云中合适的催化位置,符合暖云人工增雨作业的基本条件……实施暖云催化后云体雷达回波增强,回波顶高增高,面积增大,播撒半小时左右,云体回波面积达到最大,作业1 h左右云体回波逐渐减弱,回波顶高降低……"(何媛等,2016)。"炮点前移、提前作业、早期催化、实施联防的科学防雹作业技术路线"(李斌,2012)。利用在微物理Thompson方案结合AgI的中尺度WRF模式,研究南京青奥会人工消(减)雨的可行性、方法及消(减)雨机制,结果表明:南京青奥会开幕式人影保障期间,"就整个模拟区域而言,AgI的加入引起模拟区域水汽的重新分布,而水汽的总量保持不变,其次云滴浓度将有微弱变化,主要变化为AgI核化将增加云冰的含量和数浓度。播撒碘化银后就奥体小范围内,水汽和云水含量减少,雪和霰粒子的含量增加,云冰出现大量增长……从而使冰晶转化为雪的数量大大增加……消耗大量水汽,从而使雪晶的凝华增长减弱,形成小尺度雪晶……小尺度雪晶形成小尺度降雨，进而使小雨滴更易蒸发……因此，造成地面降水率减少”(张慧娇，2018)。

中国正在提升监测水平(陕西中天火箭技术有限责任公司的人影探空火箭……)、改进作业设备(陕西中天火箭技术有限责任公司 WR-98 增雨防雹火箭、WR-2A 子母式增雨防雹火箭……)、优化评估技术(云模式、CPS 系统……)等。中国主要以人影作业为主，人影技术研究为辅，与国外是走的是不同作业技术路线。但是，南京青奥会开创了将中国人影大规模作业与国外的人影精细化试验研究相结合的模式。将每次作业过程与精细化试验相结合，走研究型业务发展的新模式。这次人影保障任务的试验数据已经成为许多学者研究人影作业技术的素材，南京大学和南京信息工程大学各有 1 位硕士应用数据进行研究并取得了学位。

6.2.2.3 作业技术的情景展望

现在全球快速推进智慧业务技术的发展，人影同样也在快速推进，主要方向是影响天气的物质(“核”和“波”)、运输工具(飞机、炮、火箭、烟炉)、支撑技术三个方面。

(1)作业物质主要是研究新型材料工艺在人影的“核”和“波”生产领域中的应用，如通过纳米技术生产更细盐粒等，或直接用其他材料代替现在的(AgI、NaCl……)。重点是纳米技术的应用是未来人影作业技术的发展方向之一。

(2)运输工具。火箭与高炮性能比较，优势明显(火箭弹射程远，火力覆盖面积大……催化剂含量、成核率及核化速率不同……播撒速度快，影响路径长……炮弹具有爆炸作用……(李斌，2012))，运输工具的改进对提高人影作业技术水平是非常重要的。目前主要问题是常用工具(飞机、炮、火箭)的使用时间与空域能够开放的时间之间的矛盾突出，随着中国航空业的快速发展，两者之间的矛盾将越来越不可调和。重大社会经济活动人影保障期间，要求长时间(连续数小时)、大区域(数十平方千米，甚至数百平方千米)的空域开放，越来越变得不现实。目前，烟炉的主要缺陷是要安装在上升气流区，影响高度有限等，但它是未来人影作业工具的发展方向。完全可以应用高科技技术，将烟炉改进成超级气枪(炮)等形式，既实现高度机动和不同高度作业，又将“核”和“波”的作用有机整合，创新作业工具是未来人影作业技术的发展方向之一。

(3)支撑技术。目前，除人影业务特有的技术外，主要是人工智能在人影业务领域的推广应用是未来人影作业技术的发展方向之一。

6.2.3 作业评估异议

6.2.3.1 作业评估结论的科学性

人影作业效果评估技术方法在前文作了详细讨论，这里不再详述。这里要讨论的是日常人影业务单位，每进行一次具体作业后进行的作业效益评估的一些问题。颜文胜等(2006)建立同区域内历史降水的数值预报结果与实况雨量的数理统计关系，用同区域的数值预报和实况降水来定量评估该区域的增雨效果。用此评估方案对韶关、清远、河源、梅州、汕尾、汕头 5 个区域内 2002—2004 年的人工增雨效果进行了统计分析。结果显示，各区域的增雨效果分别为韶关(28.5%)、清远(15%)、河源(27%)、梅州(15.6%)、汕尾(518%)、汕头(22.58%)。在做出研究结论时，取韶关(28.5%)、清远(15%)、河源(27%)、梅州(15.6%)、汕头(22.58%)5 个区域做一个平均值为全省的平均增雨效率达 21.7%的结论。

由上实例分析，发现了一个问题，一次降水过程中或一阶段的降水过程中，人影作业引起的降水量到底有没有可能超过自然降水量？增雨效率达到多少算是异常数据，不参加总体统计呢？不参加统计的依据是什么，按数理统计学上的奇异数据标准来处理吗？据大量的文献分析，全世界无论是试验研究人影作业还是实际人影业务作业的具体人影作业的效果评估中，无论有关增雨还是消（减）雨的效果评估分析报告中，也无论采用什么人影作业效果评估技术方法，人们好像认定人影作业效果不会超过 100%。这种学术现象是不是学者们心中受到国际（以色列 15%）或国内（福建古田水库 23.8%）有关人影作业效果评估的权威结论的影响，形成了一种人影作业效果的潜意识标准造成的呢？还是人影作业效果评估技术方法形成的呢？是不是人影作业事实效果就是这样？这是我们实际人影作业效果评估业务工作中必须要思考的重点问题之一。什么样的人影作业效果评估结论属异常结论，不能在业务中应用？什么样的人影作业效果评估结论是在业务上可应用的结论？

6.2.3.2　作业评估素材的规范性

人影作业效果评估没有理论上正确的方法（前面已经详细讨论过），现在所有的方法只是不同研究者从不同的研究角度去认可的技术方法。国际人影界，许多学者认为“要将播云的效应从自然变化中区分出来，有科学设计的人工影响天气综合试验必不可少，除此之外，还必须有足够的样本数量来满足效果评估的统计学要求”（段婧等，2017）。而中国人影业务以实际人影服务社会需要的人影作业为主体，许多人影作业没有可能按科学试验的标准去设计详细的人影作业方案，并组织试验标准的作业过程，最终只有作业与结果，许多过程都不规范。这类作业量要占全国实际人影作业量 90%以上，这类人影作业根本不可能满足西方人影作业效果评估技术标准要求，形成了事实上的中国人影作业效果评估研究或评估结论不被西方学者认可。

国内有学者认为“21 世纪以来我国人工影响天气的作业规模和投入已达到国际领先……有了不少云结构和作业个例分析研究成果，但缺乏科学的人工影响天气试验项目，对国际人工影响天气科技发展的贡献不大，总体科学水平不高……”（段婧等，2017）。关于人影作业评估的科学技术问题，中国在国际上没有了话语权。其实，这并不代表我们人影业务，尤其效果评估工作做得不好，而是没有按西方标准去做。其核心问题是中国没有建立自己的人影作业效果评估理论支撑体系，我们做的只是将国外的理论、模型等引进进行应用（帮助别人认证评估理论成果）。我们加强人影作业效果评估的标准化体系建设研究，建立符合中国实际的自己的人影作业效果评估技术认知体系，按我们自己的标准组织人影作业效果标准化评估，提高评估报告的权威性。大量重复性人影作业试验样本（西方的要求）只能说明人影作业技术的成熟程度，与人影作业效果的评估结论是否具有科学性无关。而中国的无差别化（并不是专门设定地区、天气等）的每年大量的人影实际作业试验资料，积累了海量的多样性人影作业数据，才能真正代表了真实的人影作业对天气系统演变特征影响的自然规律。中国式的这种人影作业试验的科学性一点都不少。不同学者只研究自己掌握的一个或数个人影作业的样本，而这些小样本又不及西方人影作业研究样本的规范性，人影作业效果评估研究结论，自然难以让别人信服。

加强中国大样本人影作业效果的综合研究，是目前人影作业效果评估技术研究的一个重要方向。中国气象局人影中心，应将全国人影作业的资料集中起来，并将其贡献出来，让不同学者进行多理论体系多样本协同研究人影作业效果评估技术，这是西方人影界所没有的。南京青奥会人影作业的最大的科学贡献也在于此。南京青奥会气象服务中心人影部将南京青奥会人影保障作业方案设计成人影作业保障与试验研究相结合的综合人影作业试验方案。人影保障任务完成后，专门组织人影业务技术人员将南京青奥人影作业保障期间的有关人影作业的翔实数据收集整理，并将实际作业时收集的相关人影作业效果评估相关的资料等提供给高校、科研单位共享。让社会力量共同专题研究南京青奥会的人影作业效果，而不是由组织人影作业保障的单位（江苏省人影办），自己组织力量研究南京青奥会人影作业效果评估，提高了人影作业效果评估的社会认可度。开放人影作业试验资料，让不同学者，用不同理论体系和技术方法来研究重大社会经济活动人影保障的人影作业效果评估，开创了世界人影界的先河。

6.2.3.3 作业评估区域的差异性

所有的科学研究（包括人影作业效果评估）都是以比较为基础的，比较的结论自然与选择的比较对象有关联度极高。人影作业效果评估的结论与选择作为没有人影作业影响的参照区域或云团（块）有关。而这种区域或云团（块）的选择是不同的研究者自己确定的，因此，评估结论的人为性痕迹一直存在。

有不少学者认为，人影区域影响有限，超过一定的区域可能是反向作用。即，某一地区组织的人影增雨作业，到其天气系统下游区域可能变成了减雨。人影作业可能影响到的边界在那？区域到底有多大？以色列这样的小国可以不考虑这个问题，对幅员广阔的中国就不得不考虑这个问题，即，人影作业的域外效应。

域外效应是指超出试验设计目标区和目标时段的作业效果（Defelice 等，2014），该种研究甚少，大部分人认为，对大区域而言，人影作业就是在某一区域增加降水会减少其下风方的降水（通过“偷走”大气中的水汽）。但是“Defelice 等（2014）首次综合分析了美国西部加利福尼亚州和犹他州早期的 5 个人工影响天气业务或研究试验（包括冬季增雪和夏季增雨）……得到的综合结果是播云对降水的域外效应影响无论在冬季和夏季均出现了正效应（5%～15%的增加……），在空间上外围的正效应可能会延伸到几百或上千千米范围……”（段婧等，2017），这结论可靠吗？如果可靠，中国人影作业根本不需要组织大规模、联片进行，只要在上游（西部部分省份）组织人影作业就行了。人影作业影响的边际效应研究也应该是人影作业效果评估的一个必须面对的话题。即，人影作业效果评估的内容中应当增加某次人影作业可能影响的范围，而不是简单描述作业区和影响区，即 2 区论（人为设定的 2 个区域）。

6.3 人影效益新议

6.3.1 效益评估概况

6.3.1.1 效益评估分类

人类社会经济活动的目的是利用有限的自然资源服务于人类无限的理想追求，所有的社会经济活动必须考虑投入与产出比，即，效益。效益（Benefits）是指人类社会经济活动对国民经济所作出的贡献，衡量效益的方法是将劳动（包括物化劳动和活劳动）占用、劳动消耗的量与获得的劳动成果量之间的比较结果。量与量之间的比较，目前最常用的方法是占百分比，效益通常描述为产出是投入的百分之多少。人类活动的所有成果都具有物质和精神的二重性，效益一定有直接效益和间接效益。效益是一个综合体，为了方便研究，要更细化分类，目前，通用的是分析经济效益、社会效益、生态效益(少数学者将“生态效益”称为“环境效益”)三大类。各行各业所开展的针对各类社会经济活动的效益评估都按“经济效益评估、社会效益评估、生态效益评估”三个部分进行,并分别编制评估结论。效益评估是进行项目建设决策的重要环节之一,现在所有项目立项和完成后都必须进行效益评估,人影业务项目建设也不可能例外。目前,中国人影作业以业务型为主,作业效果评价一直以作业效果评估为主。人影作业评估应该以效益评估取代当前人影作业行业流行的作业效果评估,人影像其他行业一样,将效果评估变成效益评估的一部分内容。

(1)经济效益评估(Economic benefit assessment)是对某项项目建设的经济效益做出科学客观评价,为科学组织此类项目建设提供依据。一种是建设前,在投资估算(生产投入、产出、税金、利润、贷款偿还年限、资金利润率和收益率等进行程式化计算)的基础上,对建设项目可能获得的经济效益做出评估,为是否组织建设提供参考依据。另一种是项目建设完成后,在项目完成决算的基础上,详细计算出投入产出比,为此后进行此类建设投资提供参考依据。人影每次作业过程,还是每个年度或季度进行经济效益评估呢?还有,是对每个作业点进行经济效益评估呢?还是分县域进行呢?……

(2)社会效益评估(Social benefit assessment)是某项活动对国家和地方社会发展目标的影响及其与社会相互适应性的系统分析评估。主要包括:“稳评”(社会稳定风险评估)、社会发展目标(主要应包括经济、政治、文化、艺术、教育、卫生、安全、国防、环境等各个社会生活领域的目标)等。而“稳评”是项目实施对可能影响社会稳定的因素开展系统的调查,科学的预测、分析和评估,制定风险应对策略和预案。目前,“稳评”是中国所有重大项目实施前都必须要完成的前置性条件。人影是一项重大民生工程,社会稳定风险小,正常社会效益评估主要围绕“社会发展目标”进行。但是每次人影作业过程,是社会稳定风险度极高的工作,如火箭弹误伤人(物)等社会安全事件时有发生……每次人影作业前都应该进行社会效益评估,特别是其中的“稳评”要作为重点内容,必须进行。

(3)生态效益评估(Ecological benefit assessment)是对某项目实施是否依据生态平衡规律,可能对自然界的生物系统、人类(生产、生活条件和环境条件)所产生的影响评估。中国要求“保持加强生态文明建设的战略定力,探索以生态优先、绿色发展为导向的高质量发展新路子……”这充分说明,中国所有项目建设必须是生态的,而且,已经把人影作业作为改善生态环境的手段,每次人影作业过程都应该进行生态效益评估。

6.3.1.2 效益评估依据

效益评估是一个制约社会行动的活动。通过效益评估的结论直接决定某个项目能否实现,效益评估是决定项目的命运的。而社会经济活动主要是靠项目来推动的,效益评估结论直接决定了社会经济的发展。因此,所有的决策者在看到具体某个项目的效益评估结论报告时都会提出一个问题,你依据什么做出这样的效益评估结论,换别人来进行这个项目的效益评估会有相反的结论吗?下面对做出效益评估结论的依据做一讨论。

(1)基础支撑信息。我们所有进行的效益评估一定需要与评估对象相关的基础数据支撑,而这些数据的质量就直接决定了效益评估报告的质量。必须制定科学规范的数据收集和整理规范,按规范尽量收集齐与评估对象的评估需要的全部信息,效益评估的第一个依据是数据准确。人影作业业务一定要建立研究型业务,每次作业过程要像进行人影科学试验研究一样,制定详细的专业观测方案,收集各类相关资料(除人影业务的外,还要包括社会、生态……),为人影效益评估积累准确信息。

(2)评估机构权威。前面章节中专门讨论过评估体系建设问题,因为所有评估都要由部门组织进行这项工作。而正因为评估的人为性,同一评估对象不同评估机构会给出不同的评估结果。如大学排名、信用等级等,国际和国内评估机构排名会有明显差异。效益评估的第二个依据是机构权威。人影每次作业过程由具体组织作业的县级或市级,甚至省级人影作业单位进行效益评估,是运动员和裁判员一个人。自然期望评估结论是好的,各评估单位的业务标准不一,自然会形成各地的评估结论差异大,权威性差,很难让社会接受。因此,必须建立一个第三方的全国性专业人影作业评估机构,对全国每一次人影作业做出权威性效益评估,为各地科学发展人影事业提供技术支持。

(3)评估人员专业。目前,全世界进行人影作业效果评估的人员都为业务科研人员,其效果评估结论经常争论不休,自然人影作业的效果评估结论没有得到社会广泛的认同,效益评估更是停滞不前。而社会大部门评价机构是独立的(第三方),评估人员是专门的评估专业业务人员。因此,效益评估的第三个依据是人员专业。大量培养进行人影作业效果评估和效益评估的专业人才是科学发展人影评估事业必须要面对的现实问题。

6.3.1.3 效益评估展望

前面已经讨论过了,效益评估是决定社会经济发展的重要力量,各国政府、各国的部门和行业都会大力发展符合自身特点的效益评估业务体系。目前,各行各业的各种效益评估都是围绕“经济、社会、生态”效益进行的,随着社会经济发展只是对“经济、社会、生态”效益各自评估的指标体系中的具体指标进行修改。

我们在编写效益评估报告时将“经济、社会、生态”分成三块,最难的是它们之间是有协同关系的,难以将“经济、社会、生态”划分清楚,同时,三者之间有时是相互矛盾的,最典型的污染型企业发展,可能经济效益很好,但生态效益很差,如何处置“经济、社会、生态”三者关系更合理规范呢?研究一个“经济、社会、生态”效益评估的综合指标体系,并对一个项目进行综合效益评估是效益评估未来的发展方向。

“经济、社会、生态”是人类发展的几个不同侧面,而人类发展的核心是人文(人类文明)的发展,是否可以将“经济、社会、生态”三类指标体系综合成一个“人文”指标体系,进行一个“人文”效益评估呢?或“文明”效益评估呢?

6.3.2 效益评估技术

6.3.2.1 常用技术方法

效益评估是整个评估的一个方面,关于评估技术前面有详细讨论,这里不再讨论,这里要讨论的仅仅是针对效益评估方面,现在主要应用的技术方法和方案问题。根据大量收集的有关效益评估的文献综合分析后,笔者认为,目前,所有的效益评估主要采用的是综合指标体系分析方法。

综合指标体系分析方法(Comprehensive index system analysis method)是将评估对象分解层由 n 个层次,每个层次有 m 个指标的综合指标体系,通过对每一个具体指标的定量或定性效益评估,最终综合成一条或数条效益评估报告结论。杭州湾跨海大桥建设的社会效益评估从“杭州湾跨海大桥的通道效益、杭州湾跨海大桥促进能源节约、杭州湾跨海大桥减少碳排放测度”三个一级指标开始，又将“杭州湾跨海大桥的通道效益”指标分成“缩短运输距离、节约能耗成本和时间”三个二级指标体系……经过对逐级指标体系的详细计算分析，测算得出“通道效益、能源节约、减少碳排放”指标体系的结论……最终形成“2008—2017年杭州湾跨海大桥通车以来，杭州湾跨海大桥为社会减少能耗成本共计114.57亿元，各种车辆运输时间共节约1.4亿小时，节约汽油55.25万t，节约柴油79.01万t，减少二氧化碳排放量共计396.65万t”的社会效益评估报告结论（章勇，2019）。“林分年释氧价值、林分年净化水质价值、林分年固土价值、基干林带防护价值、林分年保肥价值、林分年调节水量价值、林分年固碳价值”7个指标作为“辽宁省沿海防护林体系生态效益”的生态效益评估指标体系，从“保护基础建设效益、保育土壤效益、涵养水源功能效益、固碳释氧效益”四个方面全面计算分析生态效益，结果表明“辽宁省沿海防护林2010年保护基础设施效益为2.1亿元；保育土壤效益37.8亿元（其中固土效益为4.8亿元，保肥效益为33.0亿元）；林分涵养水源效益为212.2亿元（其中林分调节水量效益为163.7亿元，林分净化水质效益为48.5亿元）；林分固碳释氧效益为189.3亿元，其中林分固碳效益为51.5亿元，林分释氧效益为137.8亿元。2010年沿海防护林体系工程取得的生态效益价值为441.4亿元”（王冰，2018）。

由上述两个效益评估的实际个例分析可以看出，社会和生态效益的评估报告绝不是简单的定性描述，而是必须与经济效益评估一样，具有详细的定量指标体系数值，用数据说话。指标体系中的每一个指标要有具体的计算方法，结论一定是量化的经济和社会指标数值。经济、社会和生态效益评估的技术已经实现客观定量化。由上述事例同时说明一个问题，对不同的评估对象进行效益评估时分的类别可能会差异很大（类型与数量），对同一评估对象采取不同的分类方法可能形成事实上的不同评估结论。所以，如何将一个评估对象科学划分成若干子类是效益评估中必须深入思考的一个非常重要的技术问题，也是制约效益评估报告质量的一个重要环节。

6.3.2.2　气象评估方法

6.3.2.2.1　气象服务效益评估定义

前面讨论过人影作业效益评估报告非常之少，但气象服务效益评估报告却随处可见。气象服务效益评估（Effectiveness assessment of meteorological services）是对开展气象服务活动的耗费资源与因应用气象服务所产生的效益进行评估比较的分析报告。因气象服务的特殊性和各行各业应用气象服务产品所产生效益的难分离性，目前，气象服务效益评估是一项世界性难题，远比其他行业的效益评估要复杂得多。

大量文献分析得出，目前，气象服务效益主要是围绕社会效益和经济效益的评估开展的，对生态效益评估报告非常少见，气象服务的综合效益评估更是少之又少。

6.3.2.2.2　气象服务社会效益评估方法

气象服务社会效益评估的主要方法气象服务的满意度调查，气象服务满意度（Meteorological service satisfaction）是被气象服务的用户，对气象服务的满意程度，即气象服务的获得感如何。

把满意度作为衡量服务社会的效果是许多行业通行的做法，如：“群众满意度决定着脱贫攻坚的实际成效……提高群众满意度不能玩数字游戏，要让脱贫成果经得起历史的检验和群众的认可……”（评论员，2019）；“通过问卷调查方式，对钟落潭高校园的在校大学生就校园‘最后一公里’快递配送服务关键环节的顾客满意度进行调查……建立了钟落潭高校园快递服务顾客满意度的评价体系……研究分析得出影响钟落潭高校园快递服务顾客满意度的关键因子是消费者的亲身体验”(黄宇等,2019)。

由以上两个满意度评估的实例说明,满意度评估方法的数据来源主要是通过调查问卷的方式获取,通过对问卷的指标体系的统计特征分析得出评估结论。这种社会效益评估方法最大的不足是设计问卷和确定回答问卷的调查对象的人为性太强,非常容易形成数字游戏。满意度作为社会效益评估方式显得原始和粗糙,但气象服务社会效益评估暂无更好方法取代,一直沿用这种传统的方法至今。为了规范气象服务满意度调查工作,中国气象局专门组织编制并发布了《全国气象服务满意度》国家标准(GB/T35563)。2011年开始,全国各级气象部门都组织开展了公众气象服务满意度调查。如2018年中国气象局委托第三方评估机构(国家统计局社情民意调查中心)开展公众气象服务评价调查,结果显示公众气象服务满意度为90.8分,创历年新高。

创新气象服务的社会效益客观定量化评估方法,已经成为中国走向气象科技强国绕不开的话题。而人影服务业务相对天气预报服务业务更不成熟,所以,要推动人影业务现代化,人影作业社会效益评估必须迎头赶上。

6.3.2.2.3　气象服务经济效益评估方法

(1)评估类型

气象服务的经济效益评估和其他的效益评估一样,先将气象服务分成“决策气象服务(为各级政府和有关部门决策提供的气象服务)、公众气象服务(为公众提供的日常气象服务)、专业气象服务(为各行各业提供的针对行业需要的气象服务)、科技气象服务(为专门用户提供的特殊需要)”4类,主要进行“决策、公众、专业(有的学者叫行业)”3类气象服务的经济效益评估。

(2)评估依据

气象服务经济效益常用气象服务贡献率表示,气象服务贡献率(Contribution rate of meteorological services)是气象服务于某一个行业所产生的效用值(发挥作用产生的价值)占这个产业的GDP百分比。

(3)评估方法

气象服务经济效益评估的主要技术方法是德尔菲法(Delphi method),又称专家法,专家法的主要评估技术方案是根据具体的评估对象,确定一个对这个领域熟悉的专家团队,让专家团队每个成员独立思考,给评估对象的指标体系中的每个具体指标确定权重,经过反复征询专家个人意见,直至团队整体意见趋于收敛,经过统计处理,计算出指标的权重,根据权重评估具体的气象服务经济效益。根据全国气象部门的综合调查分析,将气象服务高气象敏感行业分成:①农、林、牧、渔业,②采矿业,③制造业,④电力、燃气及水的生产和供应业,⑤建筑业,⑥交通运输、仓储和邮政、航空运输、水上运输、道路运输、铁路运输、城市公共交通业,⑦批发和零售业,⑧住宿和餐饮业,⑨保险业,⑩科学研究、技术服务和地质勘查业,⑪水利(含防汛)业,⑫环境和公共设施管理业,⑬居民服务和其他服务业,⑭教育业,⑮卫生、社会保障和社会福利业,⑯文化、体育和娱乐业,⑰公共管理与社会组织(含防灾减灾及重大社会活动气象服务)业,共17个行业,用专家法进行了行业气象服务效益评估,结果按贡献由大到小排序为:公共管理与社会组织(含防灾减灾及重大社会活动气象服务)(0.07%)、水利(含防汛)(0.067%)、(农、林、牧、渔)业(0.0426%)、交通运输、仓储和邮政、航空运输、水上运输、道路运输、铁路运输、城市公共交通业(0.025%)、电力、燃气及水的生产和供应业(0.023%)、保险业(0.023%)、建筑业(0.017%)、住宿和餐饮业(0.012%)、科学研究、技术服务和地质勘查业(0.012%)、居民服务和其他服务业(0.012%)、文化、体育和娱乐业(0.012%)、批发和零售业(0.011%)、采矿业(0.01%)、卫生、社会保障和社会福利业(0.01%)、环境和公共设施管理业(0.008%)、制造业(0.007%)、教育业(0.005%)(张钛仁等,2011)。由这个实例可以得出如下结论:

① 气象服务对贡献率最大的防灾减灾和救灾、重大社会经济活动的气象保障服务,而不是人们传统认为的直接生产业气象服务。行业间气象服务的贡献率差异巨大,公共管理与社会组织业所产生的气象服务贡献率约是教育业的 14 倍。说明,气象服务在不同行业发挥的作用不同,所以,要加强专业气象服务技术研究,提高气象服务的针对性。人影更是如此,如防灾与重大社会经济活动保障的专项技术等。

② 生产过程与室外有关的产业的气象服务贡献率明显大于与室内相关的产业,充分说明,目前,气象条件对生产和人们生活的影响仍然很大,人影作为气象主动防灾减灾的重要手段,更要加强服务能力建设,提升服务水平。

③ 人影的气象服务显然已经包含在这个评估结论中的多个行业评估结果中了,可是如果突出人影服务的经济效益评估仍然没有解决。没有科学的经济效益评估结论就得不到可靠的资金投入,已经成为世界各行业发展的通例,研究人影作业专题经济效益评估技术方法是迫在眉睫的问题。

6.3.3 效益评估影响

6.3.3.1 影响概述

通过前面详细讨论分析可以认为:对项目实施效益评估对各行各业的发展都非常重要,所以,各国政府和部门都非常重视效益评估工作,对具体项目的效益评估结论都给以足够重视。正是社会高度重视效果评估结论,引起大量学者专家潜心钻研效益评估的科学技术方法,目前,效益评估技术方法在许多领域已经全部或部分实现了客观定量化。

不可否认的事实是,全球社会经济正在快速发展变革,对效益评估的技术提出了更高的要求,造成了事实上的效益评估技术经常不能满足社会经济发展的要求,效益评估技术发展水平制约了许多行业的发展,最典型的就是人影业务发展。前面介绍过"南京发 3 千发炮弹清雨未奏效"的相关报道情况,这个报道给南京青奥会人影保障工作者造成的压力是正常人难以想象的,我们具体工作者个个如履薄冰,提心吊胆,心情沉重。但是,如果理性分析这个问题,产生这种现象的根本原因还是人影效益评估技术不成熟造成的,人影权威部门没有话语权造成的。试想一下,如果南京青奥会开幕式人影保障工作一结束,就有一份权威的南京青奥会开幕式人影保障效益评估报告发布,还有谁会发布"南京发 3 千发炮弹清雨未奏效"的这种根据想象的报道呢?还有那么多媒体跟进吗?显然,责任不在报道者和跟进的媒体,而是一种典型的因人影效益评估技术不成熟、人影行政管理部门人影效益评估报告发布缺位而引起的社会新问题,即,效益评估的影响问题。

效益评估影响(Impact of benefit assessment)是因效益评估引发的社会、经济、生态等方面的新问题,即因效益评估问题引起的社会反映。

6.3.3.2 影响实例

以三峡工程效益评估影响为例,人影效益评估报告对人影事业发展可能带来的影响做一思考。

三峡工程(三峡水电站的简称)是目前世界上规模最大的水电站。1918 年,孙中山在上海撰写了《国际共同发展中国实业计划——补助世界战后整顿实业之方法》一文,首次提出了三峡建设问题。1924 年 8 月 17 日,孙中山在广州国立高等师范学校做《民生主义》演讲中,提出在三峡地区建坝发电。从提出想法到 1994 年正式动工兴建,期间经历了近 90 年的官方和民间的各种方案的三峡工程建设效益评估,各种不同版本的效益评估报告在社会上不时发布,引发了不同学者间和决策者之间争议实在太多。直到 1992 年 4 月 3 日,全国人大七届五次会议投票表决《长江三峡工程决议案》时,赞同的占总代表人数的 67.26%(1767/2627),反对的占 6.51%(171/2627)、弃权的占 25.28(664/2627)、未按表决器的占 0.95%(25/2627)。对三峡工程效益评估结论不能确认的人数占 26.23%(弃权的占 25.28+未按表决器的占 0.95%)。这充分说明,三峡工程的效益评估报告有四分之一以上的人不知道谁做出的评估结论是可信的,到底该相信谁。

随着三峡工程于 1994 年正式动工兴建,2003 年开始蓄水发电,2009 年全部完工,对三峡工程建设的评估结论的争议远远没有结束,社会关注度不降反升,但并没有影响它的运行和后期改进建设工程进行。在中国知网上搜索"三峡"+"评估"的论文,其年度发表的论文数量从 1994 年的 346 篇,直线上升到 2018 年的 8467 篇,增加了 23.5 倍!有关三峡工程建设的效益评估的影响有多深远,有多复杂。人影作业效益评估报告还怕什么社会争议,而不敢公开发布呢?

白可适(1987)认为"六十多年来……现已积累了水文、沉积、坝址、地质构造、工程设计和构造、水能资源、防洪、航运和其他方面的大量数据。中外专家们都经常收集、利用和引用这些数据来支持自己的或驳斥对方的关于三峡工程命运的热情言辞……人们对社会和环境影响方面的问题都是承认的……而对全流域范围的社会和生态平衡问题或者是忽略了……对气候、水文、环境质量和农业生产的相互影响……讨论得不够……在解决长期争论的问题上又无能为力",由上文字可见,人们对三峡工程建设评估结论的争议激烈程度。方子云(1986)认为"三峡工程对局地气候、水质、淤积冲刷、水生生物与鱼类资源、中游旱、涝渍问题、河口生态等既有有利影响,又有不利影响……在工程建设中采取这些措施后,环境影响还会发生变化……"由上文字可见,对三峡工程建设评估的争论早已经超出了一个简单水利工程项目的问题。贾建辉等(2019)认为"目前,针对单宗工程,以局部地区为尺度的研究较多,但就整个流域……研究还较少;针对单个影响因子的研究有很多……且各影响因子之间互相影响的机理及评价方法较复杂,影响了综合评价的科学性和可操作性……研究成果还缺乏普适性。"廖小林等(2017)研究后得出受三峡水库"滞温效应"的影响,长江中华鲟、四大家鱼的自然繁殖时间均推迟了一个月,即,三峡工程建设,尤其建成运行后,已经引起了生境因子(水文情势、水环境(水温、水质)、泥沙等)、生物因子(鱼类、浮游动物和底栖动物、高等水生植物和浮游植物等)的改变。由此可见,三峡工程建设,事实上已经改变了库区鱼类等的生活规律,这种影响已经远远超出了库区(贾建辉等,2019)。

由上面学者的观点可见,重大社会经济活动效益评估的复杂性,重大社会经济活动的人影保障服务效益评估就更难了,争议会放大,影响更深远。三峡工程建设项目评估的各类论文太多,本节由这 4 位学者(建设前 2 位,建设后 2 位)对三峡工程建设的看法可以归纳出学者对三峡工程建设评估争论的焦点如下:

(1)三峡工程效益评估是以工程项目为对象进行,还是以流域社会经济为对象进行效益评估,这两者是两个不同的效益评估对象,效益评估结果自然会差异巨大。这和我们进行人影作业的评估有惊人的相似之处，是以一地一次的人影作业过程进行效益评估，还是以一段时间的大尺度天气系统或流域为人影作业的效益评估对象，是我们必须要深入思考的重大技术性问题。尤其是如何两者兼顾，即，人们常说的当前利益与长远利益相结合的问题值得深思。

(2)三峡工程效益评价以工程项目阶段性经济效益或整个效益进行评估，还是放在社会经济长期发展的总效益中进行评估。评估人影的阶段性效益对社会经济长远发展到底有没有效益，是一个需要深入思考的技术性难题。

(3)效益评估指标体系中，如何科学确定各指标的权重。如三峡建设中争议最大的工程建设并运行可能引起"生态恶化、气候变差、地质灾害增多……"，这些影响到底会到发展到什么样的程度？而要改善生态环境、应对气候变化、抗击地质灾害，需要的投入与取得的发电效益比？大西南区域性大旱、四川汶川大地震到底与三峡工程建设有无关联？一系列问题需要我们面对，太需要专业技术回答，答案在何方？人影也一样，降水是本来就要降，还是人工增的雨？本来就天气变好了，还是人工消雨作业影响的结果呢？谁讲的是科学结论，谁是人为的推测……

6.3.3.3　人影展望

人影作业效益评估和三峡工程效益评估一样，争议不断，人影作业会引起气候变化吗？会引起天气气候规律改变吗？如果改变了，有多大影响？要增加多少成本来应对？太多太多的人影作业效益评估需要给出答案，答案在何方？没有答案，有谁会长期支持人影事业发展？社会经济发展需要人影事业的同步发展与保障，我们必须给出答案。

由上分析可以得出如下综合性结论，人影效益评估短期内不可能解决技术问题，也不可能有部门或专家学者做一份让大家都能接受的人影作业效益评估报告。但人影业务发展太需要人影作业的效益评估报告了，它是人影事业发展的婴儿，必须要让它诞生，人影事业才有可能在争议中组织建设，在发挥效益中继续争议，在持续争议中去完善人影事业。目前全国人影管理部门应该大胆站到社会、公众面前的时候了，婴儿总会要讲话的，虽然不流畅，还是有人听的。让人影作业效益评估报告成为人们的谈资吧！让人影事业在人们的关注、关心、异议中发展壮大吧！

参考文献

白可适,1987. 生态和社会学方面看三峡工程(摘要)[J]. 科技导报,(2):18-21.

白晓平,靳双龙,王式功,等,2018. 基于 Logistic 回归和多指标叠加的短时强降水预报模型[J]. 气象科学,38(4):553-558.

包存宽,2018."天河工程"热议后的冷思考[N]. 环球时报 . 11 月 27 日(第 015 版).

卞小燕,方思伟,2019. 响水"3・21"爆炸事故现场指挥部第四次通报事故情况——集中搜救基本结束 进入现场清理阶段[N]. 新华日报,03 月 26 日(第 3 版).

CQMM(中国季度宏观经济模型课题组),2018. 2018-2019 年中国宏观经济预测[J]. 厦门大学学报(哲学社会科学版),3:23-32.

蔡竟,支国瑞,陈颖军,等,2014. 中国秸秆焚烧及民用燃煤棕色碳排放的初步研究[J]. 环境科学研究,27(5):455-461.

蔡淼,2013. 中国空中云水资源和降水效率的评估研究[D]. 北京:中国气象科学研究院 .

曹学成,张光连,马培民,1996. 以色列、德国的人影现状考察[J]. 气象科技,4:43-46.

车冠贤,李伟书,2018. 基于 GF 的 ARAM-GARCH 股票预测[J]. 现代商贸工业,30:101-102.

陈飚,2019. 反复演练才能高效处置[J]. 劳动保护,1:89-90.

陈福中,2018. 美国个人理财能力评估体系及对中国的启示[J]. 清华金融评论,7:105-108.

陈华文,2017. 对 400 年世界经济史的一次大"素描" ——读《十五至十八世纪的物质文明、经济和资本主义》[N]. 上海证券报,10 月 21 日(第 008).

陈京,2019. 出生率、平均寿命、生活水平和社会结[J]. 社会科学论坛,1:58-64.

陈鹏,张继权,孙滢悦,等,2018. 城市内涝灾害应急救援兵棋推演研究[J]. 水利水电技术,49(4):8-17.

陈祥斌,王鹏,2018. 装备保障实战化训练组织体系建设[J]. 兵器装备工程学报,39(8):133-137.

陈晓燕,姜蕊,刘俊,等,2016. 数值天气预报中关键技术研究[J]. 软件,37(9):43-46.

陈勇生,2018. 凯恩斯经济规律在中国市场的实践及改革[J]. 经贸实践,8:76,78.

陈子健,陈学恩,刘涛,2019. 不同参数化方案试验对南黄海典型台风中心最低气压和最大风速数值模拟影响[J]. 中国海洋大学学报,49(3):28-35.

程志刚,李炬,周明煜,等,2018. 北京中央商务区(CBD)城市热岛效应的研究[J]. 气候与环境研究,23(6):633-644.

崔惠斌,庄凯捷,2018. 职业能力对大学生创业意愿影响的实证研究——基于 1303 个师范生样本[J]. 广东技术师范学院学报,6:90-96.

崔智超,2018. 探讨指挥信息系统工程化应用的发展趋势[J]. 低碳世界 . 4:337.

戴艳萍,李德泉,车云飞,等,2018. 人影数据分类与编码设计研究[J]. 气象科技进展,8(1):186-188,228.

邓朝晖,2018. 气象综合观测的常见问题与应对策略[J]. 科技风,11:125.

邓晓艳,张云飞,薛克,2017. 智慧农业对气象服务需求分析与对策[J]. 农业与技术,37(17):141-142.

邓战满,张中波,2014. 几种人工增雨效果评估方法的应用与研究[J]. 安徽农业科学,42(9):2675-2676,2680.

邓正龙,张宁生,2013. 中华民族最辉煌的文明成就——都江堰水利工程及核心价值[J]. 今日中国论坛,7:17-19.

丁竹英,陈瀛洲,胡陈静,2018. 中国水资源短缺程度及缺水类型研究[J]. 特区经济,356(9):47-50.

董丛林,2016. 晚清时期"教案危机"的社会反应[J]. 晋阳学刊,1:33-50.

董全,胡海川,代刊,2016. 数值模式预报调整趋势分析[J]. 气象,42(12):1483-1497.

董玮,王磊,杨小琳,2018. 数据质量控制研究[J]. 信息系统工程,1:129-130.

董哲颖,2019. 关于建立完善电视媒体宣传效果评估体系的探索与思考[J]. 当代电视,103-105.

杜成,2015. 浅谈大数据时代[J]. 商,2:218.

段婧,楼小凤,卢广献,等,2017. 国际人工影响天气技术新进展[J]. 气象,43(12):1562-1571.

段军,张秋跃,沈举鹏,等,2008. 人工增雨作业天气概念模型[J]. 现代园艺,3:40-41.

段玉林,张少梅,蒋明廉,等,2018. 食品安全地方标准南宁老友粉标准制订研究[J]. 轻工科技,34(12):89-90.

樊新华,2017. 民航地面气象能见度解析[J]. 科技视界,13:39-40.

方苗,李新,2016. 古气候数据同化:缘起、进展与展望[J]. 中国科学:地球科学,46(8):1076-1086.

方帅,瞿成佳,杨学志,等,2016. 组合因子最优的线性预测波段选择[J]. 中国图像图形学报,21(2):0255-0262.

方志超,李秀秀,赵利梅,2018. 浅谈企业管理的风险控[J]. 河南化工,35(12):58-60.

方子云,1986. 长江三峡建坝对生态环境影响的研究和体会[J]. 水资源保护,2:10-16.

冯骥才,2019. 人文精神是教育的灵魂[J]. 教书育人,3:1.

福建省气象学会,2016. 福建省人工影响天气学科发展研究报告[J]. 海峡科学,1:15-24.

高建秋,肖伟生,董志虎,等,2018. 广东春季飞机人工增雨作业概念模型[J]. 广东气象,40(6):61-64.

高洁英,2017. 法庭不礼貌话语的分类研究[J]. 五邑大学学报(社会科学版),19(4):85-89,92.

高峻,2003. 新中国治水事业的起步(1949-1957)[D]. 福州:福建师范大学.

高立洪,张放,赵星淋,2018. 吊装作业方案与应急预案编制原则[J]. 现代职业安全,7:82-84.

高伟,2019. 人工影响天气作业技术分析[J]. 南方农机,1:229,238.

高文峰,2019. 信息化模型技术在铁路车站改造中的应用研究[J]. 铁道勘察,1:52-59.

高星,弋彭菲,付巧妹,2018. 中国地区现代人起源问题研究进展[J]. 中国科学:地球科学,48(1):31-34.

高永华,2017. 水资源节约保护及优化配置路径[J]. 河南水利与南水北调,11:31-32.

高勇,姜丹,刘磊,等,2016. 一种地理信息检索的定性模型[J]. 北京大学学报(自然科学版),52(2):265-273.

高有鹏,王仁慧,刘晓霜,等,2019. 中国古代神话与民族精神三题[N]. 中国科学报. 1 月 10 日(第 003 版).

谷川,2014. 法理学视域下技术措施法律保护研究[J]. 河北法学,32(3):156-164.

顾磊,金凌芳,2019. 一种智慧工厂系统架构设计与实[J]. 电子世界,1:2-8.

郭娇,2019. 研究生实验安全事故的影响因素分析[J]. 实验技术与管理,36(3):192-195.

郭军明,2017. 我国信息产品供给侧布局的着眼点[J]. 开封大学学报,31(4):31-34.

郭启云,杨加春,杨荣康,等,2018. 球载式下投国产北斗探空仪测风性能评估[J]. 南京信息工程大学学报(自然科学版),10(5):629-640.

郭守生,2017. 浅谈基层台站草面温度数据质量控制[J]. 农业与技术,37(19):153,153-154,162.

郭夏宇,艾治勇,龙继锐,2018. 气候变化对中国水稻生产的影响[J]. 湖南农业科学,7:51-54.

郭学良,杨军,章澄昌,2009. 大气物理与人工影响天气[M]. 北京:气象出版社:603-604.

国家发展改革委,中国气象局,2014. 全国人影发展规划(2014—2020 年)(Z).

国家开发银行"中国发展的瓶颈问题、战略性新兴产业与开行对策研究"课题组,2018. 中国发展的生态环境瓶颈问题与开行的对策[J]. 现代商贸工业,35:211-212.

国家人影协调会议办公室等,2018. 砥砺前行惠民生—人影 60 周年回忆录[M]. 北京:气象出版社:292.

韩海涛,2018. 气象辐射数据质量控制[J]. 气象科技,46(3):468-473.

韩辉邦,张博越,田建兵,等,2018. 青海省一次人工增雨作业数值模拟分析[J]. 青海气象,3:73-79.

韩柳,万亿,2018. 地质灾害易发性定量评价模型的建立与应[J]. 四川地质学报,38(1):146-149.

韩雪枫,2018. 图尔卡纳湖生态环境与人类起源[D]. 郑州:河南师范大学.

郝宇,王泠鸥,吴烨睿,2018. 新时代中国能源经济预测与展望[J]. 北京理工大学学报(社会科学版),20(2):8-14.
何媛,黄彦彬,李春鸾,等,2016. 海南省暖云烟炉设置及人工增雨作业条件分析[J]. 气象科技,44(6):1043-1052.
和志国,张华,暴路敏,等,2019. 宁夏清水河流域生态水量确定及保障措施浅析[J]. 中国水利,3:25-27.
贺建风,2018."三农"抽样调查中的多重抽样框方法研究[J]. 暨南学报(哲学社会科学版),7:14-23.
侯精明,王润,李国栋,等,2018. 基于动力波法的高效高分辨率城市雨洪过程数值模型[J]. 水力发电学报,37(3):40-49.
胡鞍钢,2017. 正确认识我国自然灾害基本国情[J]. 中国减灾,1:16-19.
黄红生,2018. 论社会主要矛盾理论的再生形态[J]. 探求,1:19-26.
黄艳,俞小鼎,陈天宇,等,2018. 南疆短时强降水概念模型及环境参数分析[J]. 气象,44(8):1033-1041.
黄宇,叶锋,2019. 高校园环境下快递服务顾客满意度调查——以钟落潭高校园为例[J]. 现代营销(经营版),3:76-77.
黄治勇,王丽,王仁乔,等,2002. 公众气象服务质量评价方法研究[J]. 湖北气象,2:30-32.
贾建辉,陈建耀,龙晓君,2019. 水电开发对河流生态环境影响及对策的研究进展[J]. 华北水利水电大学学报(自然科学版),40(2):62-69.
贾铭宇,王慧,高欣,等,2018. 湿地分类和湿地景观分类研究进展[J]. 中国农业文摘・农业工程,6:56-58.
贾烁,2015. 江淮对流云人工增雨作业效果检验技术方法研究和个例分析[D]. 北京:中国气象科学研究院.
姜海如,辛源,林霖,2018. 气候容量内涵及其价值探讨[J]. 阅江学刊,1:131-143.
姜疆,2018. 基于大数据的宏观经济预测和分析[J]. 新经济导刊,9:62-66.
蒋瑜,吕秋媚,陈朝述,等,2018. 地理环境因素对人类健康长寿的影响研究[J],吉林农业,12-127.
金顺发,张国强,张明芝,等,1987. 上海市黄瓜上市高峰期预报因子的选择和模型的建立[J]. 应用概率统计,3(4):371-373.
靳新辉,2019. 植树造林是我们共同的责任[N]. 商丘日报,3 月 4 日(第 005 版)
景耀强,岳鹏,2018. 红军精神与民族复兴之路[J]. 成都大学学报(社会科学版),4:15-20.
科技文献信息管理编辑部,2016. 未来五年国家科技创新的指导思想、总体目标、战略任务、改革举措[J]. 科技文献信息管理,4:60.
孔锋,吕丽莉,王志强,等,2018. 关注丝路自然灾害风险共建安全"一带一路"建设[J]. 中国软科学增刊(上),17-22.
郎秋玲,张以晨,张继权,等,2019. 基于组合赋权理论的泥石流孕灾因子分析[J]. 灾害学,34(1):68-72.
雷恒池,洪延超,赵震,等,2008. 近年来云降水物理和人工影响天气研究进展[J]. 大气科学,32(4):967-974.
李宝磊,2018. 中国移动集客业务质量评估与感知分析[J]. 工程与设计,10:2-5.
李斌,2012. 火箭与高炮人工防雹作业方法探讨[J]. 新疆农垦科技,11:36-39.
李博,王楠,姜明,等,2018a. 陕西一类"东高西低型"暴雨的基本特征[J]. 高原气象,37(4):981-993.
李博,张焕域,邓文成,等,2018b. 基于 3D 模型技术的电网通信光缆监测系统设计[J]. 自动化技术与应用,37(12):63-67.
李诚,沈莺,2017. 产品数据管理信息化建设产品数据管理信息化建设[J]. 现代工业经济和信息化,8:109-110.
李大山,章澄昌,许焕斌,等,2002. 人影现状与展望[M]. 北京:气象出版社.
李放,吕达仁,1996. 能见度分级约束下的大气气溶胶光学厚度特[J]. 中国环境监测,12(6):6-9.
李季,2018. 信息产品的整合设计趋势研究[J]. 设计,5:110-111.
李继凯,周惠,2010. 关于中国当代文学与灾害书写的若干思考[J]. 吉林大学社会科学学报,3:5-11.
李健丽,余晔,赵素平,2018. 新疆阿勒泰地区人工增水效果评估[J]. 冰川冻土,40(2):388-394.
李京淑,2010. 中国北极阁气象博物馆:古今观云测天工具[N]. 北京科技报,11 月 15 日,第 046 版.

李凌,郭旭,李琳,2018.云计算服务产品的评估体系研究[J].电力信息与通信技术,16(12):51-55.

李明,曹海军,2019.中国网络舆情研究13年(2005-2017):理论、方法与实践[J].情报杂志,3:1-7.

李明,袁凯,翟红楠,2017.一种面向对象的强降水精细化预报质量检验方法及应用[J].暴雨灾害,36(1):81-85.

李世福,2007.科学定义演变的三个阶段——以宗教、价值与科学的关系为视角[J].太原师范学院学报(社会科学版),6(3):14-19.

李维民,李婵娟,高钰琪,2005.医学地理研究进展与展望[J].卫生研究,34(2):172-175.

李希灿,邱发堂,张峰,1999.预报因子选择的模糊优选方法[J].预测,4:78-80.

李希灿,赵永强,张福漾,2000.预报因子逐步模糊优选的优化模型[J],黑龙江水专学报,27(3):22-24.

李秀明,乜勇,刘磊,2008.地震前兆数据的大数据挖掘研究[J].计算机测量与控制,26(9):215-218,241.

李洲,2014.基于数据同化的太湖叶绿素浓度遥感估算[D].南京:南京师范大学.

梁昌勇,黄梯云,杨善林,2001.定性模型的分解算法研究[J].合肥工业大学学报(自然科学版),24(1):6-11.

梁东成,2013.中国"新四大火炉"城市[J].地理教育,9:62.

梁谷,李燕,岳治国,等,2010.高炮人工防雹作业技术分析[J].陕西气象(5):23-26.

梁云,2018.论新时代主要矛盾的哲学意蕴及意义[J].山东农业大学学报社(会科学版),3:109-113.

廖常浩,吴洪清,万今明,2019.工业机器人风险评估研究及应用[J].机电工程技术,48(1):13-15,31.

廖小林,朱滨,常剑波,2017.中华鲟物种保护研究[J].人民长江,48(11):16-20,35.

廖永丰,赵飞,2014.强化我国自然灾害风险管理技术途径的思考[J].中国防汛抗旱,24(5).

廖芝,喻红艳,2018.浅析"望、闻、问、切"在电子商务教学中的运用[J].环渤海经济瞭望,9:188.

列宁,1995.列宁选集,人民出版社,北京,第2卷:128.

林莉文,卞建春,李丹,等,2018.北京城区大气混合层内臭氧垂直结构特征的初步分析——基于臭氧探空[J].地球物理学报,61(7):2667-2678.

林文,林长城,李丹,2016.人工增雨作业雨滴谱个例分[C].第33届中国气象学会年会S15人影关键技术与业务应用:1-3.

刘斌,王志贤,2018.幸福感五大概念模型的发展演化[J].黑龙江教育学院学报,37(7):97-99.

刘成成,郭起豪,2013.突破天气预报技术瓶颈有多难[N].中国气象报.6月25日(第一版).

刘丹妮,王颖,周丹,2018.气象数据挖掘与可视化——展现数据之美[J].浙江气象,39(3):39-42.

刘舫,2018.对地观测技术在土地管理中的应用及展望[J].科技创新导报,5:192,194.

刘海啸,孟珊珊,杜佳豪,2018.基于数据挖掘的股市波动与宏观经济指标的关联性研究[J].燕山大学学报(哲学社会科学版),19(5):89-96.

刘建昌,严岩,刘峰,等,2008.基于多因子指数集成的流域面源污染风险研究[J].环境科学,29(3):599-606.

刘景荣,2006.大同市城市地下水动态长期观测体系初探[J].科技情报开发与经济,16(14):111-112.

刘竞妍,张可,王桂华,2018.综合评价中数据标准化方法比较研究[J].数字技术与应用,36(6):84-85.

刘勤,王玉宽,彭培好,等,2016.气候变化下四川省物种的分布规律及迁移特征[J].山地学报,34(6):716-723.

刘莎,2018.智慧气象内涵及发展思路[J].陕西气象,5:37-39.

刘贤,2016.人与自然的关系及其理论的历史嬗变[D].石家庄:河北师范大学.

刘小绮,2011.浅述电磁学发展史[J].赤峰学院学报(科学教育版),3(5):110.

刘雅鸣,2018.发展智慧气象科学抵御风险——写在二〇一八年世界气象日之际[N].人民日报,3月23日第014版.

刘野军,尹路婷,李田,等,2017.智慧气象服务产品数据可视化思考[C].第34届中国气象学会年会S11创新驱动智慧气象服务——第七届气象服务发展论坛论文集,中国气象学会:1-6.

刘志辉,刘玉玲,2017.探索赤峰市人影队伍建设管理新模式[J].内蒙古科技与经济,23(1):30.

刘志勇,李敏强,寇纪淞,2013.信息产品销售渠道模式选择研究[J].系统工程学报,28(1):109-117.

柳建坤,陈云松,2018. 公共话语中的社会分层关注度——基于书籍大数据的实证分析(1949-2008)[J]. 社会学研究,4:191-215.
娄思佳,沈楠,彭崎峰,2015. 于典型战术原则的通信干扰兵力部署研究[J]. 舰船电子对抗,38(4):24-29.
卢金标,2019. 农产品加工业综合效率评估体系探讨[J]. 现代商贸工业,40(06):10-12.
卢康,2018. "人类的起源和进化"一节教学札记[J]. 中学生物学,34(2):79-80
卢乃锰,方翔,刘健,等,2017. 气象卫星的云观测[J]. 气象,42(3):257-267.
陆健健,2018. 信息安全国际立法所面临的问题及对策[J]. 探索与争鸣,8:98-102.
陆雅君,陈刚毅,龚克坚,等,2012. 测云方法研究进展[J]. 气象科技,40(5):689-697
陆旸,2019. 人民军队的胜战密码[J]. 党史博采,1:60-62.
鹿瑞,2018. 基于集合预报的我国夏季定量降水预报检验评估及影响因素分析[D]. 南京:南京大学.
路钊,朱雨童,杨雨,2015. 兵棋推演:这不是游戏,这是 0.99 次战争[N]. 中国航天报,7 月 18 日(第 001 版).
吕爱民,杨柳妮,黄彬,等,2018. 中国近海大风的天气学分型[J]. 海洋气象学报,38(1):43-50.
吕晨辰,2013. 浅析生态环境与人类文明兴衰的关系[J]. 山西师大学报(社会科学版)研究生论文专刊,40:84-86.
吕慧,杨玲,徐丹,等,2019. 2017 年校园设施安全事故统计分析与风险防控[J]. 安全,40(1):50-53.
罗菲,2018. 大数据场景下的云存储技术与应用[J]. 信息与电脑,23:138-142.
罗俊颉,贺文彬,刘映宁,等,2018. 工影响天气作业站安全分级评价指标体系研究[J]. 陕西气象,4:23-28.
《马克思主义基本原理概论》编写组,2010.《马克思主义基本原理概论》(2010 年修订版)[M]. 北京:高等教育出版社:55-56.
马官起,2016. 人影安全管理[M]. 西安:西北工业大学出版社,1.
马红云,董轩,孙岑霄,2018. 南京地区高温天气下城市化影响的模拟研究[J]. 大气科学学报,41(1):67-76.
马晓柯,2018. 三维模型技术对仪表设计与施工的优[J]. 石油化工自动化,54(6):63-65.
孟燕军,赵习方,王淑英,2001. 北京地区高速公路能见度气候特征[J]. 气象科技,4:27-32.
倪惠,孙鸿雁,2009. 吉林省人工增雨潜势天气概念模型的建立[J]. 吉林气象,3:27-29,42.
倪思聪,2017. 南京青奥会开闭幕式人工减雨作业效果的回波分析[D]. 南京:南京信息工程大学.
牛翔,2015.《管子》的自然观[D]. 郑州:郑州大学.
牛岩,2017. 作物产量指标综合评价的数据标准化处理[J]. 农村经济与科技,28(19):16-19.
农吉夫,2014. 预报因子选择的条件数方法及其在台风强度预报中的应用[J]. 数学的实践与认识,44(23):146-152.
潘剑伟,2018. 核磁共振超前探测多分量观测技术方法理论研究[D]. 北京:中国地质大学.
潘留杰,张宏芳,王建鹏,2014. 数值天气预报检验方法研究进展[J]. 地球科学进展,29(3):327-335.
裴宁,2007. 怎么保障 2008 奥运天遂人愿?[J]. 今日科苑,17-13-15.
裴卿,2017. 历史气候变化和社会经济发展的因果关系实证研究评述[J]. 气候变化研究进展,13(4):375-382.
彭勃,2018. 一个"政治心态"实证研究样本[N]. 北京日报,11 月 12 日(第 020 版).
彭健恩,2017. 探讨数据质量管理的未来发展[J]. 科技资讯,29:242-245.
评论员,2019. 群众满意度是脱贫攻坚的"试金石"——二论坚决打赢脱贫攻坚战[N]. 达州日报,5 月 6 日(第 001 版).
戚斌,2018. 大数据时代下数据质量的挑战[J]. 信息记录材料,19(6):74.
QX/T 329—2016. 人工影响天气地面作业站建设规范[S].
齐美东,苏剑,2017a. 基于人口出生率下降趋势下中国高等教育转型发展探讨[J]. 贵州社会科学,6:75-81.
齐美东,田蕾,2017b. 人口出生率下降趋势下的研究生教育转型研究[J]. 研究生教育研究,4:19-24.
钱晔,孙吉红,黎斌林,等,2019. 大数据环境下我国智慧农业发展策略与路[J]. 云南农业大学学报(社会科学),13(1):6-10.

秦大河，孙鸿烈，孙枢，等，2005. 2005—2020年中国气象事业发展战略[J]. 地球科学进展，20(3)：267-274.
邱宇，宋晓村，罗锋，2018."十三五"时期江苏省海洋生产总值预测[J]. 海洋开发与管理，6：7-10.
曲岩，2018. 论人与自然的关系[J]. 决策探索，3：81-82.
冉奥博，王蒲生，2018. STS视角中的人居环境科学[J]. 工程研究——跨学科视野中的工程，10(4)：395-400.
商舜，2016. 黄渤海大风的延伸期预报[D]. 北京：国家海洋环境预报中心.
商舜，吴萌萌，秦英豪，等，2016. 海上大风延伸期预报研究进展[J]. 中国农学通报，32(4)：185-190.
商兆堂，濮梅娟，蒋名淑，2007a. 盐城市发生大暴雨的天气类型分析[J]. 气象科学，27(4)：436-440.
商兆堂，张芳，曹颖，2007b. 湖蓝藻气象服务的实践与思考[J]. 气象软科学，2007，3：60-63.
商兆堂，蒋名淑，汤红兵，2008. 水产养殖与气象[M]，北京：气象出版社.
商兆堂，任健，秦铭荣，等，2010. 气候变化与太湖蓝藻暴发的关系[J]. 生态学杂志，29(1)：55-61.
商兆堂，2012. 发展农用天气预报业务的思考[J]. 江苏农业科学，40(9)：8-10，18.
商兆堂，2013. 江苏省建立气象为农服务长效机制的实践与思考[J]. 江苏农业科学，41(5)：1-3.
商兆堂，姜东，何浪，2013. 气候变化对小麦生产影响研究进展[J]. 中国农学通报，29(21)：6-11.
商兆堂，2016. 江苏农业气候资源变化对冬小麦生产影响评估研究[D]. 南京：南京大学.
商兆堂，张旭晖，商舜，等，2018. 江苏省冬小麦生产潜力气候变化趋势评估[J]. 江苏农业科学，46(12)：245-249.
尚志海，2018. 基于人地关系的自然灾害风险形成机制分析[J]. 灾害学，33(2)：5-9.
沈文海，2015."智慧气象"内涵及气象云建[N]. 中国气象报，8月7日第006版.
沈艳萍，2018. 达尔文进化论与生成语言学哲学渊源探析及反思[J]. 牡丹江大学学报，27(5)：9-11.
石彦琴，赵跃龙，2015. 日本农田建设标准的制订及管理[J]. 农业展望，10：51-54.
时东陆，2007. 关于科学的定义[J]. 科学，59(3)：4-9.
时玉林，周琨，王臣阳，2018. 科技战与信息战——探究现代战争中高科技通信技术的运用[J]. 中国新通讯，4：96.
史湘军，朱寿鹏，智协飞，等，2017. 三套冰晶核化参数化方案的对比分析[J]. 大气科学学报，40(2)：181-191.
世界知识产权组织(WIPO)，1997. 供发展中国家使用的许可证贸易手册. 日内瓦：世界知识产权组织.
宋剑，2018. 新时代社会主要矛盾的唯物史观解读[J]. 探索，3：185-189.
宋锡辉，宋余庆，2014. 生态文明观测评体系研究[J]. 南民族大学学报(哲学社会科学版)，31(4)：34-37.
宋展，胡宝贵，任高艺，等，2018. 智慧农业研究与实践进展[J]. 农学学报，8(12)：95-100.
隋福民，巴斯·范鲁文，韩锋，2018. 世界经济史的壮丽篇章—中国改革开放40周年经济发展成果与世界主要经济体比较[J]. 紫光阁，5：14-16.
孙长征，2009. 数值天气预报云计算服务应用系统研究与实现[D]. 长沙：国防科学技术大学.
孙厚杰，2013. 论战略战术[J]. 全国商情，2：35.
孙景亮，2004. 论京杭大运河的规划思想与传承[J]. 南水北调与水利科技，2(6)：39-40.
孙强银，黄辉，叶鑫，2018. 探寻信息化战争以劣胜优方略[N]. 中国国防报，7月26日(第003版).
孙现伟，邓双，朱云，等，2015. 大气污染物控制技术的评估方法研究[J]. 能源与环境，6：39-42.
Takamatsu Nayori，2018，从祭祀来看殷商时代的数字观念[D]. 郑州：郑州大学.
谭长国，2018. 期货交易中的科学方法论探讨[D]. 南昌：江西财经大学.
谭顺，郭乾，2018. 生产力与消费力的矛盾运动——马克思解析人类社会发展规律的第五种视角[J]. 学习与实践，10：114-120.
唐林辉，2018. 对推动军民融合发展战略深下去实起来的几点思考[J]. 国防，11：65-68.
唐树华，商兆堂，唐红升，等，2010. 气象信息与网络发布问题探讨[J]. 气象软科学，1：132-134
唐宇琨，2017. 气象助力点绿榆林荒漠[N]. 中国气象报，6月16日(第005版).
陶凤玲，刘海波，李钊年，等，2012. 选择预报因子的新方法及其对预测的影响分析[J]. 水电能源科学，30(2)：187-189.

田广元,王永亮,2007. 辽宁省人工增雨天气概念模型[J]. 气象科技,35(2):264-268.
田磊,胡文东,翟涛,等,2017. 人工影响天气业务集约化研究[J]. 宁夏农林科技,58(06):55-58.
万峥,杨波,2017. 论地方高校大学生人文素质观测体系的构建[J]. 长沙民政职业技术学院学报,24(1):120-123.
汪振,2018. 大数据环境下数据库系统安全评估技术研究[J]. 电脑迷,8:34.
王冰,2018. 辽宁省沿海防护林体系生态效益评估[J]. 防护林科技,4:60-61.
王琮淙,邱国玉,黄晓峰,2018. 城市热岛效应与 PM2.5 的关系研究[J],干旱区资源与环境,32(5):191-195.
王德存,2017. 着力构建集约规范高效指挥体系[N]. 中国边防警察报,6 月 15 日(第 002 版).
王冬青,韩后,邱美玲,等,2018. 基于情境感知的智慧课堂动态生成性数据采集方法与模型[J]. 电化教育研究,05.004:26-32.
王芳,2015. 构建我国海洋水下观测体系的思考[N]. 中国海洋报,12 月 2 日第 003 版 .
王佳,陈钰文,2015.2010 年盛夏人工增雨防控太湖蓝藻效果分析[J]. 中国农学通报,31(14):232-237.
王金虎,冯英奇,吴庆霖,等,2018. 基于北斗技术的降水探空仪的设计[J]. 环境科学,22:111-112.
王晶,2018. 论气象探测数据的处理及质量控制[J]. 科技风,8:155.
王诺,2003. 欧美生态文学[M]. 北京:北京大学出版社 .
王沛,张钎铭,2002. 社会反应四维模型述评[J]. 华东师范大学学报(教育科学版),20(4):68-76
王迁,2015."技术措施"概念四辨[J]. 华东政法大学学报,2:30-40.
王晟哲,2016. 中国自然灾害的空间特征研究[J]. 中国人口科学,6:68-77,127.
王思如,陶凤玲,李若东,等,2012. 水文预报因子选择中两种不同方法的对比分析[J]. 水电能源科学,30(11):18-20,213.
王恬,2018. 中国水资源战[J]. 纳税,5:208.
王晓彦,赵熠琳,霍晓芹,等,2016. 基于数值模式的环境空气质量预报影响因素和改进[J]. 中国环境监测,32(5):1-7.
王亚楠,钟甫宁,2017.1990 年以来中国人口出生水平变动及预测[J]. 人口与经济,1:1-12.
王洋,刘佳,于福亮,等,2018. 基于数据同化的降雨数值空间分布模拟研究[J]. 中国水利水电科学研究院学报,16(3):185-194.
王艺儒,2017. 生态问题即为心态问题的解读[J]. 决策探索,8:89.
王毅,2018. 中小化工企业安全管理体系的建立[J]. 工业生产,44(10):166-167.
王玥,梁言,严绍辉,等,2018. 轴向多光阱微粒俘获与实时直接观测技术[J]. 物理学报,67(13):138701-1-6.
王治邦,刘珍花,2007. 青海省人影地面作业设备性能现状评价[J]. 青海气象,1:42-43,30.
王子玥,2018. 循环神经网络股票预测[J]. 电脑知识与技术,14(22):171-172.
韦虎,2019. 数据背景下数据质量管理优化对策[J]. 信息与电脑,1:223-225.
魏淑秋,1979. 浅谈天气预报因子的选择[J]. 气象,3:30-31.
乌拉尔·沙尔赛开,2017. 世界人口展望:人员、资源与环境[J]. 生态经济,33(9):2-5.
吴炳方,张淼,2017. 从遥感观测数据到数据产品[J]. 地理学报,72(11):2093-2111.
吴良镛,周干峙,林志群,1994. 我国建设事业的今天和明天(摘要)[J]. 中国科学院院刊(2):23-31.
吴平,2018. 创新沙漠治理培育金色产业[J]. 国际人才交流,3:68-71.
吴忠群,李佳,田光宁,2017. 世界风电政策的分类及其具体措施研究[J]. 华北电力大学学报(社会科学版),6(6):1-8.
吴左宾,顾泰玮,2018. 循化历史城市人居环境营建经验思索与启示[C]. 共享与品质—2018 年中国城市规划年会论文集(04 城市规划历史与理论).
夏明方,2017. 自然灾害与近代中国[N]. 文汇报,1 月 3 日,第 A08 版 .
夏永红,2017. 人与自然关系的三种历史形态[J]. 武陵学刊,42(6):34-42,52.
夏振华,2018. 浅谈《论语》中伦理道德思想的精神哲学[J]. 黑河学院学报,2:26-27.

向雪琴,高莉洁,祝薇,等,2018. 城市分类研究进展综述[J]. 标准科学,4:54-62.

肖晓春,梁犁丽,董静,2018. 智慧水利框架模型设计初[J]. 水资源开发与管理,9:8-13,4.

肖玉华,赵静,蒋丽娟,2010. 数值模式预报性能的地域性特点初步分析[J]. 暴雨灾害,29(4):322-327.

肖月,赵琨,薛明,等,2017."健康中国 2030"综合目标及指标体系研究[J]. 卫生经济研究,4:3-7.

谢丽萍,刘旭东,赵东俭,等,2019. 传统工匠精神的培育对当代高职教育的启示——以国家级非物质文化遗产"东固传统造像"的塑造为例[J]. 工业技术与职业教育,17(1):74-77.

谢强,姚章福,谢璐繁,等,2019. 仁怀市人工影响天气安全管理体系建设探析[J]. 现代农业科技,1:196,198.

解毅,2017. 基于多变量和数据同化算法的冬小麦单产估测[D]. 北京:中国农业大学.

熊炜,孙少艾,2018. 论思维科学[J]. 南京航空航天大学学报(社会科学版),20(1):76-80,85.

徐红雁,2018. 智慧气象为农服务应对发展[J]. 农业与技术,38(4):343.

徐建飞,2018. 近平新时代中国特色社会主义思想"三进"的评估体系研究[J]. 南师范学院学报,33(22):31-36.

徐孝新,2018. 经济复杂度与收入不平等关系的实证检验[J]. 统计与决策,19:139-142.

许焕斌,段英,刘海月,2006. 雹云物理与防雹的原理与设计—对流云物理与防雹增雨(第二版)[M]. 北京:气象出版社:161-211,291-293.

许美玲,段旭,丁圣,2009. 客观预报方程中因子的选取及应用效果分析[J]. 气象,35(9):112-118.

薛冬白,郭炳炎,刘建罗,1999. 一种基于定性模型的诊断方法[J]. 计算机工程与设计,20(5):30-33,64.

鄢创辉,2018. 大数据挖掘在智慧旅游应用中的探讨[J],2(9):192-194.

闫喜红,王川龙,2018. 凸组合投影算法中的组合因子对算法效率的影响[J]. 工程数学学报,35(1):25-32.

颜文胜,林继生,汪瑛,等,2006. 广东省人工增雨作业效果的数值统计评估方法研究[C]. 中国气象学会 2006 年年会"人工影响天气作业技术专题研讨会论文集":438-442.

杨传春,2019. 基于模块化的房屋建筑工程施工安全管理体系构建[J]. 山东工业技术,3:124.

杨传明,2018. 中国工业生态水平动态变化及行业分类研究[J]. 企业经济,10:11-18.

杨虹,张占月,丁文哲,等,2016. 双星光学观测体系的目标定位误差分析[J]. 中国光学,9:4.

杨军,咸迪,唐世浩,2018. 风云系列气象卫星最新进展及应用[J]. 卫星应用,11:8-14.

杨敏,杨贵军,王艳杰,等,2018. 北京城市热岛效应时空变化遥感分析[J]. 国土资源遥感,30(3):213-223.

杨萍,高学浩,2018. 面向质量目标的课程设计概念模型研究——以气象行业继续教育为例[J]. 继续教育,58-60.

杨秋明,李熠,钱伟,等,2011. 南京地区夏季高温日数年际变化的主要动态及其与 200hPa 经向风的联系[J]. 气象,37(11):1360-1364.

杨少浪,2016. 美国的统计数据质量管理——"地区 GDP 核算方法与组织实施"培训团组赴美考察札记(3)[N]. 中国信息报,11 月 15 日(第 007 版).

杨颖璨,李跃清,陈永仁,2018. 青藏高原及邻近地区低涡系统结构研究进[J]. 气象科技,46(1):76-83.

杨宇,2017. 农业气象综合观测体系的构建. 民营科技,9:177.

杨子田,余张君,杨阳,2017. 多松量模型三维点云数据标准化处理[J]. 北京服装学院学报,37(3):12-18.

姚金霞,2017. 学术期刊综合评价数据标准化方法的分析[J]. 哲学文史研究,5:69-70.

姚小东,姚远锟,2015. 运用中医"望闻问切"四诊法指导大学生社会实践[J]. 新西部,26:125,124.

姚亚庆,2016. 1950-2015 年我国农业气象灾害时空特征研究[D]. 杨凌:西北农林科技大学.

尹仑,2018. 气候灾害风险综合研究的理论与发展[J]. 灾害学,33(1):156-161.

尹锡峰,2018. 安全管理体系的概述[J]. 西部皮革,7:46.

尤士兰,2019. 目标管理下如何提升事业单位员工绩效[J]. 现代商业,1:120-121.

Yuval N H(以色列),2017. 未来简史:从智人到智神[M],林俊宏译. 北京:中信出版集团股份有限公司.

于欢欢,沈鸣,高鹏骐,等,2017. APOSOS 光电望远镜空间目标观测精度分析[J]. 红外与激光工程,46(1):0117002-1-7.

于新文,2018. 构建质量管理体系新模式推动中国气象高质量发展——关于气象观测质量管理体系建设的探索与思[N]. 中国质量报,6月21日第004版.

于鑫,2018. 人居环境中的构成原理分析与应用[J]. 产业与科技论坛,17(20):47-48.

于秀刚,2018. 气候变化下林果业重大害虫灾变规律探讨[J]. 现代农村科技,2:38.

于宇,黄孝鹏,崔威威,等,2017. 国外海洋环境观测系统和技术发展趋势[J]. 舰船科学技术,39(12):179-183.

余后珍,钟金莲,黄宇霆,等,2017. 长沙市气象自动站实时数据质量控制系统研究与应用[J]. 通讯世界,11:358-359.

袁志平,2017."一带一路":大国战略和大国担当的生动演绎[J]. 上海党史与党建,9:31-34.

岳晓蕾,林箐,杨宇翀,2018. 城市绿地对热岛效应缓解作用研究——以保定市中心城区为例[J],风景园林,10:66-70.

臧慧,管斌君,2018. 村落人居环境与健康关系探析[J]. 山西建筑,44(3):1-2.

曾子馨,2018. 南京高温热浪变化特征分析[J]. 安徽农学通报,24(06):139-149.

张枨,富丽娟,2017. 内蒙古大兴安岭毕拉河森林火灾过火面积达1万公顷已调动各方扑火力量近9000人[N]. 人民网,5月4日(12:39).

张方伟,邱进辉,2006. 组合因子回归——综合相似长期预报方法及应用[J]. 人民长江,37(12):40-41,46.

张慧,2018. 秸秆焚烧产生的危害及屡禁不止原因探讨[J]. 农业开发与装备,9:146-147,121.

张慧娇,2018. 南京青奥会开幕式人工催化消减雨作业的效果和机理研究[D]. 南京:南京大学.

张纪淮,苏正军,王广河,等,2006. 人工消雨综述[C]. 北京:奥运气象服务与服务技术研讨会论文集. 北京气象学会:124-137.

张洁,2014. 一种复杂系统定性模型描述方法[J]. 电子科技,27(4):34-40.

张晶,2016. 产业生态系统定性与定量研究综述[J]. 生态经济,32(12):65-68.

张静,唐元,2017. 论古代自然灾害诗歌中对人与自然关系的清醒认识[J]. 农业考古,4:111-115.

张楷时,焦文海,李建文,2018. 北斗三号MEO组网卫星数据质量评估[J]. 测绘科学技术学报,35(3):265-269.

张雷,任国玉,任玉玉,2015. 单次极端高温过程中城市热岛效应的识别[J]. 气候与环境研究,20(2):167-176.

张萍萍,张宁,董良鹏,等,2017. 三峡谷地三类突发性中尺度暴雨概念模型研究[J]. 干旱气象,35(6):1027-1035.

张倩,2016. 从中西方传统思维方式差异探究中西哲学融通之路[J]. 商,16:153.

张蔷,郭恩铭,何晖,等,2011. 人影试验研究和应用[M]. 北京:气象出版社:5-15,30,116-121,174-191,327-383.

张蔷,刘建忠,何晖,2008. 北京2008年奥运会开、闭幕式人工消、减雨气象保障服务[C]//中国气象学会. 第十五届全国云降水与人工影响天气科学会议论文集(Ⅰ). 北京:气象出版社:168-170.

张仁宗,姜雅凡,2017. 自动能见度和人工能见度差异分析及观测数据的处理[J]. 林业勘查设计,181:59-60.

张舒阳,王昊,2016. 德军兵棋推演的实践特色分析[J]. 山东理工大学学报(社会科学版),32(4):107-110

张思维,2016. 信息产品定价策略研究[J]. 全国商情,1:11-13.

张钛仁,宋善允,田翠英,等,2011. 行业气象服务效益评估方法及其研究[J]. 气象科学,31(2):194-199.

张文明,张孝德,2018. 生态资源资本化:——一个框架性阐述[J]. 改革,298(12):182-191.

张曦,吴诚鸥,吴香华,2008. 基于多项式典型相关方法选择长江下游降雨量预报因子[J]. 安徽农业科学,36(21):8869,8909.

张邢,2013. 对流云盐粉催化数值模拟研究[D]. 北京:中国气象科学研究院.

张旭晖,朱海涛,杨洪建,等,2016. 江苏渍涝灾害影响程度评估[J]. 江苏农业科学,44(9):407-411.

张垲姣,吴涯,2017. 借力新媒体,传承中华民族精神与时代精神[J]. 人民论坛,23:134-135.

张泽中，黄强，齐青青，等，2007. 云水资源及其计算方法. 水利学报，10(增刊)：428-431.

章勇，2019. 杭州湾跨海大桥社会效益分析[J]. 黑龙江交通科技，3：77-79.

赵冲，2018. 国网湖北电力构建"3＋1"安全管理体系[J]. 大众用电，11：38.

赵东升，郭彩赟，郑度，等，2019. 生态承载力研究进展. 生态学报，39(2)：1-12.

赵姝慧，秦鑫，李帅彬，等，2012. 新一代天气雷达常用产品在我国人影工作中的应用[J]. 地球科学进展，27(6)：694-702.

赵婷婷，2016. 达尔文进化论理论核心分析[J]. 生物学教学，41(6)：9-10.

赵映慧，郭晶鹏，毛克彪，2017. 1949-2015 年中国典型自然灾害及粮食灾损特征[J]. 地理学报，72(7)：1261-1276.

赵志春，李艳，2019. 十三五重点发展八大行业高端装备步入政策红利期[J]. 四川工程职业技术学院学报，4：24.

甄熙，宋海清，郑凤杰，等，2018. 农业气象灾害风险评估研究进展[J]. 北方农业学报，46(4)：101-104.

郑德胜，1999. 人工消雨不是梦[J]. 大会科技，2：6.

郑来春，胡维，2012. 自然规律与社会规律关系新论[J]. 三峡论坛，1：121-124.

郑志国，2016. 全球化视域中的人类社会发展规[J]. 岭南学刊，6：5-22.

中共中央马恩列斯著作编译局，1995. 马克思恩格斯选集(第四卷)[M]. 北京：人民出版社：349.

中共中央马恩列斯著作编译局，2009. 马克思恩格斯文集(第 1 卷)[M]. 北京：人民出版社：519.

中共中央宣传部，2016. 习近平总书记系列重要讲话读本(2016 年版)[M]. 北京：学习出版社、人民出版社：230-231.

中国气象局，2003. 地面气象观测规范[M]. 北京：气象出版社.

中国气象局，2017. 综合气象观测业务发展规划(2016-2020 年).

钟海燕，李玲，麦雄发，等，2018. 基于随机森林的短时临近降雨预报方法[J]. 广西师范学院学报(自然科学版)，35(4)：73-77.

仲凌志，陈林，杨蓉芳，等，2018. 基于星载测雨雷达 2004-2014 年观测的川渝地区降水垂直结构的气候特征[J]. 气象学报，76(2)：213-227.

周蓓，2017. 近代黄河治理科学化考略[J]. 寻根，2：38-44.

周德平，宫福久，张淑杰，等，2005. 辽宁云水资源分布特征及开发潜力分析[J]. 自然资源学报，20(5)：644-651.

周迪，周丰年，钟绍军，2018. 我国人均水资源量分布的俱乐部趋同研究——基于扩展的马尔科夫链模型[J]. 干旱区地理，41(4)：867-873.

周刚，1994. 湘中丘陵小集水区生态效益观测体系的设计[J]. 湖南林业科技，21(4)：56-62.

周健，2014. 兵棋推演相关概念辨析[J]. 中国科技术语，4：47-49.

周恺越，2018. 基于深度学习的股票预测方法的研究与实现[D]. 北京：北京邮电大学.

周堃，王奎，张世燕，2017. 自然环境试验与观测体系化发展综述[C]//首届兵器工程大会论文集. 重庆：兵器装备工程学报编辑部：650-653.

周伶俐，徐桂荣，吴栋桥，等，2018. 激光云高仪和红外测温仪的云高观测性能比较分析[J]. 暴雨灾害，37(5)：470-478.

周文琳，2017. 从科技发展看人与自然关系的演变[J]. 文化创新比较研究，36：7-8.

周毓荃，2004. 河南层状云系多尺度结构和人工增雨条件的研究[D]. 南京：南京气象学院.

朱朝阳，2015. 重点工程的质量监督方式探讨[J]. 工程质量，33(11)：161-163.

朱海涛，张旭晖，王欣欣，等，2017. 河蟹养殖闷热天气指数[J]. 江苏农业科学，45(7)：159-164.

朱平，2015. 我国高等教育第三方评估结论应用研究[J]. 学理论，4：106-108.

朱小谦，张卫民，宋君强，2003. 中尺度数值天气预报模式 MMS 分布式并行计算[J]. 国防科技大学学报，25(2)：56-59.

朱新鹏,2014. 陕西省富硒大米地方标准制订的思考[J]. 陕西农业科学,60(09):85-87.

朱永娇,刘洪刚,2007. 基于定性模型和定量知识集成的智能故障诊断方法研究[J]. 科学技术与工程,7(13):3107-3110

左扬,丁潘,2018. 基于目标管理的商业银行绩效考核研究——以交通银行GY分行对公条线为例[J]. 经贸实践,10:26-27.

Baue P, Thorpe A, Burnet G, 2015. The quiet revolution of numerical weather prediction[J]. Nature, 525(7567):47-55.

Cao Q, Hong Y, Qi Y C, et al, 2013. Emprical conversion vertical profile of reflectivity(VPR) from Ku-band to s-band frequency[J]. J Geophys Res Atmos, 118(4):1814-1825.

Defelice T P, Golden J, Griffith D, et al, 2014. Extra area effects of cloud seeding-an updated assessment[J]. Atmos Res, 135-136, 193-203.

Kontturi V, Turune P, Uozumi J, et al, 2009. Robust sen-sor for turbidity measurement from light scattering and ab-sorbing liquids[J]. Optics Letters, 34(23):3743-3745.

Kuznets S, 1955. Economic Growth and Income Inequality[J]. The American Economic Review, 45(1):22-25.

Langmuir L, 1950. Control of precipitation from cumulus clouds by various seeding techniques[J]. Science, 112(2898):35-41.

Lin J T, Mcelroy M B, 2010. Impacts of boundary layer mixing on pollutant vertical profiles in the lower troposphere: Implications to satellite remote sensing[J]. Atmospheric Environment, 44(14):1726-1739.

Maroti M, Simon G, Kuay B, et al, 2004. The flooding time synchronization protocol [C]. Proc. 2nd Int. Conference Em-bed. Network Sensor System, 39-49.

Shang S, Shang Z T, Yu J, et al, 2018. Impacts of Climate Change on Fusarium Head Blight in Winter Wheat [J]. Fresenius Environmental Bulletin, 27(6):3906-3913

Shang T, 2011. Effects of Rainfall on Water Quality of Aquacuture along the Coastal Areas of Jiangsu Province and Countermeasures[J]. Meteorological and Environmental Research, Vol2(10):68-73.

Shang Z T, Cheng L, Yu Q P, et al, 2012. Changing Characteristics on Dust Storm in Jiangsu[J]. Open Journal of Air Pollution, 1:67-73.

Shang Z T, Lu Z T, Shang S, et al, 2016. Effects of Relative Climate Changes on the Growth Period of Winter Wheat in Jiangsu Province China[J]. Romanian Agricultural Research, 33:1-10.

Sutou S, 2012. Hairless mutation: a driving force of humanization from a human - ape common ancestor by enforcing upright walking while holding a baby with both hands[J]. Genes to Cells, 17(4):264-272.

Tzivion, S, Tamir R, et al, 1994. Numerical Simulation of Hygroscopic seeding in a Convective Cloud[J]. J. Appl. Meteor, 33:252-267.

Wen Y X, Cao Q, Kirstetter P, et al, 2013. Incorporating NASA space-borne radar data into NOAA National Mosaic QPE system for improved precipitation measurement: A physically based VPR identification and method[J]. J Hydrometeor, 14(4):1293-1307.

Zebiak S E, Cane M A, 1987. A model El Nio-Southern Oscillation[J]. Mon Wea Rev, 115:2262-2278.

附　录

附录1　南京青奥会人工影响天气作业试验工作计划

序号	日期	工　作　内　容	备注
筹　备　阶　段			
1	5月20日前	制定方案，筹备召开第一次协调会议	江苏省气象局、南京市气象局
2	5月下旬	第一次协调会议，审定实施方案，落实成员单位、明确职责、任务	协调小组
3	6月上旬	各执行小组研究制定具体保障方案	各执行小组
演　练　实　战　阶　段			
4	6月上旬	制定人影作业试验火箭、飞机作业方案及保障方案	各执行小组
5	6月中旬	落实地面火箭作业的作业点、装备、人员；对作业人员进行安全技术培训；对各作业单位进行安全业务检查	试验作业组、治安监管组
6	6月下旬	启动地面火箭演练试验，落实空域调配、地面安保工作运转情况及有关事宜	各执行小组
7	7月中旬	1 协调并落实机场、飞机、人员，做好前期进驻准备 2 落实进场物资、后勤保障等有关事宜	试验作业组、空域保障组
8	7月下旬	调机、飞机作业人员、物资进场	试验作业组、空域保障组
9	7月下旬—8月上旬	设备安装、调试，启动消(减)雨试验，飞机择机开展消(减)雨实战演练试验	各执行小组
10	8月初	第二次协调会议，战前动员大会	协调小组各成员单位、各执行小组
11	8月16日—28日	人工影响天气实战保障	各成员单位、各执行小组
总　结　阶　段			
12	9月上旬	第三次协调会议 总结工作	协调小组各成员单位、各执行小组

附录2　2014年南京青奥会人工影响天气试验观测实施方案

一、观测目的与内容

(一)观测目的

南京青奥会人影作业主要是通过飞机和地面作业达到消减降雨的目的，并针对飞机和地面作业的情况，对人影削减雨作业进行作业后的效果检验评估。考虑效果检验评估的需求，需要选择作业后的直接效果和间接效果进行观测：

(1)直接效果主要是人影作业前后云宏微观物理特征的变化。

(2)间接效果则是人影作业前后地面降水的变化特征,主要包括地面降水量、地面降水的雨滴谱特征变化、地面降水的化学组分变化、大气电场的变化、地面大气污染物的变化等。

(二)观测内容

针对以上的目的和效果检验内容,需要针对人工消雨作业进行联合观测,观测内容主要包括:

(1)作业前后云的宏微观物理特征、包括云体高度、云层厚度、云状、大气温度垂直分布;云滴相态。

(2)云滴谱变化特征,云内气溶胶粒子谱、CCN 等。

(3)作业前后的地面降水量空间分布、地面降水的雨滴谱空间分布、地面降水的化学组分变化、云内大气电场的变化特征。

二、观测仪器

观测仪器主要包括气象系统内已有设备、飞机机载设备、南京高校和安徽省局设备,其中已有设备为常规设备,飞机机载设备和南京高校设备为租用设备,作为临时观测时使用。

(一)气象系统内已有设备

地面自动气象站:江苏、安徽、浙江。

高空探测:南京、徐州、射阳、阜阳、安庆、上海、杭州。

多普勒天气雷达:合肥、南京、常州、泰州、淮安、铜陵。

风廓线雷达:南京、六合、高淳、芜湖、湖州。

闪电定位系统和大气电场仪:江苏及安徽(作业区内的),大气电场及雷电变化状况。

气象卫星:风云卫星,2D,2E;MTSAT 反演产品;极轨卫星。

GPS-MET;南京站微波辐射计、激光气溶胶雷达。

大气成分观测:南京气象局和环保局各个控点,六要素(PM_{10},$PM_{2.5}$,SO_2,NO_X,CO,O_3)。

雨滴谱仪 5 部:主要测量作业前后作业区内、下游或周边地区雨滴谱物理特征,南京市气象局 5 部(六合、浦口、江宁、高淳、溧水);南京信息工程大学 2 部;空气院:1+3 个;安徽省气象局人影办(四部):滁州、淮南、安庆、黄山。

降雨成分观测:主要观测人工增雨前后降雨的成分,碘化银等含量等分布,需要大量布点;考虑降水回波的主要发展方向,主要降水成分观测点布设在西部、南部和东南部。

(二)飞机机载设备

表 1 北京市气象局的“空中国王”350ER 型机载仪器探测参数

探头名称	测量范围	每通道间隔	主要探测内容
3V-CPI	25～1550 μm	9～11 μm	云中水滴\冰晶粒子的大小,形状以及含量
HVPS	150～19200 μm	150 μm	降水粒子谱
PCASP-100X	0.1～3 μm	最小 0.02 μm 最大 0.5 μm	气溶胶粒子、霾
FCDP	2～50 μm	2 μm	云滴粒子谱

续表

探头名称	测量范围	每通道间隔	主要探测内容
AIMMS－20	－40～50 ℃	T：0.3 ℃；RH：2.0％ 水平风 0.5 m/s， 垂直风 0.75 m/s	T，RH，P，WD，WS，CW，GPS
Goodrich Model 0871LM5	－54～54 ℃	0.5 mm±25％冰厚	飞机机身是否积冰，液水
Nevzorov LWC/ TWC Sensor	0.005～3 g/m^3	0.005 g/m^3	空中的液水和总水含量
GoodrichModel 102LJ2AG	－54～71 ℃		总温度
OAP-2D-GA2	25～1550 μm	25 μm	冰雪晶、大云滴
OAP-2D-GB2	150～9300 μm	150 μm	云和降水粒子
CCN（云凝结核计数器）	0.75～10 μm	不固定	气溶胶粒子、霾
King-LWC（热线含水量仪）	0 ～ 6 g/m^3		含水量
云雷达			

表 2　河北省人影中心的 PMS 机载粒子测量系统主要参量及安装位置

探头名称	测量范围	每通道间隔	主要探测内容
PCASP-100X（气溶胶粒子谱探头）	0.1～3 μm	最小 0.02 μm 最大 0.5 μm	气溶胶粒子、霾
FSSP-100-ER（前向散射谱量程扩展探头）	5～95 μm	6 μm	云滴、冰晶
	2～47 μm	3 μm	云滴、冰晶
	2～32 μm	2 μm	云滴
	1～16 μm	1 μm	霾
OAP-2D-GA2（二维灰度云粒子探头）	25～1550 μm	25 μm	冰雪晶、大云滴
OAP-2D-GB2（二维灰度雨粒子探头）	150～9300 μm	150 μm	云和降水粒子
CCN（云凝结核计数器）	0.75～10 μm	不固定	气溶胶粒子、霾
King-LWC（热线含水量仪）	0 ～ 6 g/m^3		含水量

（三）南京高校和安徽雷达

（C 波段 5 部，其中固定 2 部，移动 3 部；X 波段移动 1 部，云雷达移动 1 部）

安徽省气象局：两部可移动 C 波段双偏振多普勒雷达，探测范围 200 km。

南京大学(赵坤教授)：可移动 C 波段双偏振多普勒雷达，探测范围 200 km。

解放军理工大学空军气象学院：固定 C 波段雷达，探测范围 200 km。

南京信息工程大学：固定 C 波段雷达，探测范围 200 km。

南京信息工程大学：移动双偏振 X 波段雷达。

南京信息工程大学：移动云雷达，探测云物理特征，探测范围：垂直，布设在场馆或者南京市气象局，距离 3 km。

三、观测布局

(一)系统内已有设备

按照已有布设。

(二)飞机观测

按照飞机作业时的飞行路线及安排进行。

(三)雨滴谱仪

考虑系统内已有 5 部设备，在已有设备的基础上增加观测位置。其中，空气院和南信大各有一个固定点；另外还有三部雨滴谱仪需要布设。安排如下：

马鞍山气象局(西南方位)、和县气象局(西南方位)、全椒气象局(偏西方位)、南京市气象局(江心洲)、仪征市气象局(东北方位)。

(四)南京高校和安徽省雷达布设地点

安徽省气象局两部雷达分别布设在肥东气象局和滁州气象局(80 km)，南大雷达布设在和县(50 km)，空气院雷达固定在溧水乌王山(50 km)，南信大 X 波段雷达布设在句容气象局(50 km)，南信大校园内固定雷达(20 km)，南信大云雷达布设在浦口区或者南京市气象局(江心洲)。

表 3 雷达安装位置

西南方向	
安徽 C1	肥东
安徽 C2	滁州
南大 C	和县
南信大 X	句容
南信大 C	固定/南京信息工程大学
南信大云雷达	江浦/江心洲
空气院 C	固定/溧水

四、观测方法和时间

（一）系统内已有设备按照常规观测进行

表4　具体观测要求

观测设备	观测要素	时间分辨率	范围	时间段
地面自动气象站	气温、气压、风向、风速、雨量、RH	10分钟	南京及周边地区	2014年8月9—30日人影作业（试验）期间
高空探测雷达	高空探测：气温、气压、风向、风速、雨量、RH	每天4次 02时，08时，14时，20时	南京及周边地区	
多普勒天气雷达	基本反射率、组合反射率、回波顶高、垂直风廓线、垂直积分液态水含量	6分钟	合肥、南京、常州、泰州、淮安、铜陵	
移动风廓线雷达	垂直风	10分钟	南京、六合、高淳、芜湖、湖州	
移动气象站	气温、气压、风向、风速、雨量、RH	10分钟	南京周边	
闪电定位系统和大气电场仪	闪电强度、经纬度等	10分钟	南京周边	
气象卫星：风云卫星，2D，2E；MTSAT反演产品；极轨卫星	红外、分裂窗、中红外、水汽、可见光	逐小时	南京周边	
GPS-MET；	水汽含量	逐小时	南京周边	
南京站微波辐射计、激光气溶胶雷达；雨滴谱仪	高空探测：气温、气压、风向、风速、雨量、RH	10分钟	南京	
大气成分观测（主要依托南京气象局和环保局）	PM_{10}，$PM_{2.5}$，SO_2，NO_X，CO，O_3	逐小时	南京和环保局	
雨滴谱仪	雨滴谱，雨强	10分钟 （需要统一）	六合、浦口、江宁、高淳、溧水	

（二）飞机观测

按照飞机作业时的飞行路线及安排进行；资料主要为飞机作业期间各类仪器观测资料。

作业前的探飞观测、作业期间观测、作业后返航期观测。

（三）雨滴谱仪

尽快按照架设地点将设备架设完毕，仪器有过程时统一开启，自动观测。

（四）南京高校和安徽省雷达

资料牵头人，雨滴谱时间分辨率，1分钟，30秒，一个数据，观测仪器的时间要校准。

根据天气过程和系统发展来决定观测时间。

五、观测资料采集、传输和保存

自有资料由信息中心提供；增加的任务，信息中心资料提供。

飞机观测资料由三个协作单位（北京气象局、河北气象局、安徽省气象局）提供，王佳协调每一类观测资料的收集。

雨滴谱资料（包括系统内）由空气院、南信大安徽省局提供。

雷达资料，由安徽省气象局、南京大学、南京信息工程大学、空军气象学院实时传输。

六、任务完成单位

安徽省负责飞机作业、两部雷达和四部雨滴谱仪。

南京大学负责一部雷达。

南京信息工程大学负责C波段\X波段、云雷达，酸雨观测和雨滴谱观测。

空气院负责C波段雷达、雨滴谱观测资料。

附录3 2014年8月11—17日南京青奥会人工影响天气作业实施方案

一、飞机方案

(一)飞机11—13日进行实际作业试验

1. 具体起飞时间由指挥部决定后通知飞机作业组。

2. 飞机组负责按指挥部安排的时间和航线组织具体作业试验。

3. 各项准备工作由飞机作业组组织。

(二)飞机16日进行实际作业试验

1. 预报和实时雷达观测分析，没有降水的情况下

(1)飞机组16日13时起飞"空中国王"飞机，飞越10个区域，进行空中作业条件观测。

(2)飞机组16日17时起飞运七，飞越10个区域，进行空中观测作业，对暖云单体进行消除。

2. 预报和实时雷达观测分析有降水的情况下

(1)飞机组16日12时起飞进行连续作业试验，顺序："空中国王"飞机、夏延Ⅲ、运七。

(2)后一架次执行对前架次作业效果观测(仪器观测物理数据和摄像视频)。

(3)具体确切起飞时间和作业区域由飞机组根据指挥部命令临时决定。

二、火箭方案

(一)火箭11—13日进行实际作业试验

1. 准备

(1)江苏火箭弹由溧水和六合区气象局负责仓库管理和发放，负责人为县气象局局长。发放凭证为各作业组组长本人身份证和省人影办的专门工作证。发放数量依据省人影办制作的分配数量表。

(2)11日上午，所有作业和指挥车辆到指定火箭弹领取地点(具体见作业指挥图背面)领取4箱火箭弹到作业点所在县气象局待命(具体地点由当地气象局确定)。

(3)车辆必配物品：除作业设备外(含备份)，车辆所有证件(特别是人影专用通行证)，作业指挥图，笔记本电脑和无线网卡、指南针、定位仪、导航仪、电筒、警戒线、捆扎带、帐篷、防雨布等。

(4)人员必配物品：身份证、专用工作证、防静电雨鞋、雨衣、安全头盔、防暑食品和药物、防蚊虫药物。

(5)安徽的准备工作由安徽省人影办根据实际情况另行安排。

2. 实际作业

(1)12—13日根据指挥部的统一布置，所有作业车辆在规定的时间之前到指定作业点

待命。

(2)按指挥部的命令(命令下达和执行程序见作业指挥图)进行作业,具体发射诸元由指挥部临时下达。

(3)到点后要进一步熟悉周边状况,研判作业隐患,作业方位避开集镇、厂区、居民区等人员密集方向,采取必要的作业安全保障措施,按规程作业。

(4)作业试验完成后在作业点所在县休息,准备 16 号的作业试验。

(二)火箭 16 日进行实际作业试验

1. 所有作业组于 15 日到火箭弹原指定领取地点领取 4 箱火箭弹(需要调整数量的,14 日另外通知)运输到作业点所在县气象局的临时存放点存放。

2. 所有作业组于 16 日 13 时之前携带所有临时存放的火箭弹(一般为 8 箱)和作业设备到指定的作业点。

3. 所有作业组 15 时之前完成所有作业准备,等待作业命令。

4. 按指挥部的命令(命令下达和执行程序见作业指挥图)进行作业,具体发射诸元由指挥部临时下达。

5. 按指挥部命令组织好撤离,16 日晚在原作业点所在县休息。17 日将剩余火箭弹上交原领取库后,返回原单位。

三、其他事项

1. 作业准备工作请各市人影办进行细化,根据安全、高效的原则做好各项准备工作。

2. 作业点所在气象局要及时向当地政府汇报情况,请政府协调各部门做好安全保障工作。

3. 作业组所携带的火箭弹由作业点所在县气象局局长和作业组组长负责安全责任,要协调当地公安部门,科学安排、确保运输过程和临时存放安全。

4. 作业点的现场安全由作业点所在县气象局协调当地公安部门维持。

5. 突发事件应急处置(上报流程见作业指挥图),由作业点所在县气象局局长向当地政府分管领导汇报,由政府组织公安、气象等相关部门处置。

6. 作业点所在县气象局要在每个作业点准备 2 块警示牌,放置作业现场醒目位置。按指挥部通知,发布作业公告,晚间电视天气预报增加字幕、电台天气预报后增加提醒,内容“明天本区域将进行人工影响天气作业试验,公告单位:XX 县(区)气象局”。

7. 所有参加作业人员手机一定要注意及时充电,保持 24 小时畅通。

8. 火箭作业组(江苏作业队伍)要制作向临近作业点移动增援方案(主要是制作移动线路图,尤其要规划导航线路),按指挥部的紧急增援命令支援就近作业点,到达后由被支援作业点负责人统一指挥。

9. 空域、机场由指挥部统一申请,各作业点只负责按要求发射。指挥部命令下达到所有人员,各领队和分区负责人主要是督查责任区作业点的执行情况,科学安排实际发射工作等。

10. 本次人工影响天气作业试验行动属秘密级,所有人员必须按保密法的要求做好保密工作,不得外传相关信息。所有资料不得扩散和它用,结束后主动销毁。谢绝一切采访,相关宣传工作由青奥气象服务中心宣传部负责。作业指挥图由使用者负责保存,任务完成后收回。因个人问题引起的泄密事件,一切责任由当事人承担。

11. 未尽事项另行通知。

四、相关文本格式

(一)火箭弹领取文本

领取时间	序号	作业点编号	组长姓名	车牌号	火箭弹数量(枚)	火箭弹编号	领取人签名	发放人签名
	1	101						
	2	102						

(二)火箭弹上交入库文本

上交时间	序号	作业点编号	组长姓名	车牌号	火箭弹数量(枚)	火箭弹编号	上交人签名	验收人签名
	1	101						
	2	102						

(三)飞机命令格式

1. 作业命令

作业区域	作业时间	飞机
×	×时×分到×分	型号

2. 完成回令

作业区域	作业时间	飞机
×	×时×分到×分	型号

(四)火箭命令格式

1. 火箭作业下达命令

作业点	应答机	作业时间	射元(高度、方向)	发射数量
m	通讯 1、2、3、4	×时×分到×分	高 y 度,方位 y 度	z 发

2. 火箭作业应答命令

应答机(拔回电话)	作业点	作业时间	射元(高度、方向)	发射数量
通讯 1、2、3、4	m	×时×分到×分	高 y 度,方位 y 度	z 发

3. 火箭作业完成命令

应答机（拔回电话）	作业点	作业时间	射元（高度、方向）	实际发射数量
通讯 1、2、3、4	m	×时×分到×分	高 y 度，方位 y 度	z 发

4. 火箭增援命令

移动点	到达点	应答机（拔回电话）
m	m 移到 n	通讯 1、2、3、4

5. 火箭增援应答命令

应答机（拔回电话）	移动点	到达点
通讯 1、2、3、4	m	m 移到 n

附录 4　2014 年南京青奥会人工影响天气试验应急预案

1　编制目的

为保证 2014 年南京青奥会期间人工影响天气试验应急工作高效、有序进行，建立规范的应急流程，形成反应快速、科学作业、高效安全的应对机制和技术措施，提高应急能力，最大限度地减轻或者避免由此造成的人员伤亡、财产损失，按照组委会的统一部署和要求，结合实际，制定本预案。

2　工作原则

2.1　以人为本、健全机制

将保障人民群众的生命财产安全作为人影应急工作的出发点和落脚点，最大限度地减轻突发事件造成的人员伤亡和危害。发挥人影作业分队在人影应急救援工作中的突击队作用，依靠和发挥天气预报、空域管制部门的重要作用，建立、健全突发事件人影应急工作机制。

2.2　自下而上、分级管理

青奥期间人工影响天气应急工作在青奥组委会的统一领导下，由人影指挥中心组织具体负责。预案的实施采取自下而上，逐级启动的原则，重大、特别重大的突发事件人工影响天气应急工作由组委会统一指挥和协调，较大和一般的突发事件人影指挥中心统一指挥和协调。

2.3　依法规范、资源共享

坚持做到依法行政，依法办事，依法决策，依法规范。充分利用现有资源，实现资源共享，保障突发事件人工影响天气应急处置流程通道通畅，提高应急处置能力。

3　编制依据

3.1　国家法律

《中华人民共和国气象法》《中华人民共和国环境保护法》《中华人民共和国突发事件应对法》等。

3.2　行政法规

《人工影响天气管理条例》等。

3.3　地方性法规

《江苏省气象条例》等。

3.4　部委规章

《中国气象局重大气象灾害预警应急预案》《气象资料共享管理办法》《气象信息刊播管理办法》等。

3.5　有关文件

《中华人民共和国突发公共事件总体应急预案》《江苏省人民政府突发公共事件应急预案》《突发气象灾害预警信号发布试行办法》《江苏省气象灾害应急预案》《江苏省人工影响天气火箭作业事故处理预案》等。

4　适用范围

人工影响天气试验有时会引发公共安全事件，影响试验进程。如火箭发射事故、作业车辆事故、火箭弹储运事故、飞行事故、空域突发事件等，但不包括已经包含在常规业务处置流程中的飞行计划失败、哑弹、空域应急调整、作业装备失效等情况，此类情况直接按照业务处置方案及时处置，但需要在事后及时报告。

2014年南京青奥会期间及计划的演练过程，凡在“青奥会人工影响天气试验方案”指定的江苏省及安徽省相关行政区域范围内发生的以上人影突发事件，适用于本预案。

5　组织机构及职责

5.1　应急指挥机构组成

人影试验应急处置由青奥会气象服务领导小组应急保障部统一管理，试验期间的应急处置工作由人影指挥中心直接承担，指挥中心指挥长（或指定专人）承担应急指挥任务。

5.2　职责任务

研究确定青奥期间突发事件人工影响天气应急工作重大决策和工作意见；提出突发事件人工影响天气应急预案的启动和终止的建议；组织指挥重大、特别重大突发事件人工影响天气的应急工作；指导人影工作部及相关机构开展事发地的现场应急工作。

6　预防机制

各工作组、作业队伍及具体责任人员应当高度重视人影作业的安全问题，严格检查存储、运输、移动和作业过程中各环节的各种隐患，做好飞机、车辆、装备、弹药的安全检查，尽最大可能做好预防工作，严禁相关装备带病工作。

7　应急响应

7.1　分级响应程序

（1）按突发事件的严重性和影响程度及范围，对于突发事件应急启动级别设定为Ⅳ级、Ⅲ级、Ⅱ级、Ⅰ级四个响应等级。

（2）Ⅳ级响应。一般性的事件，如车辆轻微碰擦、未失控的弹药意外散落等情况，但不影响正常人影试验工作继续进行的，由当事人按照正常渠道解决，并及时报告指挥中心。

（3）Ⅲ级响应。发生不能当场处理的交通事故、火箭弹散落且不能有效控制、现场围观无法驱散等影响正常人影试验工作继续进行的，且没有发生人员伤亡、财产严重损失的，当事人应立即逐级上报，治安监管组负责尽快协调相关部门处理，保证人影试验工作优先顺利进行。

（4）Ⅱ级响应。发生火箭发射事故、作业车辆严重事故、弹药存储意外事件、一般飞行事故等事件，造成人员伤亡、财产重大损失，但没有后续更大的潜在影响时，当事人应立即逐级上报，必要时指挥中心安排专人现场指挥，治安监管组负责尽快协调相关部门处理，调查人员伤亡和损失情况，排除后续潜在影响，在可能的情况下尽可能使人影试验工作可以继续进行。及时调查事故责任，安排赔偿等事宜，做好相关善后工作。

(5)Ⅰ级响应。发生严重发射事故、弹药处于严重危险状态、严重飞行事故、严重空域安全事件等，且存在严重的潜在影响时，当事人应立即逐级上报，立即停止所有人影试验工作(飞机或者地面火箭)，指挥中心应安排专人现场指挥，治安监管组负责尽快协调相关部门处理，调查人员伤亡和损失情况，尽快排除后续潜在影响。及时调查事故责任，安排赔偿等事宜，做好相关善后工作。

(6)发生Ⅰ和Ⅱ级应急响应的，指挥中心应及时将有关情况向相关部门通报，按照新闻发布规则，及时向社会公布，降低社会恐慌程度。

(7)准确记录、记载应急事件的发生时间、当时人、事发过程、初步原因，事后认真分析原因，追究相关责任。

7.2　应急结束

突发事件应急处置工作完成后，由指挥中心宣布应急状态结束。

8　附则

8.1　预案管理

本预案是指导2014年南京青奥会期间及演练过程人工影响天气突发事件应急处理工作的基本框架。

8.2　解释

本预案由2014年南京青奥会气象服务中心人影部负责解释。

8.3　本预案自2014年5月10日起实施，至青奥会人影保障工作结束止。

附录5　第二届夏季青年奥林匹克运动会人工影响天气作业试验演练方案

南京青奥会气象服务中心人影部

(2014年5月20日)

1　演练目的

为科学、安全、有效地实施青奥会人工影响天气作业试验，进一步锻炼队伍、查找问题、完善流程、提高能力，更好地做好人工影响天气作业试验的各项准备工作，试验指挥中心决定开展飞机、地面火箭作业演练。

2　演练规模

以青奥会人工影响天气作业试验方案为基础，按照计划的时间顺序完整演练一号、二号、三号指令发布和执行流程，磨合各组工作机制。7月26日，各工作组及全体火箭作业人员参与演练；8月12日机组抵达南京后，结合开幕式彩排，进行全员演练；桌面推演则可以模拟一个天气过程，各工作组、火箭作业队长及机组负责人参加演练。

3　演练内容

演练主要检查作业飞机、火箭作业装备状况；检验各单位对火箭作业指令的响应情况；检验通信畅通情况，指令是否能迅速到达作业点，接到命令后完成动作的熟练程度；检验飞机和火箭消(减)雨指挥、作业流程;检验空域审批以及试验协调等方面的情况;完成针对一次积云降水过程的消(减)雨作业试验,确定人工影响天气作业试验指标;检验人工影响天气作业试验效果;进一步完善人工影响天气作业试验方案,查找存在的问题,并做好整改。演练程序和具体内容完全按照正式试验流程安排,并穿插应急事件处置演练任务,其中协调演练主要是演练各部门协调沟通和指令下达通道相关内容,桌面推演主要是演练相关参加人员对包括应急处置在内的全部试验过程的模拟进行;演练前制定演练计划,严格按照开幕式作业试验工作流程进行演练;演练结束后各组提交演练工作总结,重点梳理流程中存在的问题,用于完善作业试验方案,改进作业指挥流程。对于真实降水的消雨演练结果进行效果评估分析,改进作业指导指标体系。

4　演练时间

初步定于2014年6月下旬开展多部门协调演练,主要任务是模拟协调沟通流程,指令下达通道;7—8月初开展多部门试验全流程桌面推演和实际演练各1次,解决作业工具的配合、作业指挥、通信、安全保障等问题。如准备阶段天气条件始终不具备进行实际作业演练条件,则增加进行桌面推演1次。

演练期间,包括各组主要工作人员、计划内各火箭作业点小组长、飞机机组(含飞机人影作业人员)、参加作业演练的火箭发射操作人员均安排时间集结到南京市气象局接受一次培训,培训内容包括人工消(减)雨理论和技术方法、人工消(减)雨通信技术、安全射界图使用技术、火箭作业预设阵地实地勘察培训和作业操作技术(现场培训)。其他火箭作业操作人员在第一次全体集中到集中点时,安排进行相关作业操作技术培训。所有参加演练和消(减)雨试验的人员和作业装置,在实施演练和首次作业前,制定详细演练方案(模板见附件3),统一安排进行装备安全检测,确保作业系统在作业期间无故障。

5　参演单位

南京市人民政府、青奥会组委会、南京军区空军司令部、江苏省气象局、江苏省军区、江苏省公安厅、民航江苏空管分局、南京市公安局、南京市气象局、江苏和安徽省人工影响天气办公室、江苏和安徽省相关各市气象局。

6　参演人员

南京军区空军司令部相关人员、地面机场有关人员、作业飞机机组人员、江苏和安徽省人工影响天办公室以及江苏和安徽省相关各市气象局相关人员、专家技术人员、指挥员、保障人员、飞机作业人员以及各火箭作业站点操作人员。

附件——演练脚本

1　桌面推演

模拟一次小到中雨天气过程,启动桌面推演程序,全流程检验综合协调、作业指挥、通信、后勤支持、安全保障等环节之间相互配合情况,解决演练过程中暴露出来的问题。

1.1　角色划分

参演人员原则扮演各自角色,各小组负责人及联络人员全员到岗,参与桌面推演。机组和地面作业小组组长可在原单位待命,接受模拟指令,进行模拟作业。

1.2　模拟作业

1.2.1　发布指令

1.2.1.1　进入48小时准备状态,监测预报组组织模拟专题天气会商,并提交人工消(减)雨作业的建议(台词:开幕式期间将有可能出现小到中雨天气,建议启动人工消减雨试验),提交指挥中心,指挥中心领导签发,下达三号令(台词:进入消减雨试验工作预准备状态,各小组按照各自职责开展预备工作)。

各小组进入工作预准备状态,监测预报组提出(模拟)加密观测指令,确定天气系统的可能来向。地面作业组确定参与演练所在象限的具体地面作业点,确定演练队伍分配,估算作业量。参加演练的各市作业队伍和装备向集中点集中。人影工作部组织已抵达专家和本地技术人员对参加演练人员进行技术培训。

各工作组报告工作情况:

综合协调组报告:指令已传达到各组,各组责任人均到位。

监测预报组报告:据最新资料分析,受高空浅槽影响,开幕式期间可能出现小到中雨天气;各监测系统工作正常。

技术支撑组报告:人工消减雨试验预指导产品制作完毕,作业方案调整完毕。

空域保障组报告:空域使用计划预排完毕。

试验作业组报告:作业装备及人员到达指定集中点集中,作业装备作业前安全检查完毕,发射系统正常。

机组进入准备状态,检查飞机、机上探测设备、催化系统工作正常。

治安监管组报告:巡查相关火箭作业点完毕,作业环境安全,火箭弹、催化剂运输车辆及人员安全。

1.2.1.2　进入24小时准备状态,监测预报组再次组织模拟专题天气会商,重新形成天气预报意见,并提交人工消(减)雨作业的建议(根据最新气象信息和云宏微观特征的变化趋势经过分析,与技术支撑组专家会商,进入作业准备状态),提交指挥中心,指挥中心领导签发,下达二号令(经协调小组批准,各工作组进入作业准备状态)。

各小组进入模拟工作准备状态,监测预报组实时跟踪天气变化,进一步确定天气系统的可能来向。地面作业组最后确定参与演练所在象限的具体地面作业点,再次确定演练队伍分配及作业量。参加演练的各市作业队伍和装备作好出发准备。

各工作组报告工作情况:

综合协调组:指令已传达到各组,各组责任人到位,对外宣传准备工作启动。

监测预报组报告:会商组织完毕,滚动预测监测报告发布。

技术支撑组报告:预指导产品制作完毕,初步飞机作业方案编写完毕,天气系统来向××,作业试验区为第×象限,重点保障时段为××时××分～××时××分。

空域保障组报告:人影试验空域计划安排完毕,火箭作业区域和时段实行临时净空管理。

试验作业组报告:(模拟与各作业队队长通话点名完毕)。各火箭作业小组最终确认完毕,火箭弹安全检查完毕。

机组安装催化剂,调试作业装备完毕,工作正常。作业用通信系统工作正常。

治安监管组报告:作业组需要的火箭弹、催化剂已运抵指定位置,火箭作业区进行作业安全通告已发布。

1.2.1.3　模拟作业状态,监测预报组随时关注天气条件变化,并提交人工消(减)雨作业的建议及人工影响天气试验预报产品,提交指挥中心,指挥中心领导下达一号令(台词:各工作组进入试验工作状态)。

1.2.2　各种具体指令

1.2.2.1　就位指令

试验作业组:组织作业装备在规定时间内抵达指定作业点,完成现场装备作业前检查。机组在规定时间内抵达起飞机场,检查催化剂和作业装备。检查作业用通信系统(地面人员手机、数据传输无线网络、空地通信系统等)及时通报准备情况。

1.2.2.2 飞机作业准备指令

技术支撑组:最终飞机试验作业方案提交。

空域保障组:飞机飞行计划已落实,飞机可以按时起飞。

试验作业组:机组及飞机作业人员做好作业相关各项准备,并报告指挥中心起飞进行试验准备情况,等待飞行计划批准。

1.2.2.3 火箭探空观测指令

空域保障组:批复火箭探空空域申请。

试验作业组:开展火箭探空观测,将观测数据传回指挥中心。

技术支撑组:根据火箭探空观测,提出是否需要调整、完善试验实施方案及参数。

1.2.2.4 火箭作业准备指令

技术支撑组:确定最终地面火箭试验实施方案及参数调整意见。

试验作业组:根据指挥中心意见,完成火箭作业点最后调整,完成现场其他所有准备工作。

1.2.2.5 飞机作业待命指令

技术支撑组:跟踪天气系统变化情况,及时下达飞机作业指令,通报具体作业位置。

空域保障组:保持与指挥中心沟通,及时协调飞机放飞。

试验作业组:机上待命,舱门关闭,随时准备起飞进行试验作业。

1.2.2.6 火箭作业待命指令

技术支撑组:跟踪天气系统变化情况,及时下达火箭作业指令,通报具体参数(包括需要进行试验的作业点、作业具体时间、方位、高度、仰角等)。

空域保障组:保持与指挥中心沟通,及时审批空域申报,天气系统复杂时,应保持火箭作业区持续净空条件,申报火箭作业空域。

试验作业组:作业点实时待命,及时关注天气系统变化,尽可能预判需作业的云系,及时调整发射方位、仰角,做好接收作业指令后最短时间内发射的准备。

1.2.2.7 飞机作业开始指令

技术支撑组:持续跟踪天气系统变化、作业效果反映等,根据需要及时向试验作业组提出调整作业方案建议。

空域保障组:保持与指挥中心沟通,根据需要协助完成必要的飞行计划调整。

试验作业组:如有具体实施方案变化,及时通报指挥中心、空域申报组和机组;飞机作业组(机组)开展作业,进行空(云)中观测,及时传输数据或者通报观测结果,根据指挥中心调整作业方案及飞行计划,听从空中管制及机长飞行建议。

1.2.2.8 火箭作业发射指令

技术支撑组:持续跟踪天气系统变化、作业效果反映等,根据具体情况提出需要安排后续批次作业等建议。

空域保障组:保持与指挥中心沟通,及时处理空域申报信息,保持火箭作业区持续净空条件。

试验作业组:确定具体进行作业的地面火箭作业队伍进行作业,根据需要安排后续作业任务;各作业点火箭作业组在规定的时间内完成发射任务,并及时报告发射结束及工作情况。现场火箭弹不足时及时向综合协调组反馈,向治安监管组提出补充火箭弹要求。

1.2.2.9　飞机作业终止指令

技术支撑组:因降水云系减弱消失,建议终止飞机作业。

试验作业组:终止飞机作业,通知空管中心提前返航,机场继续待命。

1.2.2.10　火箭作业终止指令

技术支撑组:由于空域占用,终止火箭作业,第一时间通知试验作业组。

空域保障组:保持与指挥中心沟通,及时处理空域申报信息,空域需要紧急停止空域使用时,应及时通知指挥中心。

试验作业组:根据指挥中心指令,地面火箭作业组应立即终止火箭作业,某批次火箭作业规定时间到,火箭作业应正常终止。火箭作业终止后,继续原地待命。

1.2.2.11　撤退指令

综合协调组:及时收集相关工作情况,组织宣传和上报材料。

技术支撑组:及时给出技术总结重点及关键技术问题,指导完成、上报技术总结等。

空域保障组:撤销空域使用计划。

试验作业组:及时汇总作业信息并按规定上报指挥中心和中国气象局,组织进行技术总结;有序进行火箭装备撤回工作,返回集中点,剩余火箭弹临时保存在集中点,作业装备进行简单检查并进行除湿等保管工作;飞机作业催化剂回收,作业装备安全检查,飞机进入停机区,机组返回集中点。

治安监管组:主动收集处理作业区域掉落火箭弹对民众的影响,次日安排集中点多余火箭弹运回仓库。

1.2.3　应急处置

1.2.3.1　火箭弹运输车事故

事故概要:一辆火箭弹运输车在安徽滁州境内发生交通事故,无人员伤亡,火箭弹散落,围观人员较多,现场混乱。

押运员:报告指挥中心,火箭弹运输车××××号(车牌号)在宁洛高速滁州段,S312 出口处侧翻,无人员伤亡,火箭弹散落,围观群众多,已拨打 110。

指挥中心:启动突发事件Ⅲ级响应,并向协调小组报告。

治安监管组:协调相关部门处理,保证人影试验工作优先顺利进行。

应急结束。

1.2.3.2　火箭弹残骸异常坠落事件

事故概要:综合协调组接地方政府报告,溧水区某作业点发射的一枚火箭弹降落伞缺失,火箭弹残骸击中一所民房,有人员受伤。

指挥中心:启动突发事件Ⅱ级响应,并向协调小组报告。请安全监管组立即派员会同当地政府、公安部门赶赴现场,尽快协调相关部门处理,调查人员伤亡和损失情况,排除后续潜在影响,并尽可能使人影试验工作可以继续进行。及时调查事故责任,安排赔偿等事宜,做好相关善后工作。

应急结束。

2　实兵演练

协调小组拟定于 7 月 26 日和 8 月 12 日进行 2 次全员实战演练,其中 8 月 12 日演练结合青奥开幕式彩排进行飞机、火箭协同消(减)雨试验演练。根据当时实际天气状况,按照演练方案全流程进行,通过实兵演练,对各工作组进行再一次磨合,检验实际作业试验方案的可行性,发现方案中存在的问题,尽量使开闭幕式消减雨试验作业万无一失。

2.1　演练定于7月26日16时开始，本脚本按此时间节点编制

（视当时天气由各职能组确定台词）

演练开始。

2.1.1　三号指令发布

2014年7月24日16时，监测预报组向指挥中心报告7月26日16—20时天气预报结果，建议启动消减雨试验作业演练。

指挥中心：总指挥发布三号指令，演练开始。

各小组进入工作预准备状态，监测预报组提出加密观测指令，确定天气系统的可能来向。地面作业组确定参与演练所在象限的具体地面作业点，确定演练队伍分配，估算作业量。参加演练的各市作业队伍和装备向集中点集中。人影工作部组织已抵达，专家和本地技术人员对参加演练人员进行技术培训。

各工作组职责：

综合协调组：确认指令传达到各组，确认各组责任人到位，组织跟踪采集相关试验影视图片资料。

监测预报组：及时组织会商，滚动发布预测监测报告。

技术支撑组：及时为监测预报组和作业试验组提供技术支撑。

空域保障组：预排空域使用计划，划出空域窗口。

作业试验组：根据试验区象限和事先选择的相关集中点，通知江苏、安徽的火箭架（车）及所有人员到指定集中点集中，并进行装备、随车物品检查。

作业试验组组织作业、指挥、安保人员进行安全教育、操作技能业务培训，并进行集中点到作业点车辆行进路线及作业点周边环境勘察，同时各作业组预先熟悉各自临时机动线路。

治安监管组：巡查相关火箭作业点，确认作业环境没有安全隐患，火箭弹、催化剂运输车辆及安全人员确认。

2.1.2　二号指令发布

2014年7月25日16时，监测预报组再次组织专题天气会商，重新形成天气预报意见，并提交人工消（减）雨作业的建议，提交指挥中心，指挥中心领导签发，下达二号令。

各小组进入工作准备状态，监测预报组实时跟踪天气变化，进一步确定天气系统的可能来向。地面作业组最后确定参与演练所在象限的具体地面作业点，再次确定演练队伍分配及作业量。参加演练的各市作业队伍和装备作好出发进点准备。

各工作组职责：

综合协调组：协调各组间工作，确保工作有序开展，组织跟踪采集相关试验影视图片资料。

监测预报组：及时组织会商，滚动发布预测监测报告。

技术支撑组：制作预指导产品，根据系统预测来向，进一步明确作业试验区范围和火箭作业点，完善飞机作业方案（航线、时间、时长、催化剂用量等），提出重点保障时段、天气系统来向，根据天气系统强度等特点提出具体实施方法调整意见。

空域保障组：安排人影试验空域计划，对火箭作业区域、飞机作业区及对应的时段实行临时净空管理。

试验作业组：根据最后确定的火箭作业点，组织分配安排火箭架小组，确认最终的作业小组长，并通报指挥中心及相关其他组，检查提前送达的火箭弹安全。机组安装催化剂，调试作业装备。检查作业用通信系统（地面人员手机、数据传输无线网络、空地通信系统等）。

治安监管组:将试验作业组需要的火箭弹、催化剂运抵指定位置,火箭作业区进行作业安全通告。

治安监管组:将试验作业组需要的火箭弹、催化剂运抵指定位置,火箭作业区发布作业安全通告。

2.1.3　一号指令发布

7月26日04时,根据监测预报组建议,青奥气象服务中心形成初步意见并上报指挥中心,指挥中心发布具体作业试验执行指令——一号指令,以就位指令开始,到撤退指令结束。

2.1.3.1　就位指令(26日06时)

试验作业组:组织作业队在规定时间内抵达指定作业点,完成现场装备作业前检查。检查作业用通信系统(地面人员手机、数据传输无线网络、空地通信系统等)。及时通报准备情况。

2.1.3.2　火箭作业准备指令(26日12时30分)

技术支撑组:确定最终地面火箭试验实施方案及参数调整意见。

试验作业组:根据指挥中心意见,完成火箭作业点最后调整,完成现场其他所有准备工作。

2.1.3.3　火箭作业待命指令(26日13时30分)

技术支撑组:跟踪天气系统变化情况,及时下达火箭作业指令,通报具体参数(包括需要进行试验的作业点、作业具体时间、方位、高度、仰角等)。

空域保障组:保持与指挥中心沟通,及时审批空域申报,天气系统复杂时,应保持火箭作业区持续净空条件,申报火箭作业空域。

试验作业组:作业点实时待命,及时关注天气系统变化,尽可能预判需作业的云系,及时调整发射方位、仰角,做好接收作业指令后最短时间内发射的准备。

2.1.3.4　火箭作业发射指令(26日14时或下一作业批次开始前)

技术支撑组:持续跟踪天气系统变化、作业效果反映等,根据具体情况提出需要安排后续批次作业等建议。

空域保障组:保持与指挥中心沟通,及时处理空域申报信息,天气系统复杂时,应保持火箭作业区持续净空条件。

试验作业组:根据需要确定具体进行作业的地面火箭作业队伍进行作业,根据需要安排后续作业任务;各作业点火箭作业组在规定的时间内完成发射任务,并及时报告发射结束及工作情况。现场火箭弹不足时及时向综合协调组反馈,向治安监管组提出补充火箭弹要求。

2.1.3.5　火箭作业终止指令

技术支撑组:当前批次火箭作业期间,根据天气系统条件、空域变化等原因及时需要终止火箭作业,第一时间通知试验作业组。

空域保障组:保持与指挥中心沟通,及时处理空域申报信息,空域需要紧急停止空域使用时,应及时通知指挥中心。

试验作业组:根据指挥中心指令,地面火箭作业组应立即终止火箭作业,某批次火箭作业规定时间到,火箭作业应正常终止。火箭作业终止后,继续原地待命。

2.1.3.6　撤退指令

综合协调组:及时收集相关工作情况,组织宣传和上报材料。

技术支撑组:及时给出技术总结重点及关键技术问题,指导完成、上报技术总结等。

空域保障组:撤销空域使用计划。

试验作业组:及时汇总作业信息并按规定上报指挥中心和中国气象局,组织进行技术总结;有序进行火箭装备撤回工作,返回集中点,剩余火箭弹临时保存在集中点,作业装备进行简单检查并进行除湿等保管工作。

治安监管组:主动收集处理作业区域掉落火箭弹对民众的影响,次日安排集中点多余火箭弹运回仓库。

2.1.4 应急处置

演练过程中按照应急处置预案正确处置实际发生的应急事件。

指挥中心随机模拟1～2个应急事件,演练实施流程的响应过程。

2.1.5 演练总结

除了对实际火箭演练进行技术总结外,人影工作部还需要编写演练工作总结,分析演练反映出的问题,提出在实施流程及相关技术工作中存在的问题和需要改进的建议,及时提交指挥中心。

指挥中心发布指令:演练结束。

2.2 演练定于8月12日20时(与彩排同步),本脚本按此时间节点编制,具体格式与2.1类同。

附录6 南京2014年青奥会飞机作业预案设计专报(第06期)

根据16日影响南京的天气系统和云系性质和结构的预报,主要考虑对南部影响云系进行人工催化作业,预设计作业方案如下。

1 催化方案

根据16日影响南京的天气系统和云系性质和结构的预报,主要考虑对南部影响云系进行人工催化作业,预案如下:

1.1 飞行航线方案

1.2 催化作业方案

1.2.1 作业范围

空域分区:飞机1区,飞机2区,飞机3区,飞机4区。

预计航程:1048.358 km。

预计航速:300 km/h。

预计时间:3.5 h。

1.2.2 作业时段

15:00—18:00。

1.2.3 作业高度

4000～7000 m。

1.2.4 催化方案

(1)飞机“空中国王”:15时起飞,采取冷云催化作业,催化剂类型:碘化银,作业高度:−7 ℃附近。

(2)飞机“夏延”:15时30分起飞,采取冷云催化作业,催化剂类型:碘化银,作业高度:−7 ℃附近。

(3)空中国王:16时起飞,采取暖云催化作业,催化剂类型:硅藻土,作业高度:2 ℃层以下。

1.3　预设飞行航线拐点坐标表

序号	东经(°)	北纬(°)	地名
1	117.44	32.9	蚌埠市
2	117.71	30.94	枞阳县
3	118.88	30.68	宁国市
4	118.9	30.83	宣州市
5	117.98	31.01	铜陵县
6	118	31.14	繁昌县
7	118.91	30.92	宣州市
8	118.93	31.05	宣州市
9	118.48	31.14	芜湖县
10	118.4	30.61	泾县
11	118.28	30.63	泾县
12	118.37	31.15	南陵县
13	118.26	31.17	繁昌县
14	118.17	30.69	泾县
15	118.07	30.7	青阳县
16	118.16	31.23	繁昌县
17	117.44	32.91	蚌埠市

2　探测方案

为深入了解影响南京的北部和南部云系的垂直结构和云中微物理特性，预定在上午和中午对南、北部云系进行多架次微物理探测飞行。预案如下：

2.1　探测航线方案预设

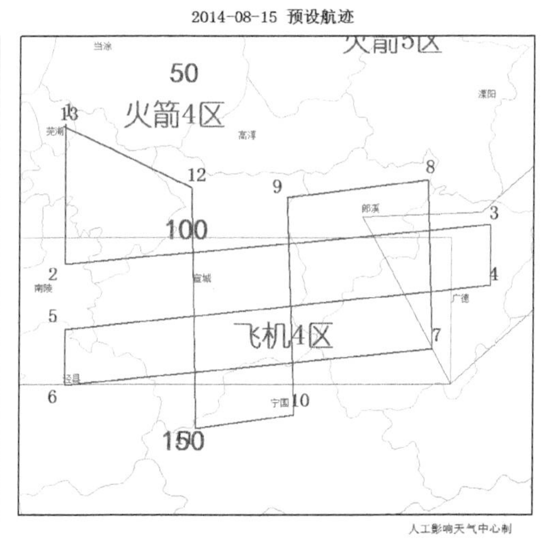

2.2　探测方案预设

2.2.1　探测范围

(1)飞机“空中国王”。空域分区：飞机 9 区，飞机 1 区，飞机 9 区；预计航程：530 km，预计航速:300 km/h;预计时间:1.8 小时。

(2)飞机“夏延”。空域分区:飞机 4 区,飞机 4 区,飞机 5 区,飞机 4 区;预计航程:650 km;预计航速:300 km/h;预计时间:2.5 小时。

2.2.2 探测时段

飞机“空中国王”:10:00—12:00,飞机“夏延”:11:00—13:30。

2.2.3 探测高度

4000～7000 m(5 ℃层、0℃层、−5 ℃层和−10 ℃层)。

2.3.4 飞行方式

垂直盘旋上升和下降,探测云垂直结构。在特性温度层平飞,探测云中过冷水和冰晶分布。

2.3 预设飞行航线拐点坐标表

(1)飞机“空中国王”

序号	东经(°)	北纬(°)	地名
1	117.44	32.92	蚌埠市
2	118.66	33.23	洪泽县
3	118.69	32.77	盱眙县
4	117.89	32.59	定远县
5	117.91	32.33	定远县
6	118.7	32.33	六合县
7	118.6	33.04	盱眙县
8	117.43	32.91	蚌埠市

(2)飞机“夏延”

序号	东经(°)	北纬(°)	地名
1	118.41	31.37	芜湖市
2	118.41	31	南陵县
3	119.52	31.1	广德县
4	119.52	30.94	广德县
5	118.41	30.83	泾县
6	118.41	30.68	泾县
7	119.37	30.78	广德县
8	119.35	31.22	郎溪县
9	118.99	31.17	宣州市
10	119.01	30.61	宁国市
11	118.75	30.57	宁国市
12	118.74	31.2	宣州市
13	118.41	31.36	芜湖市

值班员:王 佳 蔡 森　　联系电话:58065527　　签发:濮梅娟

附录 7　人影作业条件预报(2019 年第 4 期)

一、云系特征及演变分析

图 1 人影模式显示,3 月 19 日 20 时—20 日 08 时,受高空槽与西南急流的共同影响,江苏省大部分地区上空被云系覆盖,其中淮河以北地区云层较为深厚,过冷水主要位于江苏省北部地区。

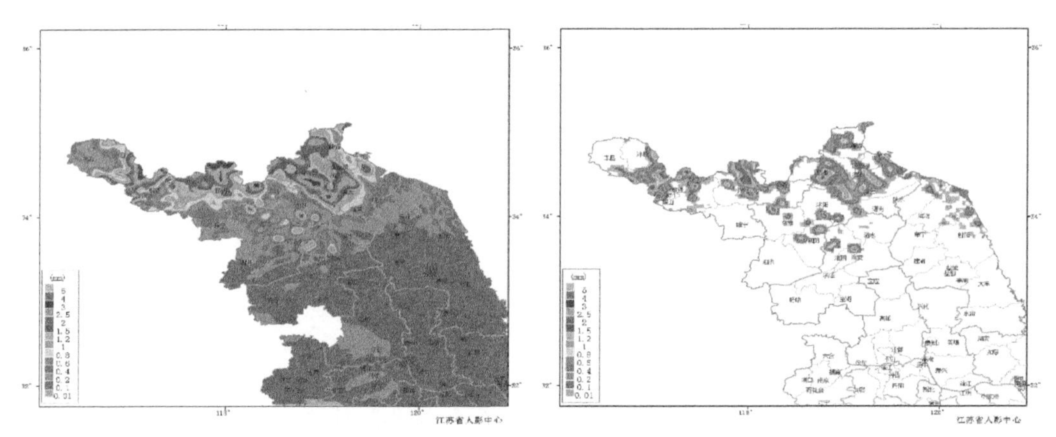

图 1　2019 年 3 月 20 日 03 时云带(左图)和累积过冷水(右图)分布

二、云垂直结构和作业条件分析

图 2 云体垂直结构显示,3 月 19 日 23 时—20 日 08 时,江苏省北部地区云顶高度 7～8 km,0 ℃层高度 4 km,江苏省北部上空的云系为冷暖混合云。其中过冷水含量丰富,最大含量达 0.7 g/kg,过冷层主导气流为偏西和西南气流,具有一定的增雨潜力。

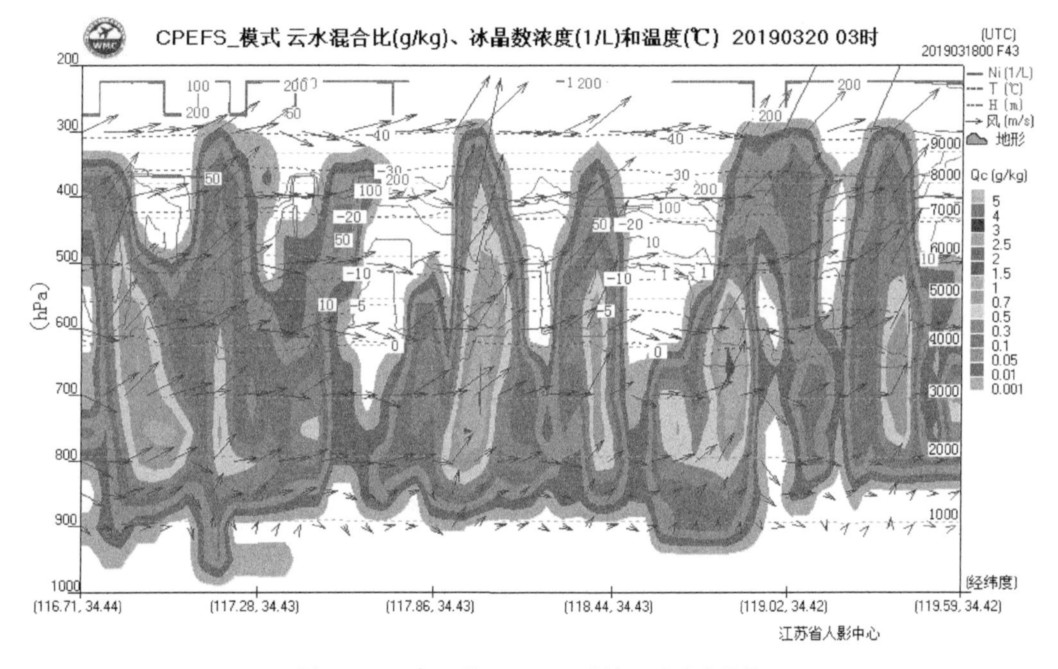

图 2　2019 年 3 月 20 日 03 时的云系垂直结构

三、作业区预报

综上分析，3 月 19 日 23 时—20 日 08 时，江苏省北部徐州、连云港、盐城、宿迁北部有增雨潜力，具体区域见图 3。

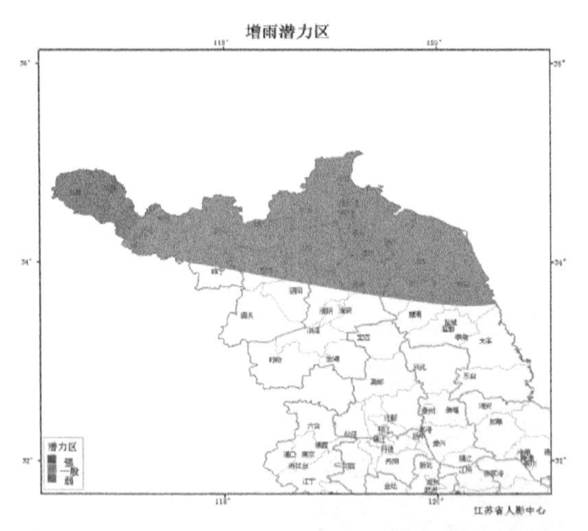

图 3　3 月 19 日 23 时—20 日 08 时增雨潜力区预报

四、作业建议

3 月 19 日 23 时—20 日 08 时，江苏省北部地区有人工增雨潜力，作业仰角应在 60 °。近两日江苏省北部地区空气质量较差，请各市局密切关注天气变化，抓住有利时机，制定人影作业方案，适时开展人工增雨作业。

值班员：吴奕霄　王　佳　　　联系电话：025-83287071　　　签发：周学东

正文所对应的彩图

图 1-2　气候变迁使古猿向人类发展(商兆堂 2017 年 11 月 30 日摄于中国北极阁气象博物馆,正文见第 9 页)

图 1-3　中国商代天气现象分类(商兆堂 2017 年 11 月 30 日摄于中国北极阁气象博物馆,正文见第 16 页)

图 1-4　古代房型与气候(商兆堂 2017 年 11 月 30 日摄于中国北极阁气象博物馆,正文见 21 页)

图 2-4　听琴测空气湿度(商兆堂 2017 年 11 月 30 日摄于中国北极阁气象博物馆,正文见 47 页)

图 2-5　日晷
（商兆堂 2017 年 11 月 30 日
摄于中国北极阁气象博物馆，
正文见 48 页）

图 2-6　称炭测量空气湿度
（商兆堂 2017 年 11 月 30 日
摄于中国北极阁气象博物馆，
正文见 48 页）

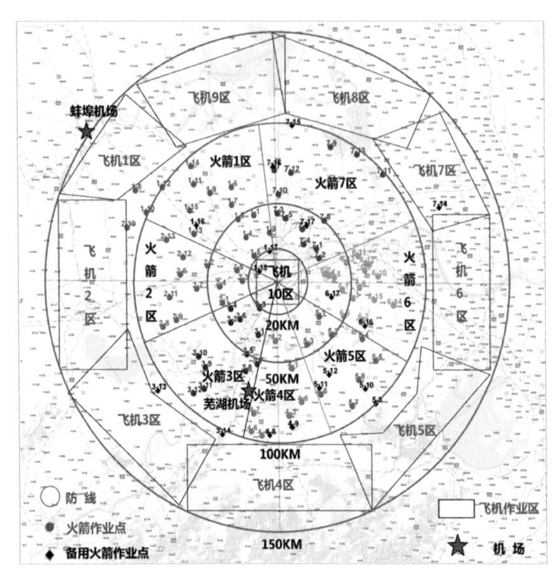

图 4-1　南京青奥会人影作业布局图
（正文见 93 页）

图 4-2　南京青奥会增援火箭车
（正文见 93 页）

(a)

(b)

图 4-4　南京青奥会作业点现场(正文见 94 页)

(a)

(左 3 张祖强、左 4 李世贵、右 1 商兆堂)

(b)

(左 2 周学东、左 3 许遐祯)

图 4-5　南京青奥会人影指挥中心(a)和蚌埠机场飞机作业指挥分中心(b)(正文见 95 页)

图 4-9　2014-06-19 江苏省副省长
徐鸣(右 2)组织人影协调会(正文见 97 页)

图 4-10　2014-04-24 徐鸣副省长(前排左 3)陪同
中国气象局郑国光局长(前排左 2)
考察南京青奥会准备情况(正文见 97 页)

图 4-11　2014-05-20 中国气象局
组织召开人影协调会议
(正文见 97 页)

图 4-12　2014-08-16 中国气象局许小峰副局长(中)
视察南京青奥会人影指挥中心
(正文见 97 页)

图 4-14　南京青奥会人影指挥中心部分专家和工作人员合影(前排左 2 魏建苏、左 3 商兆堂、左 4 袁野、左 5 濮梅娟、左 6 李子华、左 7 周毓荃)(正文见 98 页)

图 4-15　2014-07-18 青奥人影细化方案专家咨询会(正文见 99 页)

图 4-17　2014 年 8 月 16 日 10 时与中国气象局人影中心视屏会商(正文见 100 页)

图 4-26　2014-07-25 人影安全视频培训(正文见 120 页)

图 4-27　2014-07-26 火箭作业和安全集中培训
（正文见 120 页）

图 4-28　2014-08-16，17 时飞机作业
效果动态评估
（正文见 122 页）

图 4-29　2014-08-16，17 时研究火箭
作业方案（正文见 122 页）

图 4-30　2014-08-16，18:45 研究火箭作业方案
（正文见 122 页）

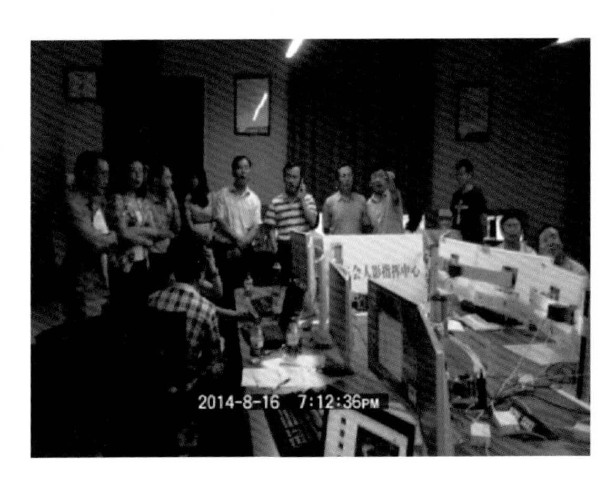

图 4-31 2014-08-16，19:12 分析火箭作业效果和研究新作业方案（正文见 122 页）

图 4-33 2014-08-28，18:23 准备火箭作业方案（站立：左 1 商兆堂、左 2 李世贵）（正文见 123 页）

图 4-34 2014-08-28，19:23 分析火箭作业效果研究新作业方案（正文见 123 页）

图 4-35 2014-08-28，19:56 分析火箭作业效果和研究新作业方案（正文见 123 页）

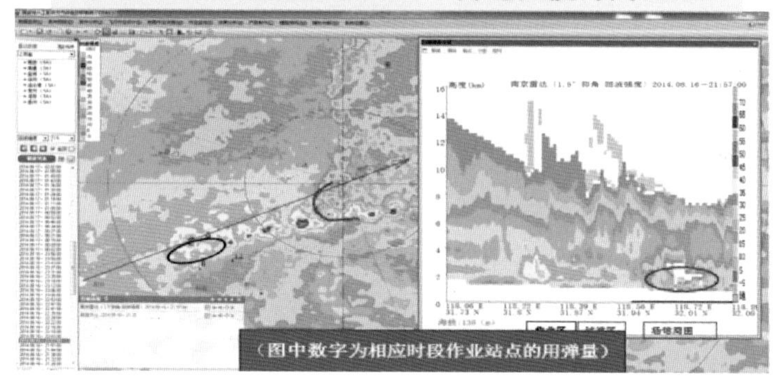

图 5-7c　2014-08-16 作业区与场馆保障区雷达回波垂直结构对比
（正文见 131 页）

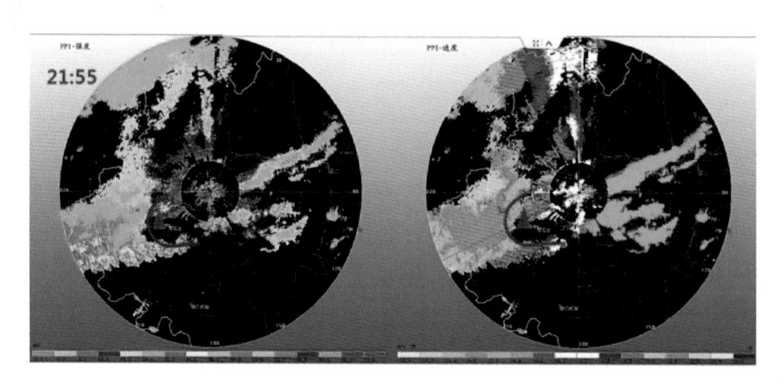

图 5-8b　2014-08-16 作业后场馆保障区 X 波段双偏振多普勒雷达观测
（正文见 132 页）

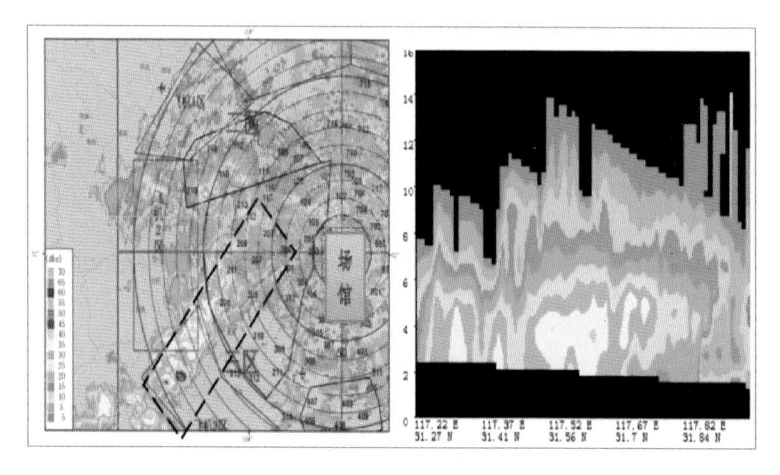

图 5-14c　2014-08-28，19：31 闭幕式作业后雷达回波及
剖面（黑色框）变化（正文见 136 页）